ZUR BEDEUTUNG DER FREIEN NUCLEOTIDE

MIT 88 TEXTABBILDUNGEN

SPRINGER-VERLAG
BERLIN · GÖTTINGEN · HEIDELBERG
1961

ISBN 978-3-540-02640-2   ISBN 978-3-642-88742-0 (eBook)
DOI 10.1007/978-3-642-88742-0

Inhalt

Vorkommen und Bedeutung von freien Nucleotiden in Zellen und Geweben (HANNS SCHMITZ, Marburg) 1

Diskussion 25

Uridine diphosphoglycosyl compounds and their importance in metabolism (GEORGE T. MILLS and EVELYN E. B. SMITH, New York/USA) 44

Diskussion 57

Die Stoffwechselfunktion der Cytidin-Coenzyme (EUGENE P. KENNEDY, Chicago/USA) 62

Diskussion 76

Pyridinnucleotide und biologische Oxydation (MARTIN KLINGENBERG, Marburg) 82

Diskussion 106

Flavoproteine (HELMUT BEINERT, Madison/USA) 115

Diskussion 154

Metabolic interrelations between free and polymerized nucleotides (ULF LAGERKVIST, Göteborg/Schweden) 163

Diskussion 172

Begrüßung und Eröffnung

Ich eröffne das 11. Mosbacher Colloquium und heiße Sie alle herzlich willkommen.

Ich begrüße vor allem die ausländischen Gäste, die teilweise von weither gekommen sind und denen wir wichtige und ausgezeichnete Beiträge über das Gebiet, welches das Thema dieses Colloquium ist, verdanken. Ihr Hiersein wird gewiß eine fruchtbare Diskussion ermöglichen. Die Organisation dieses Colloquiums lag noch voll und ganz in den Händen von Herrn Felix, der tatkräftig unterstützt wurde von Herrn Kollegen Schmitz. Ihnen beiden gebührt unser besonderer Dank. Nun darf ich vielleicht Herrn Felix bitten, den Vorsitz für den ersten Vortrag zu übernehmen.

E. Klenk

Meine Damen und Herren; es war zuerst vorgesehen, daß uns der Herr Bürgermeister noch begrüßt; aber er ist plötzlich abgerufen worden. Ich hätte gerne die Gelegenheit benutzt, ihm noch einmal dafür zu danken, daß er 10 Jahre hindurch uns immer in der liebenswürdigsten Weise entgegengekommen ist und uns diesen Saal zur Verfügung gestellt hat.

Ich freue mich, nun mit dem Ausdruck meines Dankes für seine Mitarbeit bei der Vorbereitung dieses Colloquiums, Herrn Schmitz das Wort zu seinem Vortrag zu erteilen. Er wird über die freien Nucleotide in den Geweben und ihre Bedeutung sprechen, wahrscheinlich ihre Bedeutung im Stoffwechsel.

K. Felix

Vorkommen und Bedeutung von freien Nucleotiden in Zellen und Geweben

Von

Hanns Schmitz

Physiologisch-Chemisches Institut der Universität Marburg/Lahn

Mit 22 Textabbildungen

Wenn die Wahl des Themas für das diesjährige Colloquium unserer Gesellschaft eines Berechtigungsnachweises bedürfen sollte, dann ist er durch die erste Abbildung gegeben.

Sie ist einer Arbeit von Henderson und LePage[1] entnommen und zeigt die Zahl der isolierten und identifizierten freien Nucleotide, aufgetragen gegen die Zeit, bis zum Jahre 1958. Ein steiler Anstieg dieser Kurve, die ihren Anfang mit der Isolierung der Inosinsäure durch Justus von Liebig im Jahre 1847 nimmt[2], hat in den letzten Jahren angehalten. Allein die Zahl der isolierten Verbindungen läßt es daher berechtigt erscheinen, wenn wir uns in den kommenden Tagen mit dieser Klasse von Stoffen beschäftigen.

Jedoch auch die Kurve der Funktionen dieser Verbindungen, die mit der Entdeckung der Cozymase durch Harden[3] ihren Anfang nehmen würde, hätte einen ähnlichen Verlauf wie die der isolierten freien Nucleotide.

Markante funktionelle Gesichtspunkte ergaben sich schon mit der Isolierung der klassischen Adenin-, Pyridin- und Flavinnucleotide durch die großen Pioniere der Biochemie vor etwa dreißig Jahren[4, 5, 6, 7, 8, 9, 10]. Diese Entdeckungen leiten über die Konzeption des *Wasserstoffkreislaufs* durch Otto Warburg[11] und des *Phosphatkreislaufs* durch Engelhardt[12] zum Begriff des *Gruppen-*

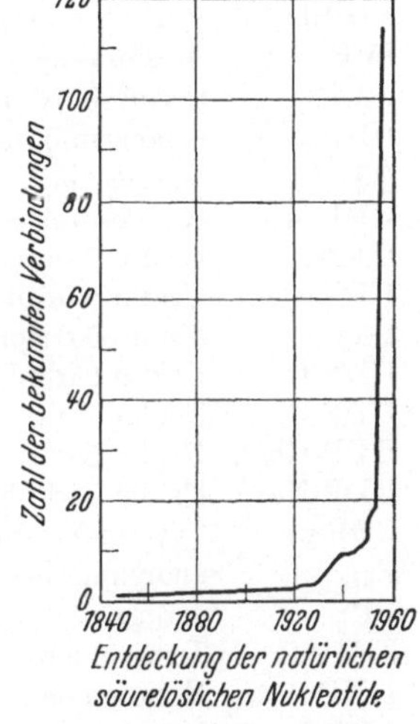

Abb. 1

potentials durch LIPMANN[13] und der *koordinierenden Funktion* der freien Nucleotide durch PARNAS[14]. Der Knickpunkt der Kurve der isolierten Stoffe wäre durch die Entdeckung des Prinzips der aktivierten Essigsäure durch LIPMANN und LYNEN[15, 16] und der Kohlenhydrat-aktivierenden Uracilnucleotide durch LELOIR u. Mitarb.[17] gegeben.

In dieser Arbeit werden folgende Abkürzungen verwendet:

AMP:	Adenosin-5′-monophosphat
ADP:	Adenosin-5′-diphosphat
ATP:	Adenosin-5′-triphosphat
APPPP:	Adenosin-5′-tetraphosphat
APPPPP:	Adenosin-5′-pentaphosphat
APS:	Adenosin-5′-phosphosulfat
PAPS:	Adenosin-3′-phospho-5′-phospho-sulfat
PAP:	Adenosin-3′phospho, 5′ phosphat
DPN:	Diphosphopyridinnucleotid
TPN:	Triphosphopyridinnucleotid
FMN:	Riboflavinphosphat
FAD:	Flavinadenin-dinucleotid
ADPR:	Adenosin-5′-diphosphat-ribose
IMP:	Inosin-5′-monophosphat
GMP:	Guanosin-5′-monophosphat
GDP:	Guanosin-5′-diphosphat
GTP:	Guanosin-5′-triphosphat
GDP-M:	Guanosin-5′-diphosphat-mannose
UMP:	Uridin-5′-monophosphat
UDP:	Uridin-5′-diphosphat
UTP:	Uridin-5′-triphosphat
UDP-G:	Uridin-5′-diphosphat-glucose
UDP-Ga:	Uridin-5′-diphosphat-galactose
UDP-Gls:	Uridin-5′-diphosphat-glucuronsäure
UDP-Na:	Uridin-5′-diphosphat-N-acetylglucosamin
CDP-Ch:	Cytidin-5′-diphosphat-cholin
P_0:	anorganisches Phosphat
PP:	anorganisches Pyrophosphat
TrMP:	Triosemonophosphat
HMP:	Hexosemonophosphat
FDP:	Fructose-1,6-diphosphat
PEP:	Phosphoenolpyruvat
2-PGS:	2-Phosphoglycerat
3-PGS:	3-Phosphoglycerat
2,3-DiPGS:	2,3-Diphosphoglycerat
KP:	Kreatinphosphat
AP:	Argininphosphat
αGP:	α-Glycerophosphat

Schließlich darf als Drittes auf den außerordentlich raschen Fortschritt der Methodik hingewiesen werden. Neben der Anwendung von Isotopen, der Papierchromatographie und der Elektrophorese ist es in erster Linie die Einführung der Ionenaustausch-Chromatographie in das Gebiet der Nucleotide durch W. E. COHN gewesen, die unsere Erkenntnisse im vergangenen Jahrzehnt in ungeahntem Maße bereichert hat[18].

Unter den drei genannten Gesichtspunkten, dem stofflichen, dem funktionellen und dem methodischen, läßt sich das Gebiet der freien Nucleotide ohne ungebührlichen Zwang nach den Basenpartnern unterteilen. Das Programm dieses Colloquiums zeigt, daß bei der Organisation auf diese Weise verfahren wurde. Im Speziellen ist mir die Aufgabe zugefallen, einige neuere Adenin- und Guaninnucleotide und deren Abkömmlinge abzuhandeln.

Um etwas Ordnung in die überwältigende Fülle der Einzelheiten zu bringen, müssen wir uns darüber klar werden, daß die freien Adenin- und Guaninnucleotide ebenso wie die freien Uracil- und Cytosinnucleotide zwei verschiedene metabolische Beziehungen haben:

1. Sie fungieren als *pool* von Bausteinen in den Systemen des Auf-, Um- und Abbaus.

2. Sie sind außerdem an einer Fülle von gruppenübertragenden Reaktionen beteiligt.

Besonders der zweite Punkt macht dieses Gebiet so interessant, und er stellt die freien Nucleotide in organisatorischer Hinsicht als die Prinzipien der Koordination in das Zentrum des Intermediärstoffwechsels. Es ist möglich, an der Ausrüstung eines Gewebes mit freien Nucleotiden, an seinem „Nucleotid-Verteilungsmuster", seinen metabolischen Charakter zu erkennen.

Im Laufe der letzten Jahre wurde durch neuere Untersuchungen den klassischen Phosphorsäureanhydrid-derivaten der Adenylsäure eine Reihe von anderen Adenylsäure-Derivaten hinzugefügt. Die Tabellen 1 und 2 geben eine Auswahl davon.

Als nächste Verwandte der klassischen Adeninnucleotide können Adenosin-5′-tetraphosphat und Adenosin-5′-pentaphosphat angesehen werden. Die erste Verbindung wurde von MARRION[19] zunächst aus handelsüblichen ATP-Präparaten isoliert. Später gelang es, dieses Nucleotid aus der Muskulatur des Pferdes und aus der Leber des Lachses zu isolieren. Untersuchungen von LIEBER-

Tabelle 1

Adenosin-5′-monophosphat	Embden u. Zimmermann 1927
Adenosin-5′-diphosphat	Lohmann 1935
Adenosin-5′-triphosphat	Lohmann, Fiske 1929
Adenosin-5′-tetraphosphat	Marrion 1953
Adenosin-5′-pentaphosphat	Sacks 1955
Adenosin-3′-monophosphat	Doery 1956
Adenosin-3′-triphosphat	LePage u. Umbreit 1943
Desoxyadenosin-5′-triphosphat . . .	LePage 1957
Adenosin-3′,5′-monophosphat	Rall u. Sutherland 1958
Adenosin-5′-diphosphat-ribose . . .	Hansen et al. 1956
6-Succinyl-adenosin-5′-monophosphat	Carter u. Cohen 1955

Mann[21] zeigten, daß ATP in seinen metabolischen Relationen der Transphosphorylierung durch dieses Nucleotid nicht ersetzt werden kann. Da die Isolierung von APPPP auch aus biologischem Material gelang, ist der Gedanke an eine biologische Funktion nicht ohne weiteres von der Hand zu weisen. Ob dem von Sachs[22] aus ATP-Präparaten isolierten Pentaphosphat des Adenosins physiologische Bedeutung zukommt, ist bis jetzt nicht bekannt.

Freies Adenosin-3′-monophosphat wurde von Doeri aus Schlangengift (Tigerschlange) isoliert[23]. Es ist allerdings fraglich, ob das in Stellung 3′ mit Phosphorsäure veresterte Adenosin als solches frei vorkommt oder ob es sich vielmehr — bedingt durch den Reichtum der Schlangengifte an verschiedenen Nucleasen und Nucleotidasen — um ein Spaltprodukt aus Ribonucleinsäure handelt.

Die Isolierung von Adenosin-3′-triphosphat aus Thiobacillus thiooxidans durch LePage und Umbreit[24] konnte von Nachuntersuchern[25] nicht bestätigt werden.

Verschiedene Arbeitskreise haben über die enzymatische Phosphorylierung von Desoxy-Adenosin-5′-monophosphat durch ATP zu Desoxy-Adenosin-5′-triphosphat berichtet[26, 27, 28]. DieIsolierung von freier Desoxy-ATP ist bisher lediglich von LePage[29] aus säurelöslichen Extrakten von Tumoren beschrieben worden. Die Konzentration an Desoxy-ATP betrug weniger als 1% des korrespondierenden Ribonucleotids.

Besonderes Interesse verdient der von Rall und Sutherland[30] entdeckte cyclische Diester des Adenosin-3′-, 5′-monophosphats, dem wesentliche Funktionen als Cofaktor der Phosphorylase-Kinase der Leber zugeschrieben werden.

Adenosin-5'-diphosphat-ribose wurde von HANSEN u. Mitarb.[31] zunächst aus Leberextrakten isoliert, und die Autoren vermuteten, daß es sich um ein Abbauprodukt eines anderen Nucleotids handele. Aus kristallisierten Präparationen von Glycerophosphat-dehydrogenase gelang es ANKEL u. Mitarb.[32] ebenfalls, ADP-Ribose zu isolieren. Ähnliche Verbindungen wurden bereits früher von HURLBERT u. Mitarb[45]. teilweise identifiziert und beschrieben (vgl. Diskussionsbemerkungen von Dr. K. PAPENBERG).

Das letzte Nucleotid der Tab. 1, 6-Succinyl-adenylsäure, führt uns bereits in das Gebiet der synthetischen Prozesse. Die Untersuchungen der letzten Jahre zeigten, daß Inosin-5'-monophosphat nicht nur als ein durch Desaminierung entstandenes Abbauprodukt von Adenylsäure anzusehen ist, sondern daß es auch als Vorstufe der Adenylsäure zu gelten hat. Bei diesem von CARTER und COHEN[33] erstmalig beschriebenen Reaktionsmechanismus wirkt, wie bei der von RATNER untersuchten Argininsynthese[34], Asparaginsäure als Aminodonator.

Die Bildung von AMP aus IMP erfolgt nach den Reaktionsgleichungen:

1. IMP + Asparaginsäure + GTP $\rightleftharpoons$ Succinyl-AMP + GDP + P_0
2. Succinyl-AMP $\rightarrow$ Fumarsäure + AMP

Bei diesem Reaktionsmechanismus wirkt Guanosin 5' triphosphat als Energielieferant[33]. Es gibt Anzeichen für das Auftreten von 6-Phosphoryl-Isonin-5'-phosphat als Intermediärprodukt[33].

Tabelle 2

Adeninthiomethylpentose	DUNHAM u. MANDEL 1912
S-Adenosylmethionin.	WEYGAND 1950
S-Adenosylhomocystein	CANTONI 1959
Adenosin-3'-phospho-5'-phospho-sulfat	ROBBINS u. LIPMANN 1955
AMP-Aminosäuren (Aminoacyl-adenylate)	HOOGLAND 1955, BERG 1956, u. DeMoss 1956
ADP-glutaminsäure	HANSEN et al. 1956
ADP-asparaginsäure	HANSEN et al. 1956
Luciferyl-AMP	RHODES u. McELROY 1958

Der größte Teil der in Tab. 2 zusammengestellten Derivate der Adenylsäure wird aus ATP und den Partnern durch Pyrophosphat-freisetzende Reaktionen gebildet. Mit diesem für Synthese- und Aktivierungsvorgänge wichtigen Prinzip hat sich besonders

Kornberg beschäftigt. Als Beispiele möchte ich die letzten Stufen der Synthesen von dem Wasserstoff- bzw. Elektronentransport dienenden Nucleotiden anführen.

I. ATP + FMN $\rightleftharpoons$ FAD + PP
II. 1. ATP + Nicotinsäure-Ribotid $\rightleftharpoons$ Desamido-DPN + PP
    2. Desamido-DPN + Glutamin + ATP $\rightleftharpoons$ DPN + AMP+PP + Glutamat

Entsprechend den Untersuchungen von Price und Handler[35] ist der abgeänderte Mechanismus der DPN-Synthese angegeben, bei dem nicht Nicotinsäureamid-Ribotid, sondern Nicotinsäure-Ribotid der Partner des ATP ist und die Aminierung in einer zweiten Stufe mit Glutamin als Aminogruppendonator erfolgt.

Die Aktivierung des Methionins wurde erstmals 1951 von Cantoni beschrieben[36]. Einzelheiten der verschiedenen Reaktionsschritte sind aber noch unklar.

$$\text{ATP} + \text{Methionin} \rightarrow \text{S-adenosyl-methionin} + \text{P} + \text{PP}$$
$$\text{S-adenosyl-methionin} + \text{Acceptor} \rightarrow \text{methylierter Acceptor} +$$
$$+ \text{ S-adenosyl-Homocystein}$$
$$\text{S-adenosyl-Homocystein} \rightleftharpoons \text{Adenosin} + \text{Homocystein}$$
$$\text{Homocystein} + \text{,,Methyl-Donator''} \rightarrow \text{Methionin}$$

$$\text{Summe: ATP} + \text{,,Methyl-Donator''} + \text{Acceptor} \rightarrow \text{methylierter Acceptor} +$$
$$+ \text{ Adenosin} + \text{P} + \text{PP}$$

Relativ weitgehend ist auch die von Dimayo u. Mitarb. entdeckte Aktivierung des Sulfats durch ATP aufgeklärt worden[37,38,39]. Drei neue Adeninnucleotide wurden in diesem Zusammenhang isoliert bzw. ihr Vorhandensein sehr wahrscheinlich gemacht. Sie sind an der Sulfatierung von Phenolen, Steroiden usw. wie auch an der Bildung von Polyuronsäuren beteiligt.

$$\text{ATP} + \text{SO}_4 \rightleftharpoons \text{APS} + \text{PP}$$
$$\text{APS} + \text{ATP} \rightarrow \text{PAPS} + \text{ADP}$$
$$\text{PAPS} + \text{p-Nitrophenol} \rightleftharpoons \text{p-Nitrophenylsulfat} + \text{PAP}$$

Neben den Acyladenylaten haben in letzter Zeit besonderes Interesse die Aminoacyladenylate gewonnen. Wenn auch noch manche Unklarheiten über die Einzelheiten der Reaktionsmechanismen bestehen, so erscheint es doch sehr wahrscheinlich, daß hier Zwischenprodukte der Proteinsynthese vorliegen. Im besonderen erscheinen zwei Reaktionsmechanismen weitgehend geklärt, die Bildung von Methionyl-AMP[40] und von Carnosin[41].

I 1. Methionin + ATP $\rightleftharpoons$ Methionyl-AMP + PP
  2. Methionyl-AMP + RNS $\rightleftharpoons$ Methionyl-RNS + AMP
II 1. β-Alanin + ATP $\rightleftharpoons$ β-Alanyl-AMP + PP
  2. β-Alanyl-AMP + Histidin $\rightleftharpoons$ Carnosin + AMP.

Die von HANSEN u. Mitarb.[42] beschriebenen Glutaminsäure-bzw. Asparaginsäure-Derivate der ADP sind bisher weder in ihrer Struktur noch in ihrer Bedeutung sichergestellt. Vielleicht sind sie den UDP-Aminosäure-Derivaten von PARK u. Mitarb.[43] ähnlich.

Als letztes Beispiel sei die Rolle des Adenosintriphosphats bei der Erzeugung von Licht durch Reaktion mit Luciferin und dem spezifischen Ferment erwähnt[44].

Enzym + ATP + Luciferin $\rightleftharpoons$ Enzym-luciferyl-AMP + PP
$$\Delta F^\circ = -7200 \text{ cal}$$
Enzym-luciferyl-AMP $\rightleftharpoons$ Enzym + Luciferyl-AMP $\quad \Delta F^\circ = +12400$ cal

---

Summe: ATP + Luciferin $\rightleftharpoons$ Luciferyl-AMP + PP, $\Delta F^\circ = 5200$ cal

Bei den erwähnten Funktionen der Adenylsäure-Derivate spielt selbstverständlich am Rande die Hauptfunktion des Adenylatsystems, nämlich die im Phosphatkreislauf mit. Wir dürfen annehmen, daß die Adenylsäure-Derivate durch die Hydrolyse von Pyrophosphat eine besondere Triebkraft erhalten, die durch Red/Ox-Reaktionen außerhalb und innerhalb der Atmungskette restituiert wird. Den Phosphatkreislauf selbst und seine Beziehungen zum Netzwerk der Red/Ox-Reaktionen innerhalb lebender Zellen zu behandeln, würde den Rahmen dieses Referates sprengen.

Nucleotidverteilungsmuster verschiedener Gewebe

Energietyp. Bei der systematischen Anwendung der Ionenaustausch-Chromatographie an säurelöslichen Extrakten aus verschiedenen Geweben[45, 46, 47, 48, 49, 50] hat sich gezeigt, daß die Ausrüstung der Gewebe mit Nucleotiden deutlich unterscheidbare Grade der Mannigfaltigkeit aufweist. Auf der einen Seite stehen Gewebe, in denen Pyridin- und Adeninnucleotide mehr als 90% des gesamten säurelöslichen Nucleotidphosphats ausmachen. Da es sich hier um Gewebe handelt, bei denen die energetische Transformation im Vordergrund der Funktionen steht, haben wir diesen Typ der Nucleotidverteilung als „Energietyp" bezeichnet. Der Energietyp ist weiterhin dadurch gekennzeichnet, daß

1. Phosphorsäureester von Adenosin, Guanosin, Uridin und Cytidin überwiegend in energiereicher Form (als Triphosphate) vorliegen,

2. beladene Transportmetabolite wie UDP-A, UDP-G, UDP-Ga, UDP-Gls, CDP-Ch und GDP-M fehlen oder nur in sehr geringen Mengen vorhanden sind.

Die folgenden Abbildungen zeigen einige Beispiele für den „Energietyp". Abb. 2 stellt ein Chromatogramm aus der quergestreiften Muskulatur der Ratte (Hinterpfote) dar. Neben einer kleinen Menge der oxydierten Form des Wasserstofftransporteurs DPN fallen besonders die Gipfel der energiereichen Nucleotide ADP

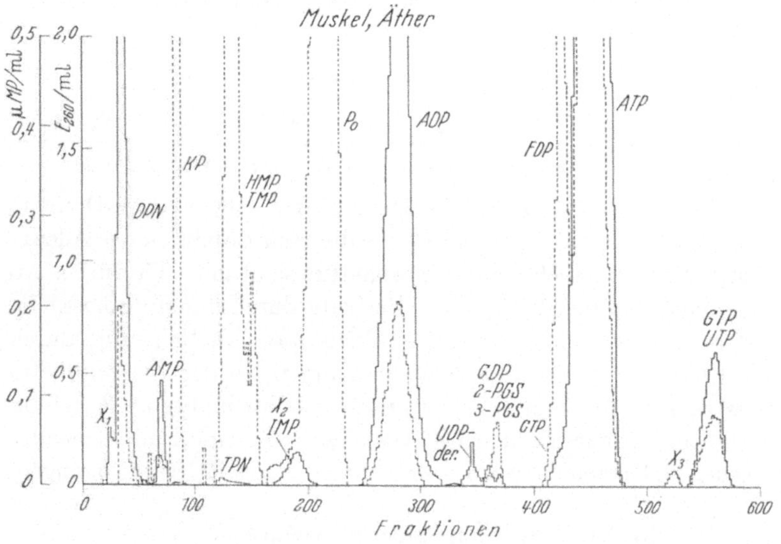

Abb. 2. Dowex-2, X-10, 200—400 mesh, Formiatform; Säule: 1,2 × 19 cm, 4 ml/Fraktion. Mischflasche: 500 ml H_2O. Elution: 1—40: 0,5n HCOOH; 41—305: 3,0n HCOOH; 306—470: 4n HCOOH + 0,2n HCOONH₄; 471—Ende: 4n HCOOH + 0,4n HCOONH₄

und ATP auf. Die Triphosphate von Guanosin und Uridin erscheinen nach dem ATP, während der Gehalt an CTP zu gering ist, als daß er sich als besonderer Gipfel heraushebeln würde. Das Vorhandensein von CTP im quergestreiften Muskel konnte aber durch Rechromatographie nachgewiesen werden und beträgt bei der Rattenmuskulatur etwa 0,5% des ATP-Gehaltes. Die Gehalte an anderen Nucleosidmono- und -diphosphaten sind relativ gering. In diesem Zusammenhang soll auf die Beobachtung hingewiesen werden, daß der Gesamtgehalt der Rattenmuskulatur an GTP und UTP, wobei ersteres etwa zu $^2/_3$ überwiegt, bei Ratten verschiedener

Herkunft eine relativ große Variationsbreite zeigt. Bei erwachsenen Ratten (ab 200 g) ließ sich bisher keine Abhängigkeit vom Alter der verwendeten Tiere feststellen.

Unter der Voraussetzung einer schnellen Gewebeentnahme zeigen die bisherigen Erfahrungen an der quergestreiften Muskulatur aus der Hinterpfote der Ratte, daß sich weder die absoluten

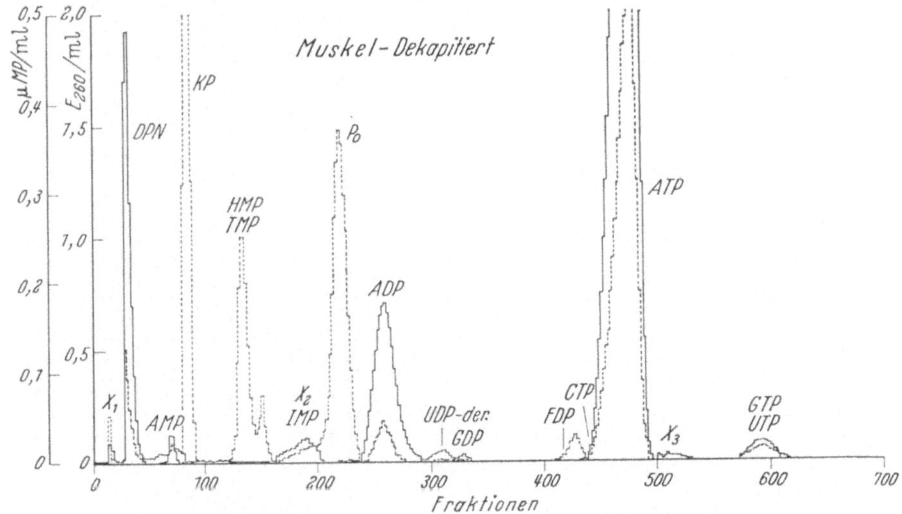

Abb. 3. Dowex-2, X-10, 200—400 mesh, Formiatform, Säule: 1,2 × 19 cm, 4 ml/Fraktion. Mischflasche: 500 ml H_2O. Elution: 1—40: 0,5n HCOOH; 41—265: 3,0n HCOOH; 266—395: 4n HCOOH + 0,2n HCOONH₄; 396—Ende: 4n HOOCH + 0,4n HCOONH₄

Gehalte noch die Verhältnisse von AMP:ADP:ATP ändern, gleichgültig ob die Proben unter Äthernarkose oder von einem dekapitierten Tier entnommen werden. Starke Unterschiede (vgl. Abb. 3) zwischen beiden Gruppen ergeben sich aber hinsichtlich der Spiegel von nicht im ultravioletten Bereich absorbierenden Phosphatverbindungen[51]. In Übereinstimmung mit anderen Untersuchungen zeigten sich auch an der Muskulatur bei der Verwendung verschiedener Narcotica (Äther, Evipan und Eunarcon) kaum Unterschiede im absoluten und relativen Verteilungsmuster der freien Nucleotide.

In den folgenden Abbildungen sind als weitere Vertreter des Energietyps Ionenaustausch-Chromatogramme aus der Flugmuskulatur der Heuschrecke (Locusta migratoria africana) (Abb. 4) sowie der Blutzellen (Abb. 5) wiedergegeben. Diese Abbildungen

ähneln den Abb. 2 u. 3 so stark, daß man sie ohne Beschriftung
leicht miteinander verwechseln kann. Als letzter Vertreter dieses
Typs ist in Abb. 6 der Herzmuskel gezeigt, der ebenfalls ein starkes
Überwiegen der energiereichen Adeninnucleotide zeigt. Jedoch

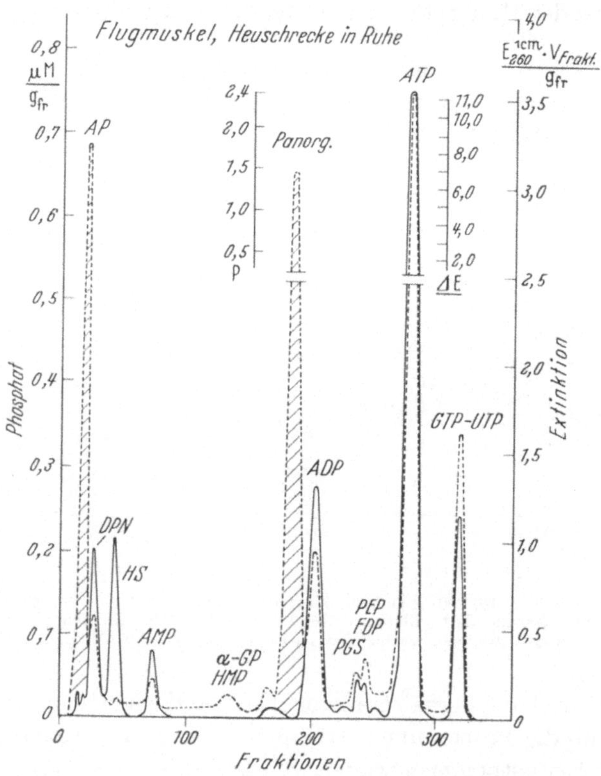

Abb. 4. Dowex-2, X-8, 200—400 ml, Formiatform, Säule: 1,0 × 15 cm, 4 ml/Fraktion.
Mischflasche: 375 ml H_2O, über der Säule 10 ml H_2O. Elution: 1—50: 0,25n HCOOH;
51—100: 1,0n HCOOH; 101—208: 4,0n HCOOH; 209—284: 4n HCOOH + 0,4n $HCOONH_4$;
285—Ende: 4n HCOOH + 1,0n $HCOONH_4$

liegen hier die Relationen zwischen AMP:ADP:ATP bei weitem
nicht so stark zugunsten des ATP wie in den anderen gezeigten
Vertretern des Energietyps. Daß dem Herzmuskel fast ausschließlich Energie erfordernde und weniger synthetische Funktionen
zukommen, ergibt sich auch aus dem sehr geringen Gehalt an
beladenen Transportmetaboliten.

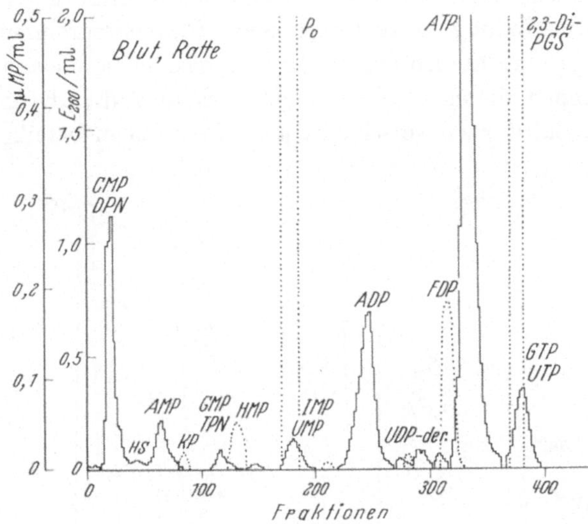

Abb. 5. Dowex-2, X-10, 200—400 mesh, Formiatform, Säule: 0,8 × 32 cm, 4 ml/Fraktion. Mischflasche: 500 ml H_2O, über der Säule: 4 ml H_2O. Elution: 1—47: 0,5n HCOOH; 48—100: 1,0n HCOOH:101—225: 3,0n HCOOH; 226—269: 3n HCOOH + 0,3n HCOONH$_4$; 270—Ende: 4n HCOOH + 1,0 n HCOONH$_4$

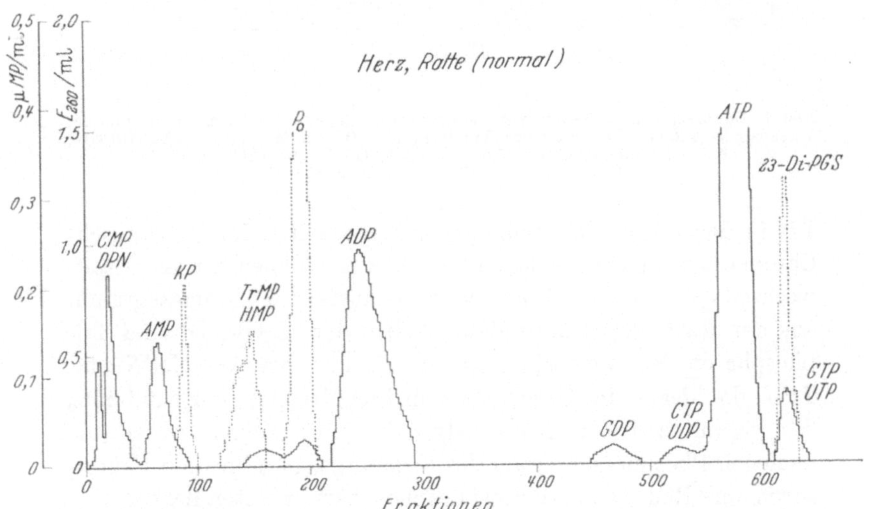

Abb. 6. Dowex-2, X-10, 200—400 mesh, Formiatform, Säule: 1,2 × 25 cm, 4 ml/Fraktion. Mischflasche: 500 ml H_2O, über der Säule: 7,6 ml H_2O. Elution: 1—50: 0,5n HCOOH; 51—100: 1,0n HCOOH; 101—300: 3,0n HCOOH; 301—550: 3n HCOOH + 0,2n HCOONH$_4$; 551—600: 3 n HCOOH + 0,4 n HCOONH$_4$; 601—Ende: 4n HCOOH + 1,0n HCOONH$_4$

Stoffwechseltyp. Den durch eine relative Einförmigkeit der Nucleotidverteilung gekennzeichneten Chromatogrammen des Energietyps möchte ich nun solche entgegenstellen, die aus Geweben stammen, die mehr oder weniger stark am Auf-, Ab- und Umbau von Substanzen verschiedenster Stoffgruppen beteiligt sind.

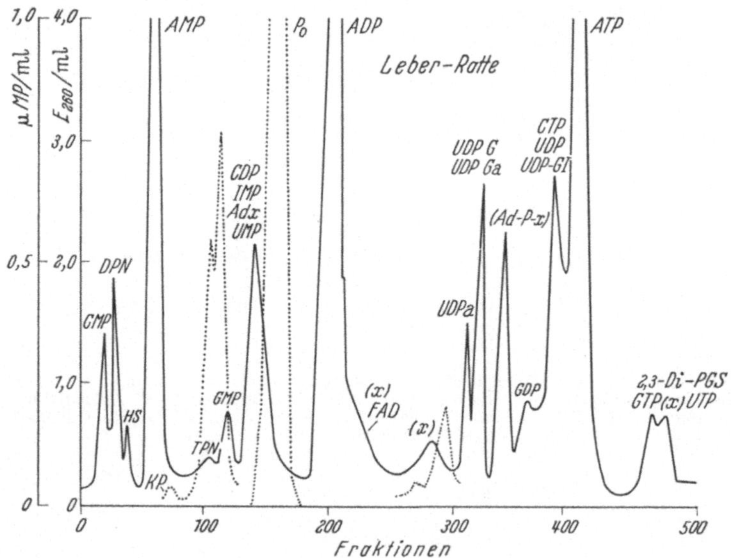

Abb. 7. Dowex-2, X-8, 200—400 mesh, Formiatform, Säule: 1,2 × 19 cm, 4 ml/Fraktion. Mischflasche: 500 ml H_2O, über der Säule: 14 ml H_2O. Elution: 1—40: 0,5n HCOOH; 41—262: 3,0n HCOOH; 263—450: 4n HCOOH + 0,2n $HCOONH_4$: 451—Ende: 4n HCOOH + 0,4n $HCOONH_4$

Die in den folgenden Abbildungen dargestellten Ionenaustausch-Chromatogramme aus solchen Geweben bezeichnen wir als „Stoffwechseltyp". In Abb. 7 ist ein Ionenaustausch-Chromatogramm aus der Rattenleber dargestellt. Neben den Mono-, Di- und Triphosphaten des Adenosins und der Pyridinnucleotide DPN und TPN, die hier — im Gegensatz zum Energietyp — nur rund 55% des gesamten freien Nulceotidgehaltes ausmachen, treten die analogen Phosphorsäureester des Guanosins, Cytidins und Uridins sowie eine Reihe von Nucleosid-diphosphat-derivaten hervor.

Ähnliche Chromatogramme erhalten wir aus der „regenerierenden" Leber der Ratte, die partiell hepatektomiert wurde, sowie aus der während ihres ganzen Lebens wachsenden Fischleber (Abb. 8).

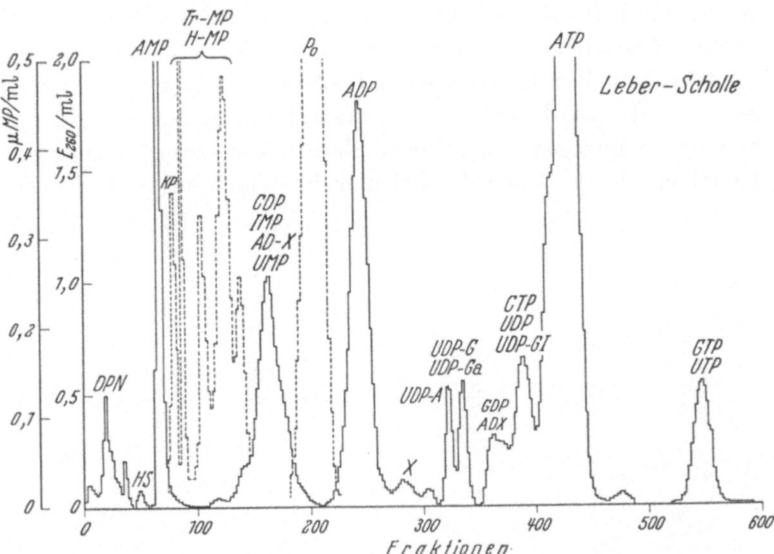

Abb. 8. Dowex-2, X-8, 200—400 mesh, Formiatform, Säule: 1,2 × 20 cm, 4 ml/Fraktion.
Mischflasche: 500 ml H₂O, über der Säule: 14 ml H₂O. Elution: 1—40: 0,5n HCOOH;
41—262: 3,0n HCOOH; 263—450: 4n HCOOH + 0,2n HCOONH₄
451—Ende: 4n HCOOH + 0,4n HCOONH₄

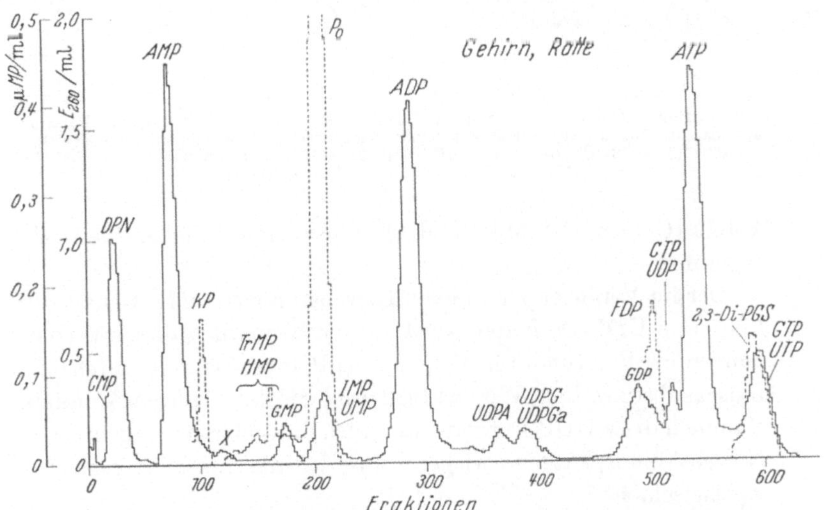

Abb. 9. Dowex-2, X-10, 200—400 mesh, Formiatform, Säule: 0,8 × 32 cm, 4 ml/Fraktion.
Mischflasche: 500 ml, über der Säule: 5 ml H₂O. Elution: 1—50: 0,5n HCOOH; 51—100:
1,0n HCOOH; 101—265: 3,0n HCOOH; 266—491: 3n HCOOH + 0,2n HCOONH₄;
492—Ende: 4n HCOOH + 1,0n HCOONH₄

Gerade die Leber der Scholle scheint uns sehr reich an noch unbekannten Phosphatverbindungen zu sein, sowohl von solchen, die im ultravioletten Bereich absorbieren und solchen, die in diesem Bereich nicht absorbieren. Ionenaustausch-Chromatogramme von anderen, vorwiegend nicht dem Energiestoffwechsel dienenden Geweben, ähneln denen der Leber mehr oder weniger stark. Die

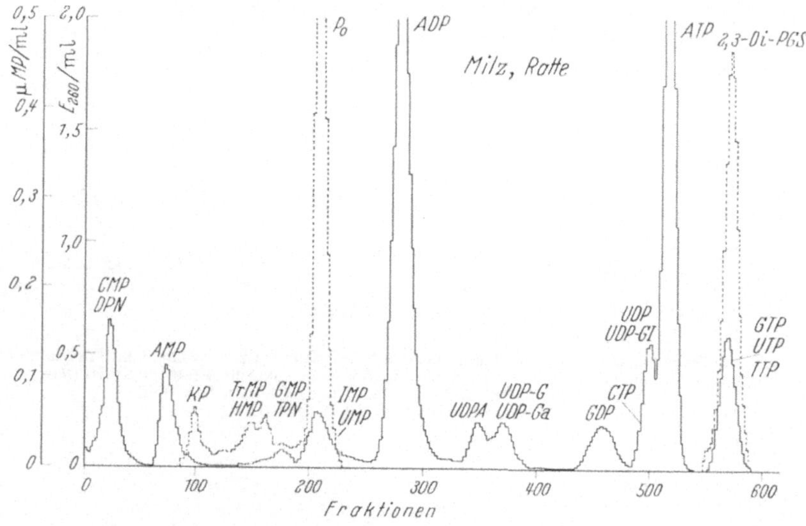

Abb. 10. Dowex-2, X-10, 200—400 mesh, Formiatform, Säule: 0,8 × 33 cm, 4 ml Fraktion Mischflasche: 500 ml H_2O, über der Säule: 6 ml H_2O. Elution: 1—50: 0,5n HCOOH; 51—100: 1,0n HCOOH; 101—250: 3,0n HCOOH; 251—470: 3n HCOOH + 0,2n $HCOONH_4$; 471—Ende: 4n HCOOH + 1,0n $HCOONH_4$

Abb. 9 (Gehirn), 10 (Milz) und 11 (Linse) sind dafür als Beispiele angeführt.

Der im Vergleich zu anderen Geweben relativ hohe Gehalt der Linsen an UDP-Derivaten weist auf die Bedeutung dieser Verbindungen als Vorstufen für die u. a. aus Polyuronsäuren bestehende Linsensubstanz hin. Wie Klethi und Mandel zeigen konnten, stammen diese UDP-Derivate wie auch die anderen energiereichen Nucleosidphosphate vorwiegend aus der die Linse umgebenden Epithelschicht[52].

Dem Stoffwechseltyp sehr ähnlich sind Chromatogramme aus Zellen und Geweben, die eine starke Wachstumsleistung zu erbringen haben. Dies ist ein weiterer Hinweis dafür, daß die Verteilungs-

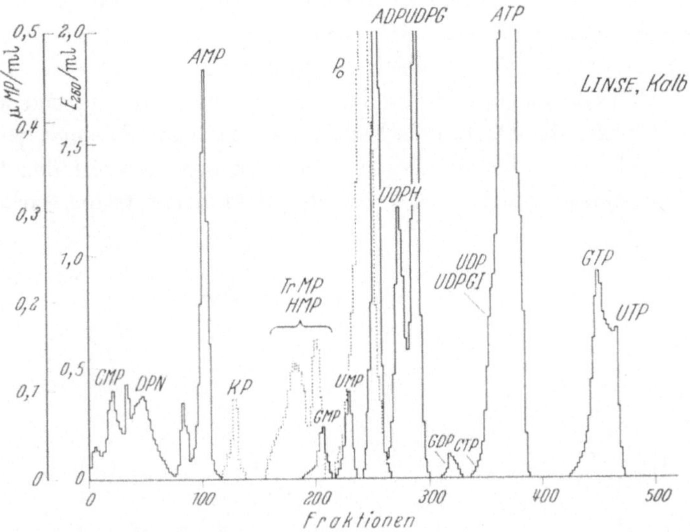

Abb. 11. Dowex-2, X-10, 200—400 mesh, Formiatform, Säule: 1,2 × 19,5 cm, 4 ml/Fraktion. Mischflasche: 500 ml H₂O, über der Säule: 14 ml H₂O. Elution: 1—50: 0,125n HCOOH; 51—100: 1,0n HCOOH; 101—140: 2,0n HCOOH: 141—200: 3,0n HCOOH; 201—318: 4n HCOOH + 0,2n HCOONH₄; 319—Ende: 4n HCOOH + 0,4n HCOONH₄

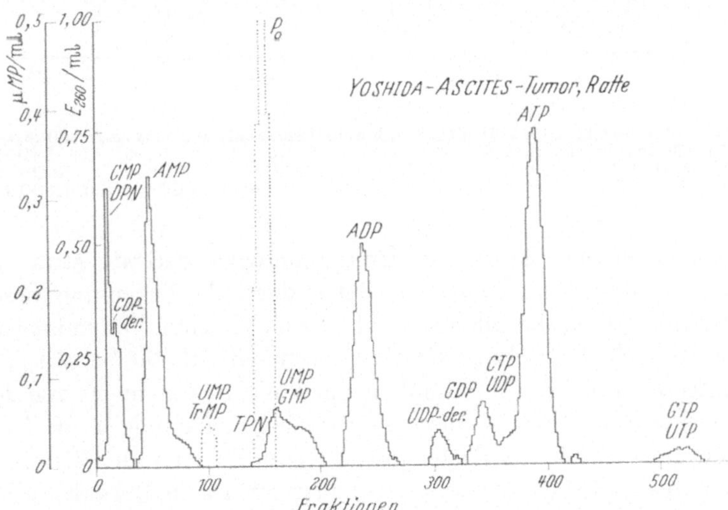

Abb.12. Dowex-2, X-10, 200—400 mesh, Formiatform, Säule: 0,7 × 24 cm, 4 ml/Fraktion. Mischflasche: 500 ml H₂O, über der Säule: 3 ml H₂O. Elution: 1—35: 0,5n HCOOH; 36—100: 1,0n HCOOH;101—245: 3,0n HCOOH; 246—429: 3n HCOOH + 0,3n HCOONH₄; 430—Ende: 4n HCOOH + 1,0n HCOONH₄

muster der freien Nucleotide als ein Ausdruck der Funktionen der
Gewebe angesehen werden können. Dies läßt sich besonders an
Tumoren zeigen. Abb. 12 ist ein Chromatogramm aus dem säurelöslichen Extrakt des Ascites-Tumors (Yoshida-Sarkom) und stellt
sich als eine Mischform zwischen Stoffwechsel- und Energietyp dar.
Injiziert man subcutan diesen Ascites-Tumor, so weist das Verteilungsmuster (Abb. 13) des daraus entstandenen festen Sarkoms

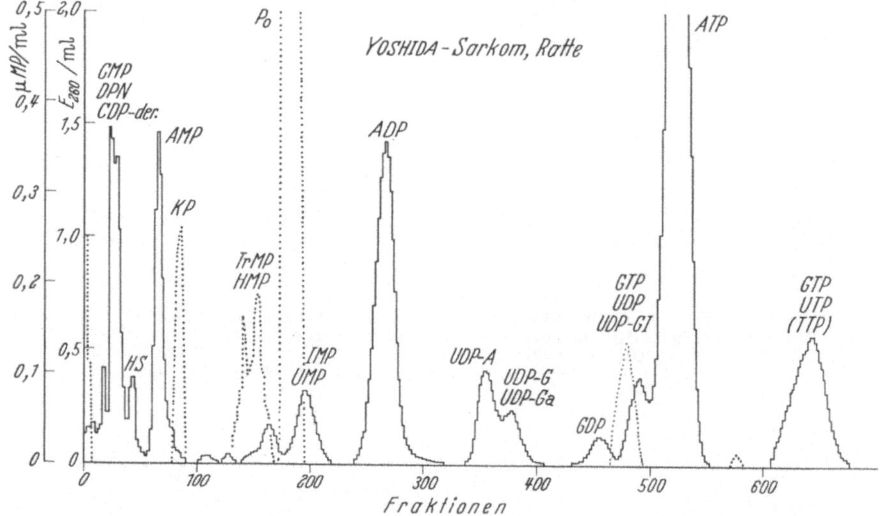

Abb. 13. Dowex-2, X-10, 200—400 mesh, Formiatform, Säule: 0,7 × 33 cm, 4 ml/Fraktion
Mischflasche: 500 ml H_2O, über der Säule: 4 ml H_2O. Elution: 1—30: 0,5n $HCOOH$,
31—90: 1,0n HCOOH; 91—248: 3,0n HCOOH; 249—425: 3n HCOOH + 0,2n HCOONH;
426—497: 3,0n HCOOH + 0,4n $HCOONH_4$; 498—Ende: 4n HCOOH + 1,0n $HCOONH_4$

einen deutlichen Anstieg der Uridindiphosphat-derivate, etwa um
einen Faktor 3 bis 4 auf. Dies dürfte durch die Bedeutung dieser
Substanzen für die Bildung von höher molekularen Verbindungen,
die zum Bindegewebe gehören, zu suchen sein. Gleiche Verhältnisse
zeigen sich bei der Umwandlung eines Walker-Carcinoms von der
Ascitesform (Abb. 14) durch subcutane Überimpfung in die feste
Form (Abb. 15). Die histologische Kontrolle der festen Tumoren
ergab etwa 10% Festgewebe (Muskulatur)*. Da die Muskulatur nur

---

* Herrn Prof. Linzbach und Herrn Prof. Prinz, welche die histologi-
schen Kontrollen durchführten, darf ich dafür auch an dieser Stelle herzlich
danken.

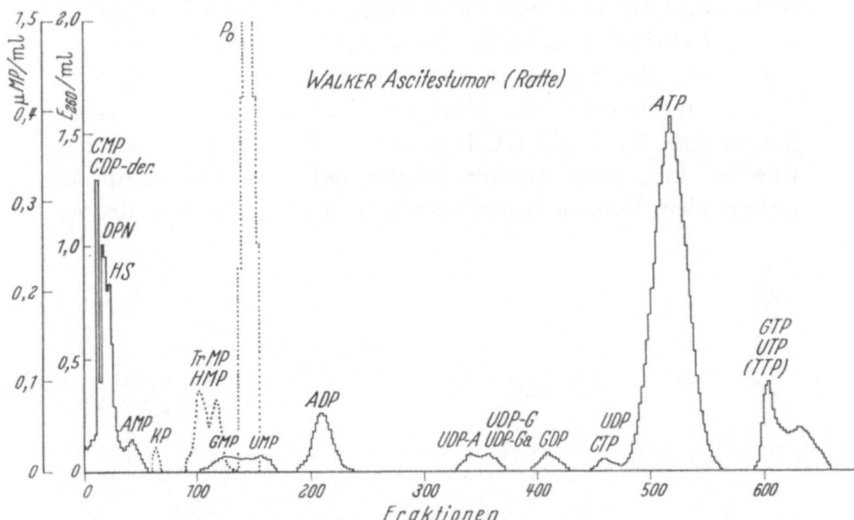

Abb. 14. Dowex-2, X-10, 200—400 mesh, Formiatform, Säule: 0,9 × 24 cm, 4 ml Fraktion.
Mischflasche: 500 ml H₂O, über der Säule: 3 ml H₂O. Elution: 1—80: 1n HCOOH; 81—275:
3n HCOOH; 276—575: 3n HCOOH + 0,2n HCOONH₄;
576—Ende: 4n HCOOH + 1,0n HCOONH₄

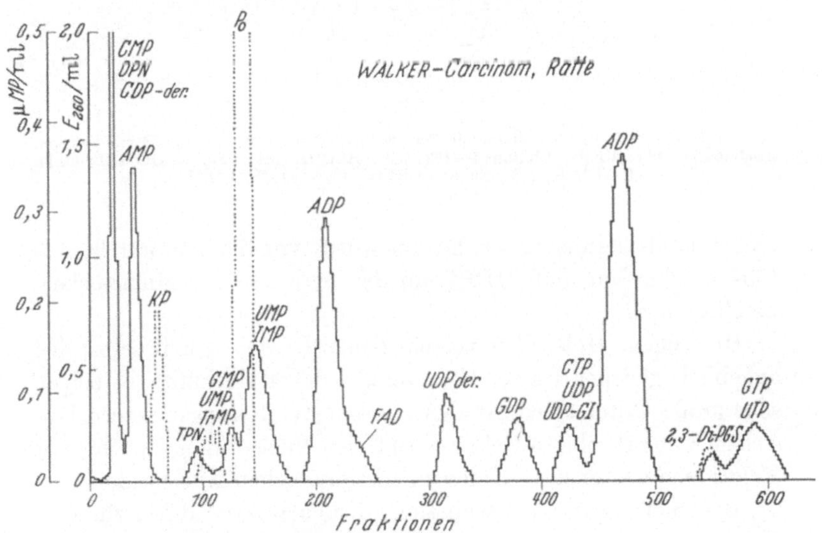

Abb. 15. Dowex-2, X-10, 200—400 mesh, Formiatform, Säule: 0,9 × 25,5 cm, 4 ml/Fraktion.
Mischflasche: 500 ml H₂O, über der Säule: 3,8 ml H₂O. Elution: 1—75: 1n HCOOH;
76—250 : 3n HCOOH; 251—530: 3n HCOOH + 0,2n HCOONH₄;
531—Ende: 4n HCOOH + 1,0n HCOONH₄

Spuren an UDP-Derivaten enthält (vgl. Abb. 2), ist die Zunahme
an UDP-Derivaten nicht als „Verunreinigung", sondern als eine
echte, den Bedürfnissen entsprechende Änderung zu betrachten.

Auch die Befunde von Smith und Mills deuten auf die Beziehungen eines Nucleotidverteilungsmusters zu den Funktionen eines
Gewebes hin. Diese Autoren zeigten, daß z. B. der Gehalt der
lactierenden Mamma des Meerschweinchens an UDPG dreimal

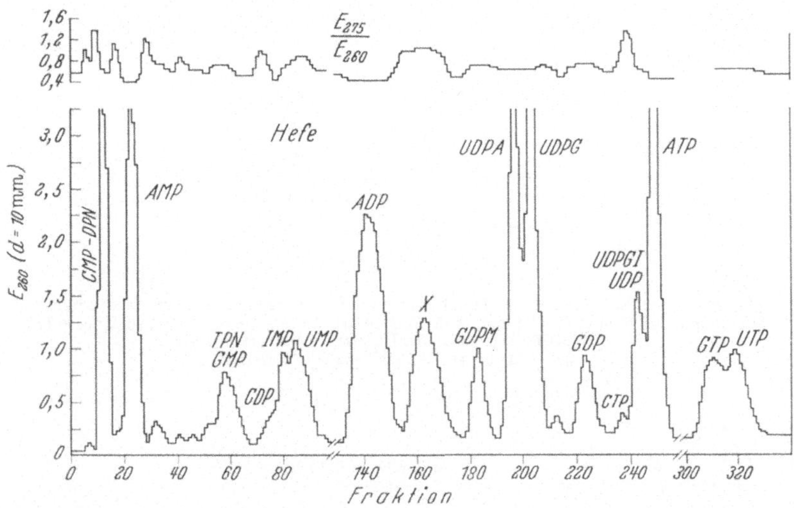

Abb. 16. Dowex-2, X-10, 200—400 mesh, Formiatform, Säule: 1,0 × 20 cm, 4,1 ml/Fraktion.
Mischflasche: 485 ml H_2O. Elution: 1—163: 3,0n HCOOH 164—257: 3n HCOOH + 0,1n
HCOONH$_4$ 258—Ende: 4n HCOOH + 0,8n HCOONH$_4$

größer ist als der der Leber. Daraus wurde von den Autoren bereits
1954 geschlossen, daß UDPG an der Synthese des Milchzuckers
beteiligt ist[53].

Hefezellen. Hefezellen verschiedener Rasse — und selbst bei
angeblich gleicher Rasse, aber verschiedener Herkunft — zeigen
sehr große Unterschiede in den Nucleotidverteilungsmustern hinsichtlich des absoluten Gehaltes an freien Nucleotiden wie auch der
Relationen von energie-armen zu energie-reichen Nucleotiden.

Bei einer uns durch Vermittlung der Farbwerke Bayer zur Verfügung gestellten Bäckerhefe konnten wir z. B. — im Gegensatz zu
10 anderen untersuchten Heferassen — das Vorkommen von be-
merkenswerten Mengen an freien Nucleotiden ermitteln, deren

Konstitutionsaufklärung noch aussteht. Ein Ionenaustausch-Chromatogramm des säurelöslichen Extraktes der „Bayer-Hefe" ist in Abb. 16 gegeben. Die in dieser Abbildung der ADP folgenden Fraktionen (als X bezeichnet) wurden in einem größeren Ansatz

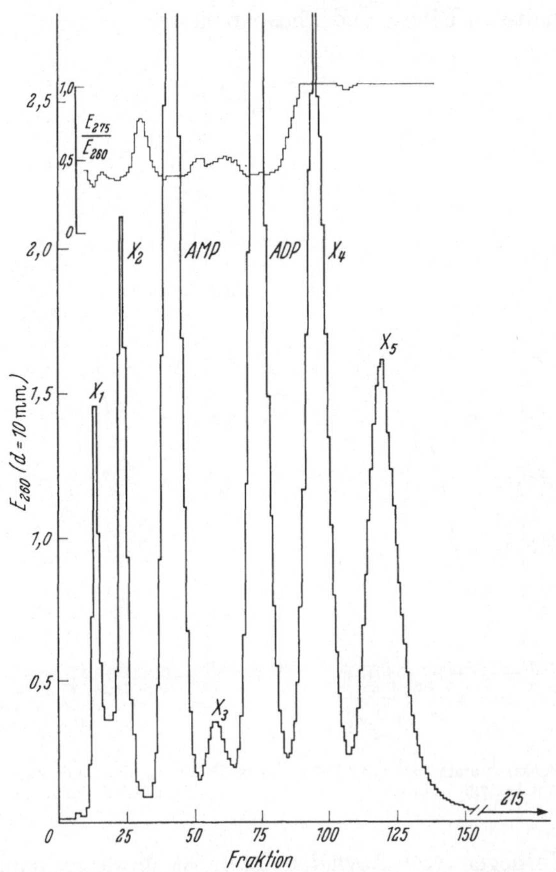

Abb. 17. Dowex-2, X-10, 200—400 mesh, Formiatform, Säule: 1,0 × 16 cm, 4,1 ml/Fraktion. Mischflasche: 375 ml H_2O. Elution: 1—Ende: 1,0n $HCOONH_4$

nochmals chromatographiert, bei dem die X-Fraktion nicht vollständig vom ADP getrennt wurde. Die nach der Gefriertrocknung der entsprechenden Fraktionen vorgenommene Rechromatographie (Abb. 17) ergab, daß außer ADP und AMP (letzteres durch Zerfall bei der Gefriertrocknung entstanden) fünf bisher unbekannte, im ultravioletten Bereich absorbierende Verbindungen existieren. Für die Annahme, daß es sich bei den Verbindungen X-1, X-2, X-3, X-4 und X-5 um Nucleotide handelt, sprechen folgende Befunde:

1. Absorption in dem für Nucleotide typischen Bereich des ultravioletten Lichtes (vgl. Abb. 18—22).

2. Gehalte an Ribose und Phosphorsäure.

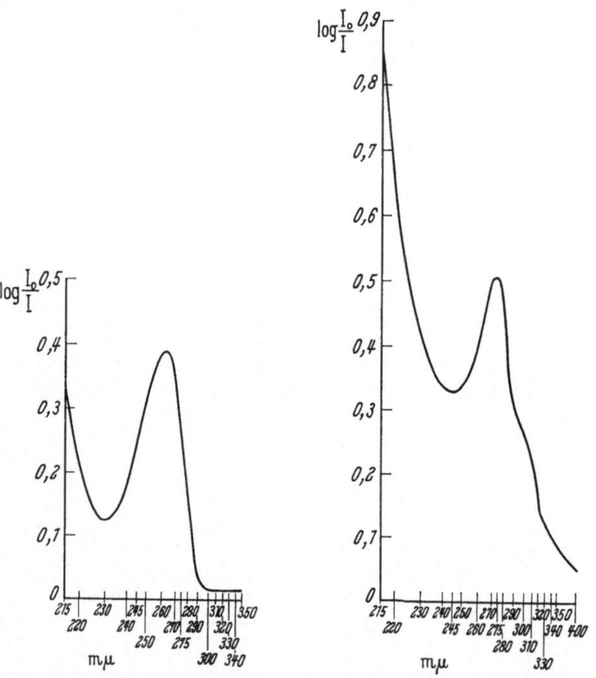

Abb. 18. Spektrogramm (Beckman DK2) von X-1 vgl. Abb. 17

Abb. 19. Spektrogramm (Beckman DK2) von X-2 vgl. Abb. 17

Das Vorliegen von Acyladenylaten ist unwahrscheinlich, da diese entsprechend einer geringeren negativen Ladung an dem benutzten basischen Austauscher bedeutend eher erscheinen würden. Die Zunahme der Farbintensität beim Orcintest auf Ribose nach 60 min Hydrolyse ähnelt bei X-2 und X-4 dem Verhalten von Pyrimidinnucleotiden, während die leichte Abnahme der Farbintensität bei X-1 und X-3 dem Verhalten von Purinnucleotiden unter diesen Bedingungen entspricht. Die Tab. 3 (S. 22) gibt eine Übersicht über die spektrophotometrischen Eigenschaften dieser

Verbindungen sowie ihrer Gehalte an Phosphat und Ribose, bezogen auf ihre Extinktion bei 260 mμ.

Freie Desoxynucleotide. Die eingangs erwähnte doppelte Bedeutung der freien Nucleotide als Koordinatoren des Zellstoffwechsels und als präformierte Bausteine für die Nucleinsäuren steht im Einklang damit, daß nicht nur freie Ribo- sondern auch freie Desoxynucleotide als Mono-, Di- und Triphosphate aus säurelöslichen

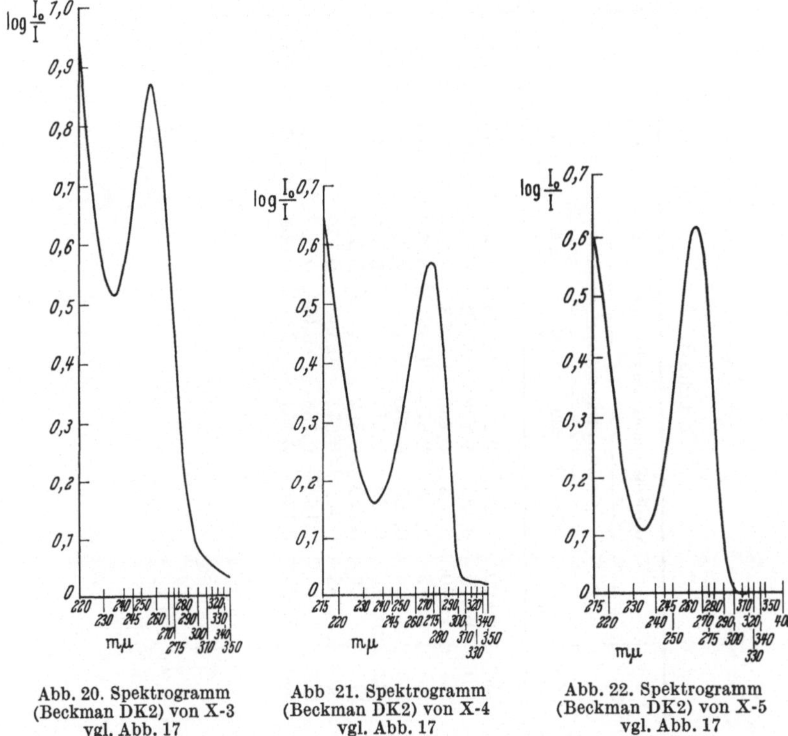

Abb. 20. Spektrogramm (Beckman DK2) von X-3 vgl. Abb. 17

Abb 21. Spektrogramm (Beckman DK2) von X-4 vgl. Abb. 17

Abb. 22. Spektrogramm (Beckman DK2) von X-5 vgl. Abb. 17

Gewebeextrakten isoliert werden konnten. Aus Thymus, Milz, „regenerierender Leber" und aus einigen Tumoren konnten freie 5'-Mono-, Di- und Triphosphate von Desoxycytidin und Thymidin isoliert werden. Ebenfalls wurde ein — in seiner Bedeutung noch nicht sicher erkanntes — Desoxycytidin-5'-diphosphat-cholin nachgewiesen[54, 55]. Über freie Desoxynucleotide, die eine Purinbase enthalten, liegt bis auf den erwähnten Befund von LePage keine Mitteilung vor.

Tabelle 3

| Verbindung | pH | Wellenlänge | | Optische Dichte bei einer gegebenen Wellenlänge | | | | | | | Offensichtl. Ribose* | | Gesamt-phosphat* |
| | | | | Optische Dichte des Maximums in Säure | | | | | | | Hydrolysedauer | | |
		Maxi-mum	Mini-mum	Maxi-mum	Mini-mum	230 mμ	245 mμ	260 mμ	275 mμ	290 mμ	15 min	60 min	
X_1	H$^+$	261	230	1,000	0,295	0,270	0,660	1,000	0,655	0,077	0,014	0,013	0,010
	OH$^-$	268	240	0,925	0,380	0,819	0,420	0,795	0,777	0,056			
X_2	H$^+$	272	244	1,000	0,653	0,785	0,653	0,830	0,985	0,580	0,037	0,041	0,108
	OH$^-$	275	245	0,985	0,564	0,914	0,564	0,670	0,985	0,549			
X_3	H$^+$	257	235	1,000	0,596	0,630	0,755	0,960	0,590	0,175	0,170	0,162	0,174
	OH$^-$	260	222	0,870	0,139	0,217	0,525	0,870	0,445	0,076			
X_4	H$^+$	273	236	1,000	0,279	0,332	0,415	0,820	0,980	0,440	0,023	0,026	0,022
	OH$^-$	274	240	1,038	0,351	0,611	0,386	0,735	1,019	0,211			
X_5	H$^+$	267	234	1,000	0,158	0,188	0,336	0,910	0,986	0,153	0,058	0,058	0,056
	OH$^-$	268	234	1,070	0,136	0,151	0,311	0,905	0,881	0,191			
AMP	**										0,068	0,060	0,068
GMP											0,072	0,063	0,072
CMP											0,000	0,001	0,037
UMP											0,016	0,046	0,101

* Angaben in μMol/E$_{260}$-Einheit.　　** Vgl.[46].

Schlußbemerkungen

Während die Ausstattung der Gewebe mit freien Nucleotiden unter dem Gesichtspunkt ihrer Funktionen einleuchtend erscheint, bleibt aber eine Reihe von Fragen unbeantwortet. So steht die Frage offen, warum bestimmte freie Nucleotide sich mit bestimmten Stoffgruppen verbinden, wie z. B. Cytosinnucleotide mit Alkoholen (Cholin-Äthanolamin, Serin, Ribit und Glycerin), Uracil- und Guaninnucleotide mit Aldehyden (Zucker, Uronsäure) und Adeninnucleotide mit Säuren (Fettsäuren, Aminosäuren und Schwefelsäure). Möglicherweise ist darin eine Spezifität zu sehen, der eine besondere noch unbekannte Bedeutung beizumessen ist. Gleichfalls ungeklärt ist, warum — abgesehen von Kinasereaktionen — vorwiegend ATP als primärer Phosphatdonator wirkt und die entsprechenden Nucleosidtriphosphate erst dann sich mit dem phosphorylierten Substrat paaren.

Zum Schluß sollen noch einige Hinweise auf die Begrenzung der Aussagefähigkeit der Nucleotidverteilungsmuster angeführt werden:

1. Da die dargestellten Chromatogramme aus Gesamtextrakten von Zellen oder Geweben stammen, spiegeln sie nur den Gesamtgehalt an freien Nucleotiden wider und lassen die Verteilung dieser Verbindungen auf die einzelnen Zellräume (Kern, Mitochondrien, Mikrosomen, Cytoplasma) unberücksichtigt. Bestimmungen der Gehalte an freien Nucleotiden in den verschiedenen Zellräumen scheiterten bisher an der technischen Aufarbeitung, die nach den bisher bekannten Methoden der Zellfraktionierung zuviel Zeit erfordert[56].

2. Weiterhin ist zu beachten, daß — bedingt durch die Herstellung der Gewebeextrakte — die Chromatogramme nichts über die freien Konzentrationen bzw. Spiegel der Transportmetabolite aussagen.

3. Außerdem ist zu bedenken, daß in den Chromatogrammen wesentliche Transportmetabolite wie z. B. CoA-SH und dessen Derivate nicht erfaßt worden sind. Dies könnte durch ihre relativ geringen freien Konzentrationen erklärt werden. Es erscheint aussichtsreich, nach ihnen mit empfindlicheren chromatographischen Anordnungen[57] zu suchen.

Der Deutschen Forschungsgemeinschaft danke ich für die großzügige Unterstützung der Untersuchungen.

Literatur

1 HENDERSON, J. F., and G. A. LePAGE: Chem. Rev. **58**, 645 (1958).
2 LIEBIG, J. v.: Ann. **62**, 1317 (1847).
3 HARDEN, A., and W. J. YOUNG: J. Chem. Soc. **87**, 189 (1905).
4 LOHMANN, K.: Biochem. Z. **202**, 466 (1927).
5 EULER, H. v., u. E. ALDER: Z. physiol. Chem. **238**, 233 (1936).
6 EMDEN, G., u. M. ZIMMERMANN: Z. physiol. Chem. **167**, 114 (1927).
7 LOHMANN, K.: Biochem. Z. **282**, 109 (1935).
8 THEORELL, H.: Biochem. Z. **278**, 263 (1935).
9 WARBURG, O., u. W. CHRISTIAN: Naturwissenschaften **26**, 235 (1938).
10 STRAUB, F. B.: Nature (Lond.) **141**, 603 (1938).
11 WARBURG, O.: Wasserstoffübertragende Fermente. Berlin: Verlag Dr. Werner Saenger 1948.
12 ENGELHARDT: Biochem. Z. **251**, 343 (1932).
13 LIPMANN, F.: Advances in Enzymol. **1**, 99 (1941).
14 PARNAS, J. K.: Nature (Lond.) **151**, 577 (1843).
15 LIPMANN, F.: J. Biol. Chem. **160**, 173 (1945).
16 LYNEN, F.: Ann. **546**, 120 (1941); **552**, 270 (1942).
17 CARDINI, C. E., A. C. PALADINI, R. CAUTTO and L. F. LeLOIR: Nature (Lond.) **165**, 191 (1950).
18 COHN, W. E.: J. Cellular Comp. Physiol. **38**, Suppl. I (1951).
19 MARRION, D. H.: Biochim. et Biophys. Acta **12**, 492 (1953).
20 SACKS, J.: Biochim. et Biophys. Acta **16**, 436 (1955).
21 DOERY, H. M.: Nature (Lond.) **177**, 381 (1956).
22 LePAGE, G. A., and W. W. UMBREIT: J. Biol. Chem. **148**, 255 (1943).
23 BARKER, H. A., and A. K. KORNBERG: **68**, 654 (1954).
24 SABLE, H. Z., P. B. WILDER, A. E. COHEN and M. R. KANE: Biochim. et Biophys. Acta **13**, 156 (1954).
25 LIEBERMAN, I., A. KORNBERG and E. S. SIMS: J. Biol. Chem. **215**, 429 (1955).
26 KLENOW, H., and E. LICHTLER: Biochem. et Biophys. Acta **23**, 6 (1957).
27 LePAGE, G. A.: J. Biol. Chem. **226**, 135 (1953).
28 POTTER, V. R.: Persönliche Mitteilung.
29 SUTHERLAND, E. W., and T. W. RALL: J. Am. Chem. Soc. **79**, 3608 (1957).
30 HANSEN, R. G., and G. HAGEMAN: Arch. Biochem. Biophys. **62**, 511 (1954).
31 ANKEL, H., TH. BÜCHER u. R. CZOK: Biochem. Z. **332**, 315 (1960).
32 CARTER, C. E., and L. H. COHEN: J. Biol. Chem. **222**, 17 (1956).
33 LIEBERMAN, I.: J. Biol. Chem. **223**, 327 (1956).
34 PREISS, J., and P. HANDLER: J. Biol. Chem. **233**, 488 (1958); **233**, 493 (1958).
35 CANTONI, G. L.: J. Biol. Chem. **204**, 403 (1953).
36 DeMEIO, R. H., C. LEWYCKA, M. WIZERKANIUK and O. SALCIUNAS: J. Biol. Chem. **203**, 257 (1953).
37 HILZ, H., and F. LIPMANN: Proc. Nat. Acad. Sci. U.S. **41**, 880 (1955).
38 HILZ, H., and M. KITTLER: Biochim. et Biophys. Acta **30**, 650 (1958).
39 LIPMANN, F.: Science **128**, 575 (1958).

[40] Berg, P.: J. Biol. Chem. **222**, 1025 (1956).

[41] Kalyankar, G. D., and A. Meister: J. Am. Chem. Soc. 81, 1515 (1959).

[42] Hansen, R. G., E. Hageman, R. A. Freedland and D. R. Wilkie: Fed. Proc. **15**, 268 (1956).

[43] Park, J. T.: J. Biol. Chem. **194**, 885 (1952).

[44] Rhodes, W. C., and W. D. McElroy: J. Biol. Chem. **233**, 1528 (1958).

[45] Hurlbert, R. B., H. Schmitz, A. F. Brumm and V. R. Potter: J. Biol. Chem. **209**, 23 (1954).

[46] Schmitz, H., R. B. Hurlbert and V. R. Potter: J. Biol. Chem. **209**, 41 (1954).

[47] Schmitz, H., V. R. Potter and D. M. White: Cancer Res. **14**, 66 (1954).

[48] Schmitz, H.: Naturwissenschaften **41**, 120 (1954).

[49] Schmitz, H.: Biochem. Z. **325**, 555 (1954).

[50] Saukkonen, J. J.: Ann. Med. Exptl. et Biol. Fenniae (Helsinki) **45**, Suppl. Nr. 3 (1956).

[51] Schmitz, H., u. V. Heimsoth: Unveröffentlicht.

[52] Mandel, u. Klethi, J.: Biochim. Biophys. Acta **28**, 199 (1958).

[53] Smith, E. E. B., and G. T. Mills: Biochim. Biophys. Acta **13**, 386 (1954).

[54] Potter, R. L., and L. Schlesinger: J. Am. Chem. Soc. **77**, 6714 (1955).

[55] Potter, R. L., L. Schlesinger, V. Buettner-Janusch and L. Thomson: J. Biol. Chem. **226**, 381 (1957).

[56] Schmitz, H., u. R. Knippers: Unveröffentlicht.

[57] Schnitger, H., K. Papenberg, E. Ganse, R. Czok, Th. Bücher u. H. Adam: Biochem. Z. **332**, 107 (1959).

Diskussion

Diskussionsleiter: Felix, *Frankfurt*

Felix (Frankfurt): Die 1. Kurve, die Sie uns gezeigt haben hat uns bewiesen, wie wichtig es ist, daß wir endlich einen geschlossenen Überblick über die Funktion dieser Nucleotide und über die Arten der vorkommenden Nucleotide erhalten. In ihren späteren Kurven haben wir erfahren, welchen großen Beitrag Sie selbst zu diesem Gebiet geliefert haben. Ich danke Ihnen nochmals dafür und eröffne nun die Diskussion. Zur Diskussion hat sich Herr Papenberg gemeldet, der uns kurz eine Ergänzung zu dem Bericht von Herrn Schmitz bringen wird.

Papenberg u. a. (Marburg): In unserer kürzlich erschienenen Mitteilung (Abb. 1) zur Chromatographie phosphathaltiger Metabolite im Gewebe[14] blieb eine Reihe Gipfel unidentifiziert. Bei der Auftrennung von Mitochondrienextrakten (Abb. 2) fiel auf, daß der im Leberchromatogramm mit 54 bezifferte Gipfel (ATP-X) unverhältnismäßig groß dimensioniert war. Die Bausteinanalyse ergab sowohl im Falle des Chromatogramms am Gesamthomogenat wie im Chromatogramm aus isolierten Mitochondrien Adenin/Ribose/Phosphat wie 1/2/3. Im enzymatischen Test auf ATP war weder über die Hexokinase-Reaktion noch über diejenige der Phosphoglycerat-kinase ein Ablauf zu beobachten.

Abkürzungen und Zeichen

E	= Extinktion in 1 ml bei 1 cm Schichtdicke. Indexzahlen geben die Wellenlänge der Messung an (cm $\times$ M^{-1}).
ε	= Extinktionskoeffizient
nMol	= nanoMol = 10^{-9} Mol
nm	= nanometer = 10^{-9} Meter
AMP	= Adenosin-5'-monophosphat
AMP2'	= Adenosin-2'-monophosphat
AMP3'	= Adenosin-3'-monophosphat
ADP	= Adenosin-5'-diphosphat
ADPR	= Adenosin-5'-diphosphat-ribose
ATP	= Adenosin-5'-triphosphat
2'PADPR	= Adenosin-2'-monophosphat-5'-diphosphat-ribose
(ATP-X od. ADPR-P)	
ATP-Y	= unaufgeklärtes Adeninnucleotid
CMP	= Cytidin-5'-monophosphat
CDPCh	= Cytidin-5'-diphosphat-cholin
CTP	= Cytidin-5'-triphosphat
GMP	= Guanosin-5'-monophosphat
GDP	= Guanosin-5'-diphosphat
GTP	= Guanosin-5'-triphosphat
IMP	= Inosin-5'-monophosphat
UMP	= Uridin-5'-monophosphat
UDP	= Uridin-5'-diphosphat
UDPA	= Uridin-5'-diphosphat-N-acetylglycosamin
UDPG	= Uridin-5'-diphosphat-glucose
UDPGA (UDPGAL)	= Uridin-5'-diphosphat-galactose
UDP(GA)	= Uridin-5'-diphosphat-glucuronsäure
UTP	= Uridin-5'-triphosphat
DPN	= Diphosphopyridinnucleotid
DPNH	= reduzierte Codehydrase I
TPN	= Triphosphopyridinnucleotid
TPNH	= reduzierte Codehydrase II
HS	= Harnsäure
αGP	= Glycerin-1'-phosphat
H6P	= Hexose-6'-phosphat
KP	= Kreatinphosphat
PGS	= Phosphoglycerinsäure
$P_{anorg.}$ (P_i)	= anorganisches Phosphat
P-P	= Pyrophosphat

Der Stellung im Chromatogramm nach kam ein Abbauprodukt von TPNH in Frage. Da perchlorsaure Extrakte des biologischen Materials chromatographiert wurden, lag die Vermutung nahe, daß der Gipfel einem Spaltprodukt des reduzierten TPN entspricht,

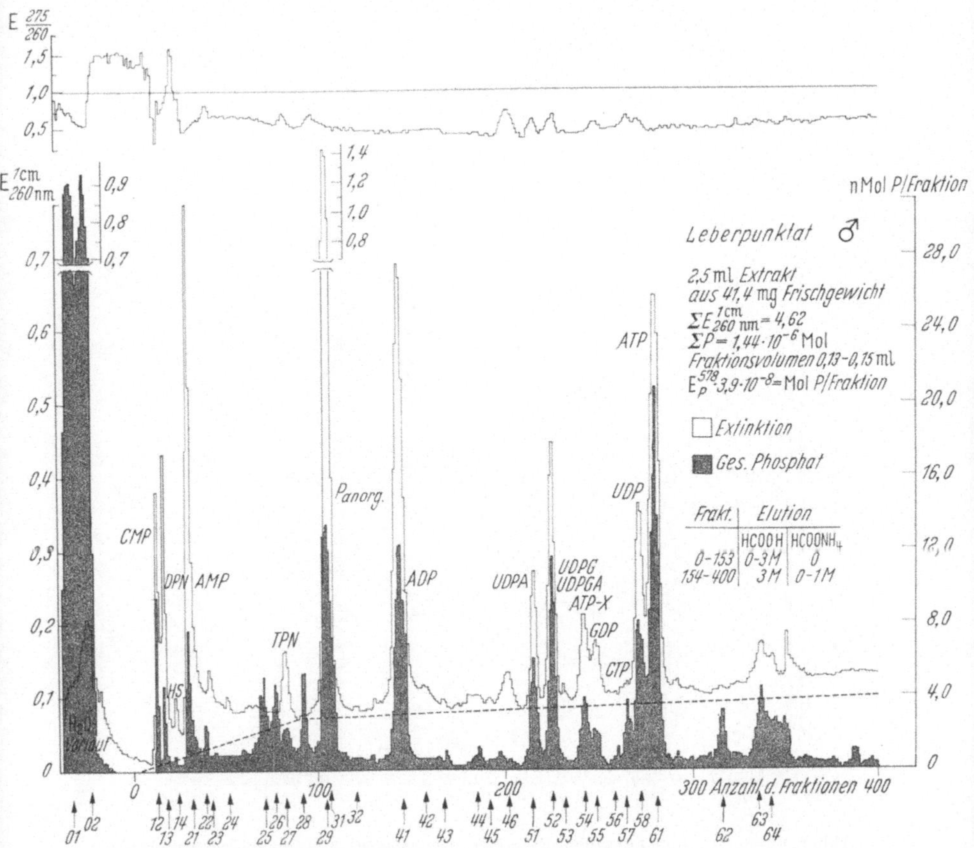

Abb. 1. Chromatogramm des sauren Extraktes eines Leberpunktats. In der linken Ordinate ist die Extinktion (260 nm; 1 cm Lichtweg; Volumen = Fraktionsvolumen) ohne Korrektur für die Absorption des Elutionsmittels (gestrichelte Linie, „Basis") eingetragen. Der Quotient im oberen Abschnitt ergibt sich aus den Messungen bei 275 und 260 nm. Die Pfeile und Zahlen unter der Abszisse geben die Bezifferung der Gipfel an; identifizierte Verbindungen sind außerdem mit ihren Abkürzungen bezeichnet

das sich im sauren Milieu bildet. Die Analysen stimmen auf Adenosin-triphosphat-ribose. Durch Verwendung längerer Austauschsäulen und kleinere Fraktionierung konnte das entsprechende saure Spaltprodukt des reduzierten Diphosphopyridinnucleotids als Adenosin-diphosphat-ribose von Inosinmonophosphat und Uridinmonophosphat getrennt werden (Abb. 3). Dieselbe Verbindung wurde kürzlich von Ankel et al.[1] aus kristallisierter Glycerin-1-P-dehydrogenase isoliert und identifiziert.

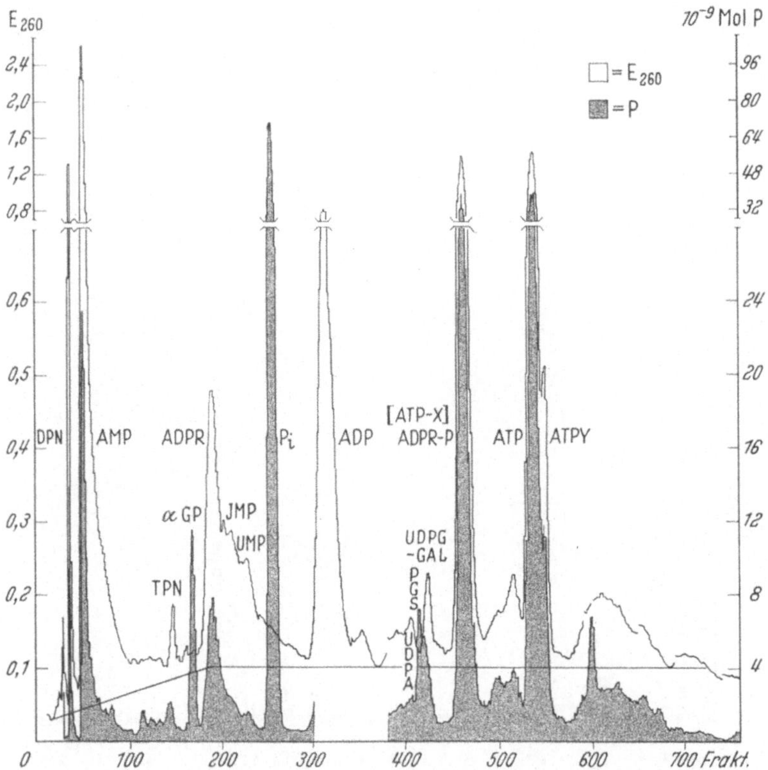

Abb. 2. Chromatogramm des sauren Extraktes von Rattenlebermitochondrien. Graphische Darstellung wie in Abb. 1. Adsorbiert: 3,0 ml Extrakt = 32,0mg Mitochondrienprotein

$$\Sigma E^{1\,cm}_{260} = 18{,}0; \Sigma P = 3{,}0 \times 10^{-9}\,\text{Mol}$$

Siekevitz und Potter haben bereits 1955 in der gleichen Position wie in den hier gezeigten Chromatogrammen am Dowex-Ionenaustauscher Adenin-haltige Gipfel beobachtet, die sie in Zusammenhang mit den reduzierten Pyridinnucleotiden brachten[12]. In der letzten Zeit hat besonders Pressman[8] bei der Mitochondrien-Chromatographie diese Gipfel beobachtet und in gleicher Weise gedeutet. Eine genaue Analyse und quantitatives Vorgehen unterblieben jedoch, da sich die Verbindungen bei einer Rechromato-

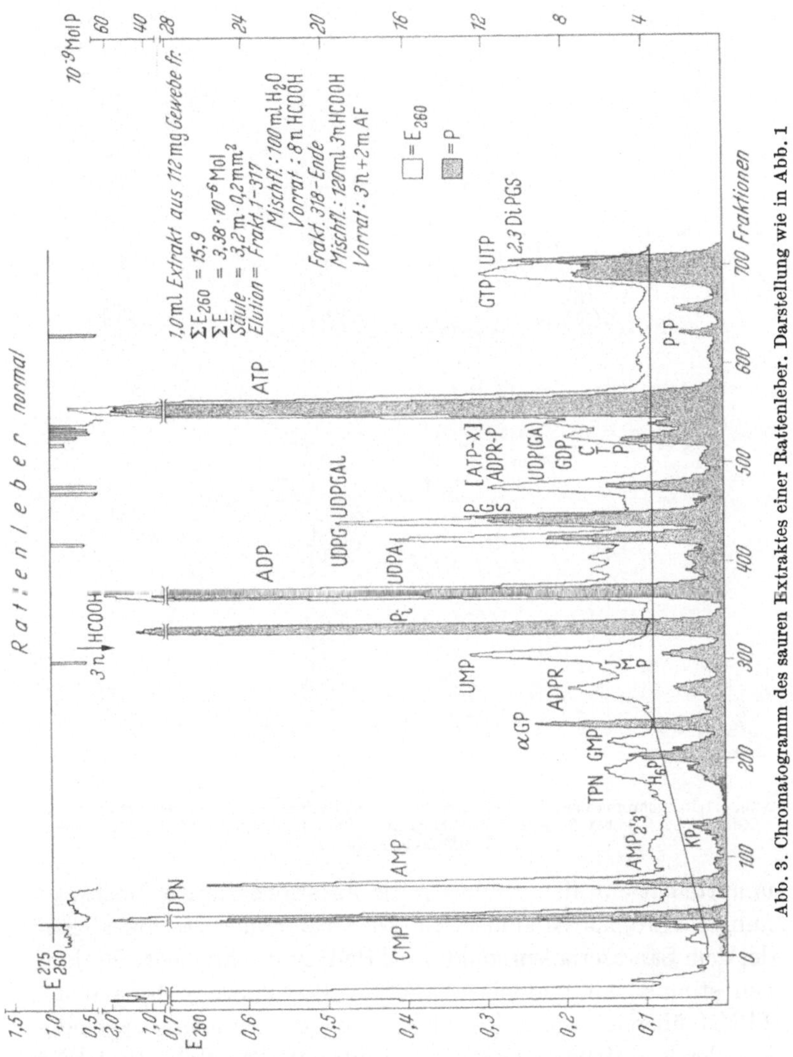

Abb. 3. Chromatogramm des sauren Extraktes einer Rattenleber. Darstellung wie in Abb. 1

graphie als äußerst labil und heterogen zusammengesetzt erwiesen. Das liegt in erster Linie daran, daß die Verbindungen beim

Lyophilisieren der Fraktionen zerfallen, besonders, wenn die Lyophilisation im sauren Milieu durchgeführt wird. Lyophilisiert man nach Neutralisation oder trägt die chromatographischen Fraktionen

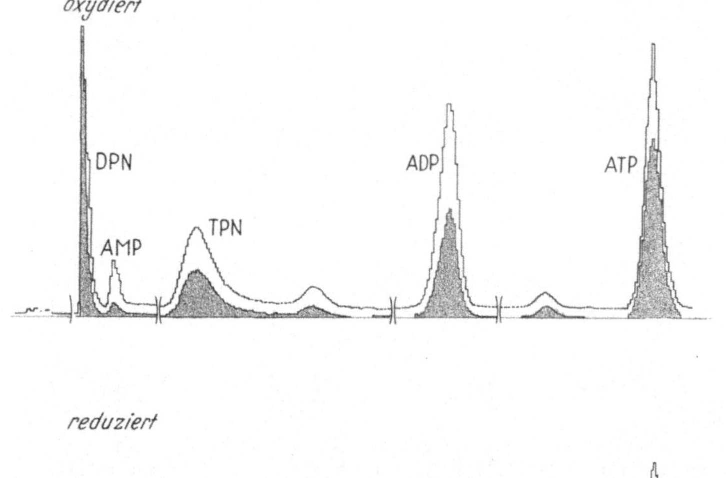

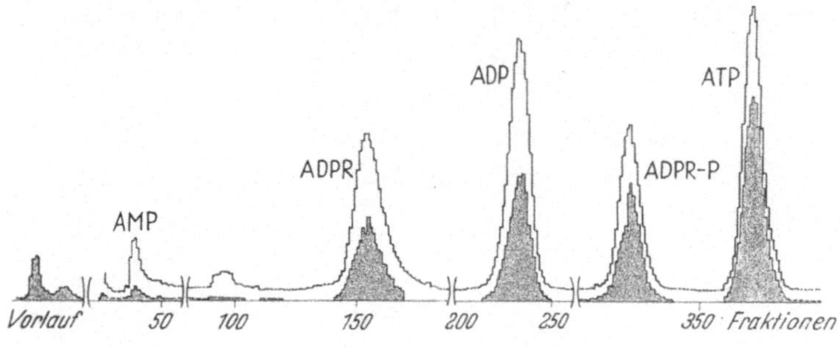

Abb. 4. Säulenchromatographische Auftrennung eines Pyridin- und Adeninnucleotidgemischs. Austauscher: Dowex 2 × 10 (200—400 mesh). Bilanz im Vergleich zur enzymatischen Bestimmung s. Tab. 1

unmittelbar auf, dann wandern die Fraktionen in der Hochspannungselektrophorese einheitlich. Die Wanderungsgeschwindigkeit der dem Säurezerfallsprodukt des TPNH zugeschriebenen Fraktionen stimmt mit derjenigen des mit Perchlorsäure behandelten TPNH überein. Die elektrophoretische Wanderungsgeschwindigkeit der Fraktionen, die wir dem Säurezerfallsprodukt des DPNH zurechnen, stimmt mit der Wanderungsgeschwindigkeit sowohl von ADP-ribose (Pabst Laboratories) als auch mit Perchlorsäure behandelten DPNHs überein. Die Analyse des Papiereluats ergibt für die TPNH-Derivate ein Verhältnis Adenin/Ribose/Phosphat wie 1/2/3, für das DPNH-Derivat 1/2/2.

Abb. 4 zeigt in einem Modellversuch die Möglichkeit auf, TPNH und DPNH quantitativ anhand ihrer perchlorsauren Spaltprodukte ionenaustausch-chromatographisch zu erfassen. Wir gingen von einer Mischung der beiden reduzierten Pyridinnucleotide, sowie ATP und ADP in äquimolaren Konzentrationen aus. An einem Aliquot des gleichen Ansatzes wurde DPNH mit Acetaldehyd und TPNH mit α-Ketoglutarat enzymatisch oxydiert. Zum methodischen Vorgehen ist zu bemerken, daß beide Lösungen vor der Säulenpassage in Analogie zur üblichen Gewebeextraktherstellung mit 0,6 n-Perchlorsäure behandelt, mit KOH neutralisiert und vom Perchlorat durch Zentrifugation getrennt wurden. Das Chromatogramm zeigt, wie auf der Abbildung zu sehen ist, scharf voneinander abgetrennte Gipfel.

Der Vergleich der Ergebnisse der enzymatischen und chromatographischen Analyse wird für den gesamten Modellversuch (Abb. 4) in Tab. 1, für das Mitochondrienchromatogramm (Abb. 2) in Tab. 2 gezeigt. Die Abweichungen der nach beiden Methoden gemessenen

Tabelle 1. *Modellversuch am Pyridin- und Adeninnucleotidgemisch.* Einwaage: etwa 0,3 mMol DPNH; etwa 0,22 mMol TPNH; etwa 0,4 mMol ADP und ATP; $\Sigma P = 3{,}41 \cdot 10^{-6}$ Mol

	enzymatisch	chromatographisch
1. Lösung reduziert [10^{-9} Mol/ml]		
DPN	11	10
DPNH	294	ADPR 319
TPN	8	8
TPNH	215	2′PADPR 231
ADP	392	388
ATP	—	410
AMP	43	45
2. Lösung oxydiert mit ADH und Acetaldehyd bzw. GluDH und α-Ketoglutarsäure		
DPN	294	279
DPNH	0	ADPR 55
TPN	222	222
TPNH	0	2′PADPR 27
ADP	382	376
ATP	388	395
AMP	40	49

Tabelle 2. *Mitochondrienextrakt.* Enzymatische und chromatographische Gehaltsbestimmung im Vergleich [10^{-9} Mol/mg Protein]

	enzymatisch	chromatographisch	
DPN	0,53		0,52
DPNH	1,62	ADPR	1,70
TPN	0,19		0,17
TPNH	3,34	2′PADPR	4,0
ATP	4,20		3,9
ADP	2,38		3,0
AMP	5,85		4,55
αGP	1,64		1,88
3 PGS	1,05		1,06

Werte liegen an der oberen Grenze der methodischen Fehler. Es fällt auf, daß die chromatographisch gewonnenen Werte etwas höher liegen als die enzymatischen Analysen am gleichen Extrakt.

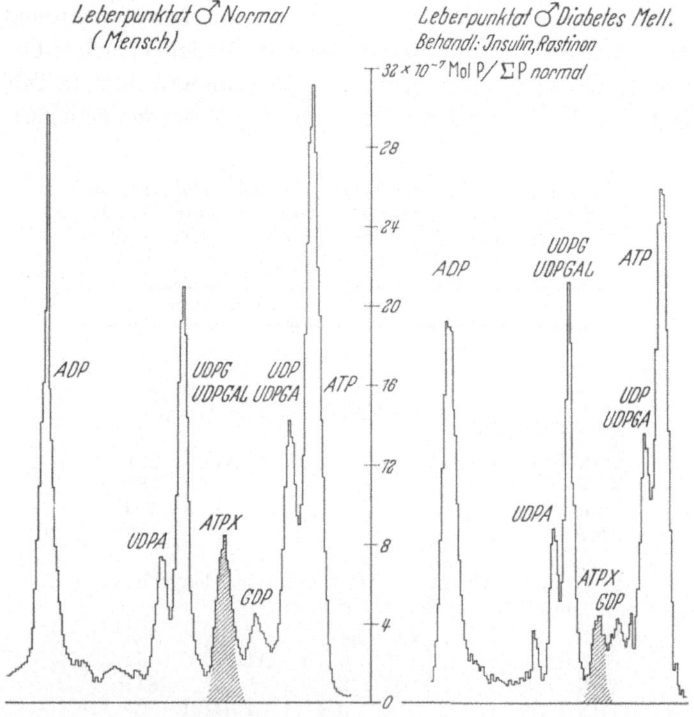

Abb. 5. Auszugsweise Darstellung zweier Chromatogramme von menschlichen Leberpunktaten Zur besseren Übersicht ist lediglich der Phosphatverlauf gezeichnet. Als Bezugssystem beider Kurven wurde der Gesamtphosphatgehalt des normalen Lebercylinders gewählt

Im Falle des Modellversuches ist an die enzymatisch nicht erfaßbare α-Form des Nucleotids zu denken, die chromatographisch, aber nicht enzymatisch erfaßt wird und insbesondere bei dem durch chemische Reduktion gewonnenen TPNH-Präparat ins Gewicht fallen dürfte. Außerdem würde die chromatographische

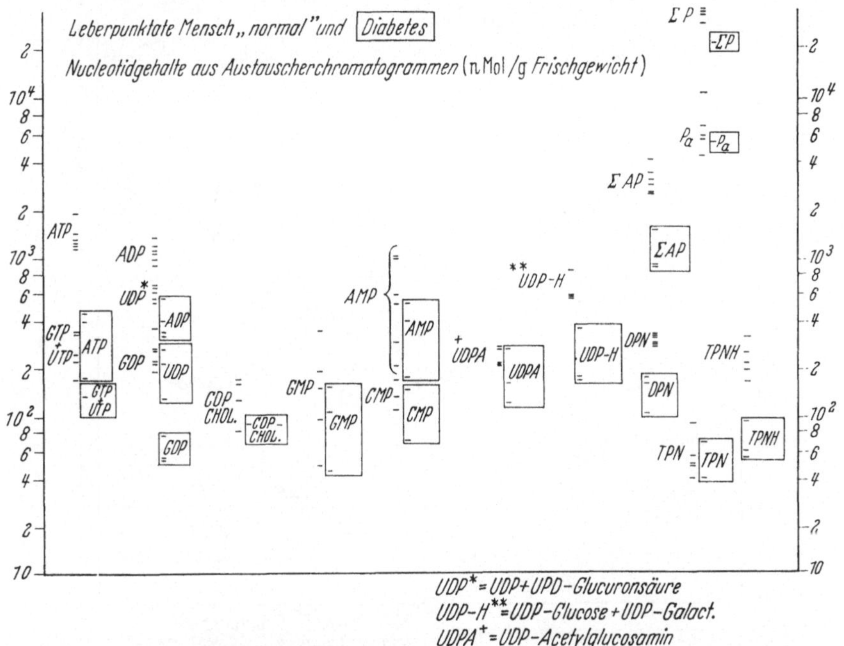

Abb. 6. Gegenüberstellung des Nucleotidgehaltes der normalen mit der diabetischen menschlichen Leber. Auf den Ordinaten sind im logarithmischen System nach Art einer Scala die Zahlen als nanoMol (10^9−Mol)/g Frischgewebe aufgetragen

Methode im Gegensatz zur enzymatischen Untersuchung bereits vorgebildete ADP-Ribosen erfassen. Die chromatographische Analyse von Dinitrophenol-entkoppelten Mitochondrien hat jedoch gezeigt, daß dieser Anteil nicht ins Gewicht fällt.

Der Vorteil der chromatographischen gegenüber der enzymatischen Methode liegt zum einem darin, daß die oxydierte und reduzierte Stufe beider Nucleotide in ein und demselben Extrakt erfaßt werden kann, zum anderen darin, daß bei Nucleotidanalysen von sehr kleinen Gewebsmengen — die bioptisch gewonnenen Lebercylinder wiegen zwischen 20 und 50 mg — kein zusätzliches Material für die Bestimmung der reduzierten Pyridinnucleotide erforderlich ist.

Zur Erläuterung des zuletzt genannten Aspektes ist auf Abb. 5 der Bereich um das früher mit ATP-X bezeichnete, heute als Abbauprodukt des TPNH identifizierte Nucleotid graphisch dargestellt. Es handelt sich um die Gegenüberstellung eines Leberpunktates vom menschlichen Diabetes mellitus mit der Auftrennung eines

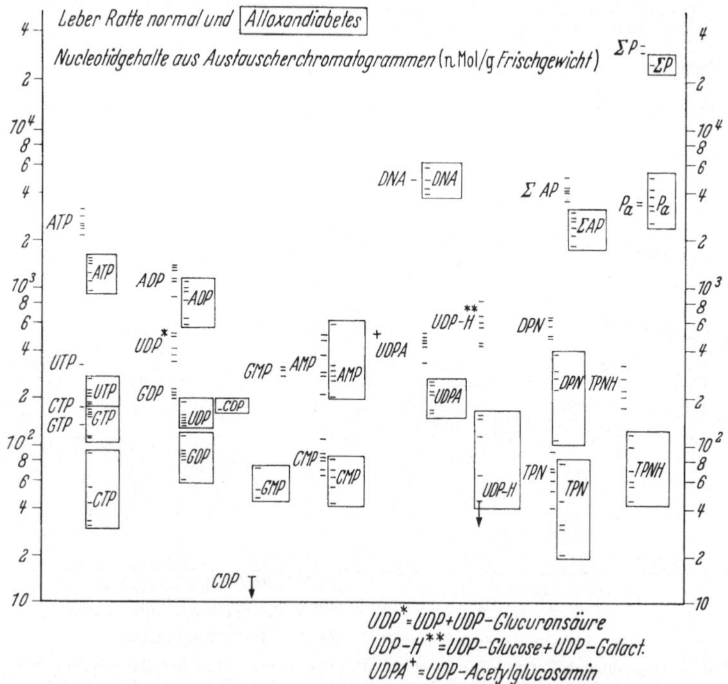

Abb. 7. Gegenüberstellung des Nucleotidgehaltes der normalen und alloxandiabetischen Rattenleber. Darstellung wie in Abb. 6

normalen Lebercylinders. Bezogen auf einen einheitlichen Phosphatgehalt des Ausgangsextraktes fällt eine deutliche Relativverminderung von TPNH beim Diabetes auf. Die absolute Abnahme von TPNH ist beim Bezugssystem „Gramm Leber frisch" noch deutlicher.

Eine Anwendung der chromatographischen TPNH-Bestimmung im sauren Gewebsextrakt zeigt die Übersicht über den Nucleotidgehalt der normalen menschlichen Leber im Vergleich mit Gehaltsangaben beim Diabetes mellitus (Abb. 6). In dieser musterartigen Darstellung ist die jeweilige Substanzbezeichnung neben den Mittelwert gesetzt. Bei der Betrachtung imponiert besonders die Gesamtnucleotidverarmung der diabetischen Leber. Wir fanden die Summe der spezifisch bei 260 mμ lichtabsorbierenden Substanzen pro Gramm Gewebe auf die Hälfte bis zwei Drittel des Normalen erniedrigt.

TPNH erscheint über die generelle Verminderung aller Nucleotide hinaus im Gehalt gesenkt. Die Erklärung, Diabetes ist gleich Gesamtnucleotidverarmung, genügt hier nicht. Gleichgültig, welches Bezugssystem zur Verwendung kommt, ob Gesamtphosphat wie auf Abb. 5 oder Summe der Lichtabsorption bei 260 mμ, immer fällt TPNH stark erniedrigt auf. Der Vergleich mit den Nucleotiden der normalen und alloxandiabetischen Rattenleber (Abb. 7) zeigt eine gewisse Parallelität. GLOCK und MCLEAN[19] haben eine im gleichen Sinne sprechende Änderung des Verhältnisses TPNH/TPN beim Alloxandiabetes der Ratte gefunden. Ob dem mitochondrialen Einfluß hierbei eine wesentliche Rolle zukommt, muß zunächst dahingestellt bleiben.

[1] ANKEL, H., TH. BÜCHER u. R. CZOK: Biochem. Z. **332**, 315 (1960).

[2] CHAYKIN, S., I. O. MINHARD and E. G. KREBS: J. Biol. Chem. **220**, 811 (1956).

[3] GLOCK, G. R., and P MCLEAN: Biochim. et Biophys. Acta. **16**, 446 (1955).

[4] HAAS, E.: Biochem. Z. **288**, 123 (1036).

[5] HURLBERT, R. B., H. SCHMITZ, A. F. BRUMM and R. VAN POTTER: J. Biol. Chem. **209**, 23 (1954).

[6] KARRER, P., F. W. KAHNT, R. EPSTEIN, W. JAFFE and T. ISÜ: Helv. Chem. Acta **21**, 223 (1938).

[7] MARKHAM, R., and J. D. SMITZ: Biochem. J. **45**, 294 (1949).

[8] PRESSMAN, B. C.: Federation Proc. **16**, 235 (1957).

[9] RAFTER, G. W., S. CHAYKIN and G. E. KREBS: J. Biol. Chem. **208**, 799 (1954).

[10] SAUKKONEN, J.: Dissertation Helsinki 1956.

[11] SCHMITZ, H.: Biochem. Z. **325**, 555 (1954).

[12] SIEKEVITZ, P., and R. VAN POTTER: J. Biol. Chem. **215**, 221, 237 (1955).

[13] SINGER, T. P., and E. B. KEARNEY: Advances in Enzymol. **15**, 79 (1954).

[14] SCHNITGER, H., K. PAPENBERG, E. GANSE, R. CZOK, TH. BÜCHER u. H. ADAM: Biochem. Z. **332**, 167 (1959).

[15] WARBURG, O., W. CHRISTIAN u. A. GRIESE: Biochem. Z. **282**, 157 (1953).

[16] WARBURG, O., u. W. CHRISTIAN: Biochem. Z. **287**, 291 (1936).

[17] WERNER, G., u. O. WESTPHAL: Angew. Chemie **67**, 251 (1955).

[18] Ultraviolet Absorption Spectra of 5′Ribonucleotides. Pabst Laboratories, Circular OR 10 Jan. 1956.

[19] GLOCK, G. E., and P. MCLEAN: Biochem. J. **61**, 390 (1955).

FELIX (Frankfurt): Ich danke Ihnen für diese interessante Ergänzung, Herr PAPENBERG. Wir eröffnen nunmehr die freie Diskussion. Darf ich vorher kurz fragen, welchen Austauscher Sie verwendet haben?

PAPENBERG (Marburg): Es handelt sich in allen Fällen um Dowex-2 X 10.

FELIX (Frankfurt): Danke, ich bitte um weitere Wortmeldungen.

MANDEL (Straßburg): Ich möchte nur einige Worte über das Vorkommen der Nucleotide im Gehirn sagen. Es wird viel darüber diskutiert, unter welchen Bedingungen man die Verteilung der Nucleotide im Gewebe am besten untersuchen kann und ob am anaesthesierten Tier der ATP-Gehalt im Gehirn erhöht ist. Wir haben letztere Fragestellung kürzlich wieder einmal aufgegriffen und keinen Unterschied gegenüber dem unbehandelten Tier finden können. Von den Adeninnucleotiden sind 90% ATP, während AMP sich nur in geringen Spuren nachweisen ließ. Bei der chromatographischen Trennung der Nucleotide aus Rattengehirn ergaben sich als Hauptkomponenten ATP, GTP und UTP. Die Anwesenheit von AMP drückte sich nur in Form einer Schulter im Konzentrationsprofil aus. Die gleichen Verhältnisse fanden wir bei Mäusen, die teils unbehandelt blieben, teils kurze Zeit mit Chloral anaesthesiert worden waren. Fast kein AMP, nur sehr geringe Mengen an ADP, in der Hauptsache ATP und hohe Anteile an GTP und UTP.

Bei der Untersuchung der Nucleotidzusammensetzung im Gehirn von Ratten, die einer Röntgenstrahlendosis von 700 r ausgesetzt wurden, fanden wir am 7. Tag eine geringe Verminderung des ATP-Gehaltes. Nach dem 21. Tag aber war der ATP-Gehalt auf mehr als den doppelten Betrag gestiegen. Der GTP-Gehalt erhöhte sich gleichfalls beträchtlich. Auf der Suche nach der Ursache dieser Erscheinung kamen wir zu dem Ergebnis, daß die Reticulocyten hierfür verantwortlich zu machen seien. Nach unseren Berechnungen ist der ATP-Gehalt der Reticulocyten etwa 4—5mal so hoch wie der der normalen roten Blutkörperchen.

FELIX (Frankfurt): Danke, Herr MANDEL, das ist eine interessante Mitteilung, ich bitte um weitere Wortmeldungen.

PFLEIDERER (Frankfurt): Ich möchte Herrn Schmitz um Auskunft darüber bitten, ob er unter seinen unbekannten Substanzen ein Dinucleotid gefunden hat, das im DPN statt des Nicotinamids einen Pyrimidinring oder etwas Ähnliches besitzt. Nach den Untersuchungen von Herrn Prof. BÜCHER am Baranowsky-Ferment und am oxydierenden Ferment von Herrn STOCK aus unserem Institut, der ein derartiges mit einer Dehydrogenase gekoppeltes Dinucleotid isoliert hat, verdichtet sich immer mehr der Verdacht für das Vorhandensein dieser Verbindungen. Ich wollte fragen, ob von Ihnen in den Gewebeextrakten schon einmal derartige Stoffe isoliert wurden. Meine zweite Frage betrifft die Nachdiskussion. Ich bin mir im Zweifel darüber, ob dieser Nicotinamidring im Säureaddukt des DPNH-TPNH auch tatsächlich abgespalten wird. Ich kann mir nämlich nicht vorstellen, daß das so einfach ist. Das von Herrn STOCK gefundene Säureaddukt ist eine außerordentlich stabile Verbindung und wir haben verschiedene chemische Untersuchungen damit anstellen können. Ein weiteres, ebenfalls sehr stabiles Säureaddukt ist von

RAFTER dargestellt worden. Sind Sie wirklich sicher, den Nicotinamidteil abgespalten zu haben? Unter welchen Bedingungen soll dieses geschehen sein? Oder ist diese Gruppierung vielleicht doch am Molekül verblieben, nur haben Sie dieses aus dem Spektrum nicht ersehen können?

SCHMITZ: Die Frage, die an mich gestellt ist, ist relativ einfach zu beantworten. Es gibt in diesen Chromatogrammen, das haben wir durch ausgedehnte Rechromatographie gesehen, eine Unzahl von Verbindungen, die leider meistens nur in sehr geringen Mengen vorliegen; es ist sehr schwer gewesen, bisher überhaupt einige dieser unbekannten Stoffe zu identifizieren. Die Möglichkeit ist selbstverständlich vorhanden aber ich kann Ihnen nichts Näheres sagen.

PAPENBERG (Marburg): Ich möchte hier mitteilen, daß der Säureabbau von DPNH und dem reduzierten Triphosphorpyridinnucleotid auch von WALLENFELS untersucht worden ist. Die Spaltung ist wohl sehr davon abhängig, wie lange DPNH und TPNH sich in dem sauren Milieu befinden. So hatte sich nach 2 stündiger Einwirkung von Perchlorsäure auf DPNH und TPNH der Pyridinring bei unseren Versuchen noch nicht völlig abgespalten. Wir erhielten eine Verbindung, die ihr Maximum weitgehend nach 290 mμ hin verschoben hatte. Nach Behandlung mit einem Ionenaustauscher und nach langdauernder Einwirkung von Säure — hier speziell eines Formiatsystems ist es durch die Hochspannungselektrophorese sichergestellt worden, daß es sich bei dem Spaltprodukt aus unserer Substanz nur um ADP-Ribose bzw. ADP-Ribose mit einem dritten Phosphatrest in anderer Stellung handelt. Es ist ganz allgemein noch zu sagen, daß das reduzierte Diphospho- und Triphosphopyridinnucleotid durch den enzymatischen Test sehr viel schneller erfaßt werden kann. Für uns geht es im übrigen nur darum, daß wir aus kleinsten Gewebsproben — wir erhalten bei einer Leberbiopsie etwa 20 und 50 mg Gewebsmaterial — doch zwei interessierende Verbindungen isolieren können.

BÜCHER (Marburg): Darf ich Herrn PFLEIDERER kurz fragen: Handelt es sich dabei um ein Säureaddukt des DPNHs der reduzierten Form? Eine derartige Verbindung sollte ja in der Papierelektrophorese ganz anders wandern als ADP-Ribose. Die Verbindung, die Herr PAPENBERG in den Händen hat, besitzt genau die gleiche Wanderungsgeschwindigkeit wie die ADP-Ribose. Sollte an die Substanz nun doch noch ein Rest gebunden sein, so käme dafür nur eine elektrisch neutrale Gruppierung in Frage. — Darf ich Herrn MANDEL nur kurz fragen: Es hat mich erstaunt, daß in seinen Chromatogrammen des Gehirns zwar kein AMP zu sehen war, aber dagegen ein relativ hoher Gipfel des Inosinmonophosphats ohne entsprechenden Gipfel des Inosindiphosphats und Inosintriphosphats. Da an sich die aus DPNH stammende ADP-Ribose fast in gleicher Weise wie die IMP wandert, so wollten wir fragen, ob dort Phosphatbestimmungen durchgeführt worden sind und ob es sich bei diesem Gipfel nicht vielleicht doch um das Abbauprodukt des DPNH-s handelt.

MANDEL (Straßburg): Wir haben in diesem Peak Inosinmonophosphat durch Elektrophorese-Chromatographie bestimmt. Allerdings enthält dieser Gipfel noch eine weitere uns unbekannte Verbindung.

BÜCHER (Marburg): Es erhebt sich die Frage, wo die Zerfallsprodukte des DPNHs und TPNHs geblieben sind, denn das Gehirn enthält ja relativ viel DPNH und TPNH, wie Herr KLINGENBERG noch zeigen wird. Irgendwo müßten sie in den Chromatogrammen ja erscheinen. Ich darf vielleicht dazu Herrn PFLEIDERER noch sagen: Sicher spielt das Binden an den Ionenaustauscher bei dem endgültigen Zerfall der Spaltprodukte der reduzierten Pyridinnucleotide eine Rolle.

BERNHAUER (Stuttgart): An den Ausführungen von Herrn SCHMITZ hat mich die Mitteilung über unbekannte Nucleotide in der Hefe interessiert. Wir haben uns mit der Untersuchung von Hefeabwasser im Rahmen unserer Vitamin B_{12}-Arbeiten beschäftigt und stießen dabei auf eine ganze Anzahl von purinhaltigen Cobamiden, die zum Teil aufgeklärt, zum Teil noch unbekannter Struktur sind. Von ihnen ist vor allem ein Cobamid, das 2-Methyladenin enthält, und ein weiteres, das 2-Methylmercaptoadenin enthält, von Interesse. Die anderen Komponenten sind noch nicht näher charakterisiert. Ich wollte nun fragen, ob Herr SCHMITZ auch in dieser Richtung seine Stoffe untersucht hat.

SCHMITZ: Nein, die Frage kann ich noch nicht beantworten. Die Ausbeute aus unserem ersten Ansatz war hierzu zu gering. Wir haben inzwischen einen zweiten angesetzt und wollen jetzt eine Reihe von anderen Untersuchungen an diesen Verbindungen vornehmen.

BERNHAUER (Stuttgart): Ich darf vielleicht noch darauf hinweisen, daß eigenartigerweise gerade beim B_{12}-Molekül das Nucleotid in der N-7-Bindung auftritt.

SCHMITZ: Es ist kürzlich eine Arbeit von BARDIELLI erschienen, nach der die Bildung dieses Nucleotides von GDP ausgeht. Die N-Glucosidbindung wäre danach in Stellung 9.

BERNHAUER (Stuttgart): Das ist richtig. Aber es handelt sich hier auch um einen ganz anderen Körper, der sich, wie wir sagen, inkomplett verhält, also keine Koordinationsmöglichkeit zum Cobalt besitzt. Wir haben dagegen ein kristallisiertes, komplettes Cobamid aufgefunden, bei dem Guanin in 7-Stellung gebunden ist. Es hat sich neuerdings auf dem Vitamin B_{12}-Gebiet eine neue interessante Entwicklung durch die Arbeiten von BARKER angebahnt. Wenn es gestattet ist, so kann ich darüber vielleicht noch einiges sagen. Die Coenzyme von BARKER enthalten nach seiner Analyse Adenin. Sie sind außerordentlich lichtempfindliche Verbindungen. So entsteht bei der Einwirkung von Licht in Gegenwart von CN-Ionen Cyanocobalamin, Adenin und noch ein weiterer unbekannter Körper von C_5 bis C_8, wie die Analysenergebnisse zeigen. Wir wollten nun den Mechanismus der Cyanidabspaltung aufklären, die sehr leicht vor sich geht — obwohl chemisch das CN sehr fest an das Molekül gebunden ist —, wenn man Propionibacterium shermanii auf Cyanocobalamin in kobaltfreiem Medium einwirken läßt. Man erhält dann bei einer nicht sehr schonenden Aufarbeitung Hydroxocobalamin. Wir konnten so zeigen, daß das Cyanocobalamin eigentlich letzten Endes ein Kunstprodukt ist, auch wenn es in die Pharmakopöe eingegangen ist. Unter noch schonenderen Aufarbeitungsbedingungen, als sie von BARKER angewendet wurden, bekommt man eine Verbindung, die sich ähnlich dem Barkerschen

B_{12}-Coenzym verhält. Sie ist im Gegensatz zu den roten Cobalaminen gelb gefärbt, besitzt also wie das Produkt von BARKER ein völlig anderes Spektrum und ist gleichfalls lichtempfindlich. Bei der gleichartigen Spaltung dieses Konjugats unter Einwirkung von Licht und CN^- erhält man Cobalamin, Adenin und zwei Nucleoside, die sich papierchromatographisch und im Spektrum von Adenosin nicht unterscheiden. Zu der gleichen Verbindung gelangten wir, wenn wir eine denovo-Synthese von B_{12} in Gegenwart von Cobalt und 5,6-Dimethylbenzimidazol durchführten. Bei einer denovo-Synthese in Abwesenheit von 5,6-Dimethylbenzimidazol bekommt man ein zweites Konjugat, das nun nicht Cobalamin, sondern die biologische Vorstufe des Cobalamins enthält, nämlich Cobinamid. Dieser Stoff gibt bei der Spaltung ebenfalls Adenin und zwei Nucleoside, von denen sich das eine wie Adenosin verhält. Die Strukturaufklärung dieser Stoffe ist noch in Gang, und auch die biologischen Funktionen werden noch aufgeklärt. Es erschien mir aber doch von Interesse, im gegebenen Zusammenhang diese Befunde mitzuteilen, weil wir hier von dieser Seite aus wieder völlig neue Aspekte gewinnen und weil ja an und für sich auf Grund der außerordentlich vielseitigen biologischen Funktionen des Vitamins B_{12} einerseits im Hinblick auf Reduktionen, andererseits im Hinblick auf gewisse Hinweise auf seine Beteiligung bei der Proteinsynthese, bei der Synthese von Desoxyribonucleinsäure usw. es vielleicht doch in diesen Rahmen hineingehört. Es bleibt noch zu erwähnen, daß die Spektren dieser Verbindungen dem Spektrum des Vitamin B_{12r}, also der reduzierten Form des Vitamins sehr ähnlich sind. Ich glaube, es ergeben sich hier gewisse Beziehungen.

FELIX (Frankfurt): Das war sehr interessant, und ich danke Ihnen, daß Sie uns das noch mitgeteilt haben.

HESS (Heidelberg): Ich möchte hier die Aufmerksamkeit noch auf die Frage lenken, ob die Nucleotidmuster in der Zelle gleichmäßig verteilt sind oder ob sie in den cellulären Räumen unterschiedlich angeordnet sind. Ich halte diese Frage besonders in Hinblick auf die Möglichkeit von Bedeutung, daß die Zellräume vielleicht gemeinsam mit den Nucleotidmustern die Koordinierung des Zellstoffwechsels vornehmen.

PAPENBERG (Marburg): Wir stehen erst am Anfang von vergleichenden Untersuchungen zwischen Lebergesamthomogenat und Mitochondrien. Es ergibt sich hier eine prinzipielle Schwierigkeit: Im Gesamthomogenat erfassen wir die Leber in einem Zustand, der dem in vivo-Zustand weitgehend gleichkommt, indem wir die Leber des narkotisierten Versuchstieres sofort mit in flüssige Luft getauchten Eisblöcken einfrieren. Die Mitochondrienfraktion hingegen repräsentiert einen eingestellten Status, der durch Fällen in Perchlorsäure fixiert wird. Wir sehen nun ganz allgemein, daß die Pyridinnucleotide hier in ganz anderen Konzentration vorliegen als im Gesamthomogenat. Es stellt sich die Frage, ob die Erniedrigung des reduzierenden Triphosphopyridinnucleotids beim Diabetes mellitus nicht in irgendeiner Weise mit dem Gehalt der Mitochondrien an TPN zusammenhängt. Bei der chromatographischen Auftrennung des säurelöslichen Anteils von Mitochondrien, die durch Zentrifugation gewonnen wurden, finden sich ATP, Adenosindiphosphatribose und das reduzierte Diphosphopyridinnucleotid in weit größeren Konzentrationen als bei der Aufarbeitung des Gesamthomogenats.

Wenn ich parallel zur Fraktionierung Phosphatbestimmungen durchführe, dann habe ich vielleicht ein Kriterium für die Reinheit der Mitochondrien, indem ich den Hexosephosphatgehalt in den Mitochondrien kontrolliere. Das Hexosephosphat tritt ja fast ausschließlich cytoplasmatisch auf.

Wieland (München): Ich habe noch eine Frage an Herrn Papenberg bezüglich seiner Untersuchungen an menschlichen Leberpunktaten. Sie haben Befunde gezeigt, aus denen hervorgeht, daß in diesen Punktaten generell der Nucleotidgehalt unter dem von Kontrollpunktaten liegt. Nun ist bekannt, daß die menschliche Leber beim Diabetes immer sehr stark zur Verfettung neigt. Es wäre deshalb die Frage nach der Bezugsgröße wichtig. Haben Sie weiterhin den Fettgehalt der Punktatcylinder eigens mitbestimmt.

Papenberg (Marburg): Ja es ist so, daß selbstverständlich der diabetische Lebercylinder einen hohen Anteil an Fett aufweist, und deswegen ist das Bezugssystem grammfrisch sicher sehr problematisch. Wir haben als Bezugssystem einmal den Gesamtphosphatgehalt des Ausgangsextraktes benutzt, zum anderen den Gesamtgehalt an bei 260 mμ lichtabsorbierenden Substanzen. Es liegen weiterhin Untersuchungen von Herrn Dr. Hohorst aus unserem Institut vor, der nachweist, daß der Desoxy- und Ribonucleinsäuregehalt der diabetischen Leber annäherungsweise der der normalen Leber zum mindesten beim Alloxandiabetes gleichkommt.

Bücher (Marburg): Herr Wieland hat ja doch selbst nachgewiesen, daß bei alloxandiabetischen Lebern der Proteingehalt pro Gramm frisch dem einer gewöhnlichen Leber entspricht und daß die Verfettung der Leber sich etwa so abspielt, daß das Wasser der Leberzellen durch Fett ersetzt wird. Danach bliebe das Gramm frisch merkwürdigerweise eigentlich doch ein ganz gutes Bezugssystem. Hierfür spricht auch, daß wir tatsächlich bei alloxandiabetischen Lebern die gleichen Werte bei der Desoxyribonucleinsäurebestimmung pro Gramm frisch erhalten haben, obwohl Herr Hohorst der von uns angewandten Methode der Desoxyribonucleinsäurebestimmung nicht ganz traut. Das Interessante ist aber — und das scheint also bis jetzt die augenfälligste Veränderung zu sein —, daß auch beim Alloxandiabetes die Summe der Adeninnucleotide um den Faktor zwei niedriger ist, ganz abgesehen von den Verschiebungen im Phosphatgehalt.

Wieland (München): Meine Frage bezog sich speziell auf die Leberpunktatuntersuchungen, weil nämlich ganz sicher hinsichtlich der Leberverfettung ein Unterschied besteht zwischen dem Alloxandiabetes der Ratte und dem klinischen Diabetes des Menschen.

Bücher (Marburg): Ich möchte hierzu gleich im Namen von Herrn Papenberg Stellung nehmen. Es verhält sich tatsächlich so, daß bei den menschlichen Diabetes-Lebern — wir haben bisher 3 oder 4 untersucht — die Erniedrigung der Nucleotide noch größer ist als bei den alloxandiabetischen. Gleichzeitig fällt aber die geringe Erniedrigung des organischen Phosphats gegenüber der weit höheren der Nucleotide auf. Man muß diese Befunde natürlich noch mit einiger Zurückhaltung betrachten, da die Leberpunktate, die uns zur Verfügung standen, unterschiedlicher Herkunft waren. Die Patienten, an denen sie gewonnen wurden, hatten ein unterschiedliches Lebensalter und eine verschiedene Vorgeschichte, sie waren verschieden behandelt worden. Aber es ist ein Anfang. Sie müssen uns auch vielleicht noch zugute halten, daß der Gesamtphosphatgehalt eines solchen Leberpunktates etwa nur ein millionstel Mol beträgt und die gezeigten Chromatogramme repräsentieren, die Aufteilung von eben nur einem Mikromol. Es gelingt nur unter Schwierigkeiten, noch weitere Meßgrößen zu gewinnen.

WACKER (Berlin): Ich möchte in einem Punkt die Ausführung von Herrn Prof. BERNHAUER ergänzen. Es wäre merkwürdig gewesen, wenn bei der Coenzymform von Vitamin B_{12} das freie Adenin die Co-Funktion erfüllen sollte. Es hat sich gezeigt, wie BARKER kürzlich nachweisen konnte, daß nicht Adenin sondern ein in Stellung 9 mit einem noch unbekannten Zucker substituiertes Adenin diese Funktion erfüllt. Der Zucker ist mit Ribose und Desoxyribose nicht identisch. Ich möchte nach den Ausführungen von Herrn Dr. SCHMITZ über den Mechanismus der Umwandlung von Propionsäure in Bernsteinsäure zur Diskussion stellen, ob vielleicht die freie Aminogruppe des Adenin eine Bindung eingeht mit der Bernsteinsäure. Vielleicht könnte hier das B_{12} ebenfalls eine Funktion besitzen. Eine weitere Frage betrifft die Hydrolyse. Wenn man unter sehr milden Bedingungen die Ribo- und Desoxyribonucleinsäure von ihren Purinen befreien möchte, dann genügt also 20 minutiges Einwirken von Perchlorsäure. Wenn man DPN mit Perchlorsäure behandelt, müßte dann nicht viel eher freies Adenin entstehen als die Nicotinsäure?

PAPENBERG (Marburg): Darf ich zunächst fragen, ob es sich um das oxydierte oder das reduzierte DPN handeln soll?

WACKER (Berlin): Das spielt keine Rolle, denn die N—C-Bindung von Adenin zu Ribose ist so labil, daß bereits Eisessig genügt, um sie zu hydrolysieren.

PAPENBERG (Marburg): Nach meiner Meinung ist das oxydierte Diphosphopyridinnucleotid genauso wie das oxydierte Triphosphopyridinnucleotid in Perchlorsäure beständig über längere Zeit. Im Gegensatz hierzu wird die reduzierte Form sofort verändert. So sehen wir nach der Säulenpassage einen quantitativen Verlust des Pyridinringes.

WACKER (Berlin): Die Verbindungen müssen sich dann völlig gegensätzlich zu den Nucleinsäuren verhalten, bei denen man schon unter den mildesten Bedingungen jeweils immer das Adenin abspalten kann. Der Grund, warum auch BAKER hier zuerst Adenin gefunden hat, war die zu lange Behandlung mit Dowex 50. Es werden sich dann diese Zucker-Adenin-Bindungen gelöst haben.

PAPENBERG (Marburg): Wir haben nach gewisser Zeit eine Ribosephosphat-Abspaltung vom Adenosindiphosphatribosemolekül beobachtet, jedoch keine Adeninabspaltung.

BERNHAUER (Stuttgart): Ich möchte zu der Erwägung, ob unter dem Einfluß von Dowex 50 eine Hydrolyse eines ursprünglich vorhandenen Adenins stattgefunden haben könnte, sagen, daß ich nicht daran glaube. Wir haben unsere Präparate auch mit Dowex 50 ohne irgendwelche Veränderung derselben behandelt. Ich glaube, daß wir eine Art Vorstufe des Bakerschen Co-Enzyms in der Hand haben, da wir die Auszüge noch viel schonender als er aufgearbeitet haben. Er extrahierte beispielsweise immerhin bei 60—70°. Wir hingegen konnten unter Verwendung eines anderen Lösungsmittelsystems schon bei Zimmertemperatur extrahieren. Ich glaube nun, daß unter den Bakerschen Bedingungen schon gewisse Teile abgespalten werden.

KORANSKY (Berlin): Ich wollte gerne auf zwei Tatsachen hinweisen. Herr Schmitz hat die Frage angeschnitten, ob der Gehalt der säurelöslichen Nucleotide in verschiedenen Organen vom Alter abhängig ist. Diese Frage wird ja mehrfach diskutiert und ist im Zusammenhang bei vergleichenden Untersuchungen interessant, insbesondere bei pharmakologischen Untersuchungen. Im Institut von Prof. Herken hat diese Frage besonders im Zusammenhang mit Untersuchungen über den Salz- und Wasserhaushalt in Abhängigkeit vom Alter der Versuchstiere interessiert. Dabei wurde eigentlich ziemlich eindeutig festgestellt, daß auch der Gehalt an den säurelöslichen Nucleotiden im Herzmuskel vom Alter abhängt. Prof. Mandel hat sich ja mit dieser Frage schon einmal beschäftigt, wenn auch in einem anderen Altersbereich. Er untersuchte die Verhältnisse während des embryonalen Lebens und in den ersten Lebensmonaten. Bei den erwähnten Arbeiten dagegen sollte der Gehalt an Nucleotiden in einem Alter von 30 Tagen bis 160 Tagen festgestellt werden. Es zeigte sich hier eindeutig, daß die energiereichen Nucleotide mit zunehmendem Alter abnehmen. Aber auch der Gehalt an den energiearmen Nucleotiden wie den Mono- und Diphosphaten sinkt, wenn auch nicht so eindeutig. Es verringert sich also der Gesamtgehalt an Nucleotiden.

Dann wollte ich auf ein zweites hinweisen. Herr Schmitz berührte die Frage, ob Adenosintetraphosphat einen physiologischen Effekt besitzt und ob über den Stoffwechsel des Adenosintetraphosphates etwas bekannt sei. Ich möchte über einen pharmakologischen Effekt berichten, den wir gefunden haben. Wenn man Ratten oder Kaninchen Hexachlor-Cyclohexan gibt — und zwar tritt dieses Phänomen bei verschiedenen Isomeren auf —, dann werden die Tiere resistent gegen Cardiazol und andere krampferzeugende Substanzen, auch gegen Elektroschock. Nach einmaliger Vergiftung zeigen die Tiere eine Resistenz selbst gegen tödliche Dosen über mehrere Wochen, teilweise sogar über Monate. Wenn dieser Effekt nun abklingt, wenn die Tiere also wieder empfindlich gegen Cardiazol werden, dann vermag Adenosintetraphosphat einmalig appliziert diese Krampfresistenz wieder herzustellen. Wir hatten zunächst die Untersuchungen mit einem Adenosintriphosphatpräparat durchgeführt und glaubten diesem Effekt Adenosintriphosphat zuschreiben zu können, mußten aber bald feststellen, daß reines Adenosintriphosphat völlig unwirksam blieb. Es zeigte nur Wirksamkeit, wenn es mit Adenosintetraphosphat verunreinigt war. Reines Adenosintetraphosphat, das von uns und auch von Herrn Liebermann aus Pferdemuskel isoliert worden war, besaß diesen Effekt in ganz eindeutiger Weise. Wir haben mehrere Jahre nicht gewagt, diesen Befund zu publizieren, weil wir ihn nicht erklären können, und möchten ihn ohne Erklärung jetzt zur Diskussion stellen.

SCHMITZ: Ich kann zu dieser Funktion des Adenosintetraphosphates auch nichts sagen.

WEBER (Heidelberg): Herr HASSELBACH aus meinem Institut hat sich für die Funktion der verschiedenen Nucleotidphosphate im Muskel interessiert und Tetraphosphat und Pentaphosphat synthetisch dargestellt. Bei der Einwirkung von Tetraphosphat auf isolierte kontraktile Strukturen fand er eine geringfügige Beeinflussung der letzteren im Sinne des Triphosphates. Andererseits störte das Tetraphosphat ganz offenbar als Konkurrenzreaktion die Triphosphatverwertung. Die berichtete Krampfresistenz könnte darauf beruhen, daß das sehr stabile Tetraphosphat lange im Substrat bleibt und einen übermäßigen artifiziellen Umsatz des Triphosphates durch Cardiazol oder ähnliches bremst. Über die physiologische Bedeutung des Tetraphosphates aber kann ich auch nichts sagen. Darf ich noch eine Frage stellen, die ganz ungelehrt ist? Man hat bei der Untersuchung der Nucleotidverhältnisse in Geweben immer große Schwierigkeiten, eine artefizielle Veränderung der Nucleotide zu verhindern. Kommt man zu besseren Ergebnissen, wenn man die Tiere vor der Tötung narkotisiert oder wenn man die Gewebe bei tiefer Temperatur einfriert? Ich bitte um Entschuldigung für diese naive Frage,

SCHMITZ: Ich möchte mit Sicherheit sagen, daß die Kombination das Beste ist, weniger hinsichtlich der Erhaltung einer möglichst hohen Konzentration an ATP als vielmehr zur Erhaltung der Zuckerphosphate und von Kreatinphosphat. Das trifft besonders für den Muskel zu, die Stoffwechselvorgänge in anderen Organen werden nicht so stark betroffen.

FELIX (Frankfurt): Ich wollte eigentlich die Diskussion jetzt abschließen.

KORANSKY (Berlin): Darf ich vielleicht zur Frage von Herrn Professor WEBER noch etwas sagen? Die Untersuchungen von Herrn WOLLENBERGER am Herzmuskel haben sehr eindeutig gezeigt, daß Kreatinphosphat in Bruchteilen von Sekunden zerfällt, selbst wenn man den Herzmuskel sofort nach dem Abschneiden in flüssige Luft fallen läßt. Die besten Ergebnisse werden erzielt, wenn man den Herzmuskel mit einer Zange erfaßt, die vorher in flüssiger Luft auf tiefe Temperatur gebracht worden ist. Wir haben zusammen mit Herrn Prof. WOLLENBERGER dieses Vorgehen nachgeprüft und die Ergebnisse bestätigt, fanden aber, daß diese schonende Einfriermethode nur einen Einfluß hat auf den Kreatinphosphatgehalt, nicht dagegen auf ATP und auf die anderen energiereichen Nucleotide. Ein Unterschied allerdings zeigt sich am Gehirn. Wirft man das Gehirn als solches in flüssige Luft, so bekommt man wesentlich niedrigere Werte für ATP, als wenn man den ganzen Kopf in gleicher Weise behandelt. Nach den Untersuchungen von Herrn Prof. MANDEL findet man im Gehirn fast kein AMP mehr, wenn man es schonend einfriert. Unter weniger schonenden Bedingungen dagegen erhält man beachtliche Mengen von AMP.

Uridine diphosphoglycosyl compounds and their importance in metabolism

By

GEORGE T. MILLS and EVELYN E. B. SMITH

*Department of Medicine, State University of New York,
College of Medicine at New York City, Brooklyn 3, N. Y., USA*

With 7 Figures

It is now about 10 years since the first isolation of a uridine nucleotide which was shown to have a definite role in intermediary metabolism. This discovery arose from the work of LELOIR and his collaborators during their study of the conversion of α-D-galactose-1-phosphate into α-D-glucose-1-phosphate in galactose adapted

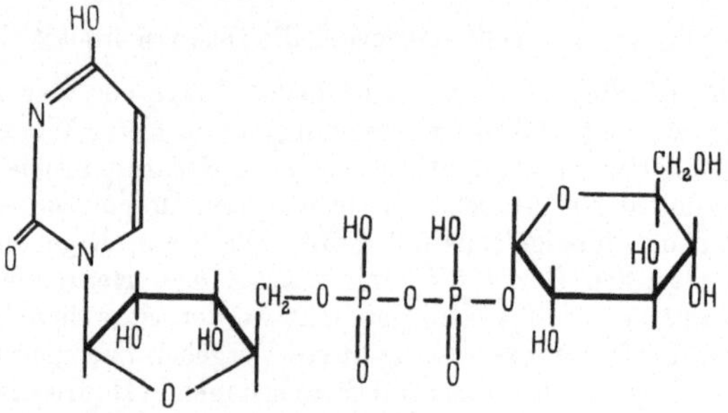

Fig. 1. Structure of uridine diphosphoglucose (UDPG)

yeasts[1]. In 1950, this group announced the isolation and identity of a uridine nucleotide involved in this conversion[2]. The structure of this compound was shown to be uridine diphosphoglucose (UDPG) (Fig. 1) and structurally was uridine-5′-monophosphate linked to glucose-1-phosphate by a pyrophosphate bond. In galactose adapted yeasts, LELOIR[3] found that the UDPG isolated yielded, when hydrolyzed, both glucose and galactose and he demonstrated the following equilibrium to exist in such yeasts:

$$\text{UDPG} \rightleftharpoons \text{UDPGal} \qquad (1)$$

At equilibrium the ratio of UDPG/UDPGal was about 3/1. On the basis of this work, LELOIR[3] postulated that the reaction sequence involved in the metabolism of galactose was:

$$\text{Galactose} \xrightarrow[\text{ATP}]{\text{Galactokinase}} \alpha\text{-D-galactose-1-phosphate} \qquad (2)$$

$$\text{Gal-1-P} + \text{UDPG} \rightleftharpoons \text{G-1-P} + \text{UDPGal} \qquad (3)$$
$$\text{UDPG} \rightleftharpoons \text{UDPGal}$$

In 1953, KALCKAR and his co-workers[4] demonstrated the actual existence of Reaction (3) in galactose adapted yeasts and gave the name galactosyl phosphate uridyl transferase to the enzyme involved. The enzyme involved in the interconversion of UDPG and

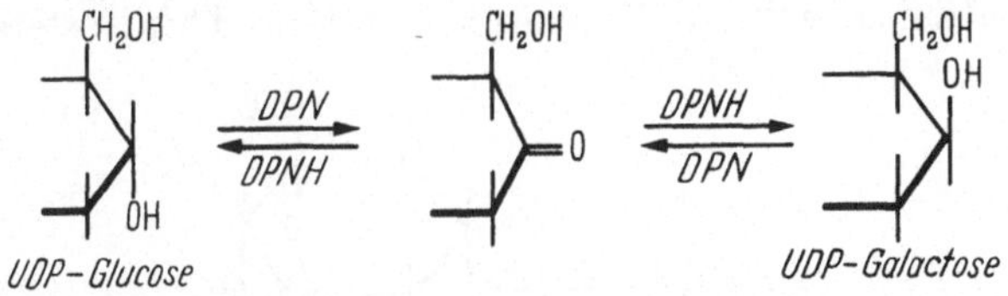

Fig. 2. Mechanism of the UDP Gal-4-epimerase reaction showing the hypothetical intermediate

UDPGal was subsequently named UDPGal-4-epimerase[5]. The mechanism of this reaction has been studied by a number of workers[5, 6, 7] and their results indicate that the most likely explanation thereof is an internal oxidation and reduction at C_4 of the hexose involving DPN, which is known to be required for the reaction (Fig. 2)[8].

The mechanism of the enzymic formation of UDPG was first elucidated in KALCKAR's laboratory in 1953[9]. This and subsequent work from the same laboratory on the enzyme UDPGpyrophosphorylase[10, 11] has shown the action of the enzyme to involve a pyrophosphorolytic split of UDPG yielding UTP, the reaction being freely reversible.

$$\text{Uridine—P—P—glucose} + \text{P*—P*} \rightleftharpoons \text{Uridine—P—P*—P*} + \text{1-phosphoglucose} \qquad (4)$$

This enzyme, first isolated from yeast, has now been shown to have a wide distribution in nature[12, 13, 14].

During the isolation of UDPG from yeast, PALADINI and LELOIR[15] isolated another uridine diphosphoglycosyl compound which was later identified by them as UDP N-acetyl glucosamine (UDPAGm)[16]. This substance has also been found to be present in

     George T. Mills and Evelyn E. B. Smith:

animal tissues[17, 18], plants[19] and microorganisms[14, 20, 21]. UDPAGm
has also been found to undergo a pyrophosphorolytic split yielding
UTP[17, 22].

$$UDPAGm + PP_i \rightleftharpoons UTP + AGm\text{-}1\text{-}phosphate \tag{5}$$

The UDPAGm isolated from liver has been found to contain UDP
N-acetyl galactosamine (UDPAGalm) and this led to the demonstration of an epimerase for UDPAGm[23, 24] which establishes the
equilibrium:

$$UDPAGm \rightleftharpoons UDPAGalm \tag{6}$$

In 1949, Park and Johnson[25] found that when the growth of
Staphylococcus aureus was inhibited with penicillin, there was an
accumulation of acid labile phosphate esters. These esters were

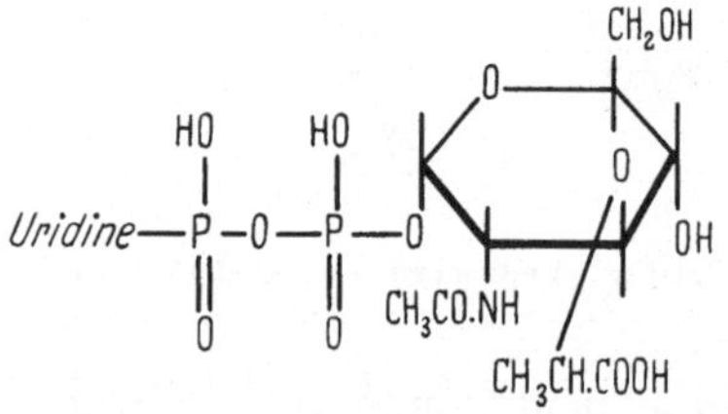

$$Uridine\text{—}P\text{—}O\text{—}P\text{—}O$$

Fig. 3. Structure of UDP-N-acetyl muramic acid

shown by Park[26] to be uridine diphosphate esters of an unknown
amino uronic acid, either free or in combination with one amino
acid or a peptide. The unknown amino uronic acid was later shown
by Park and Strominger[27] to be 3-0-1' carboxyethyl-2-acetamido-
2-deoxyglucose, the whole compound isolated being UDP-N-acetyl
muramic acid (Fig. 3).
The amino acid (alanine) or the peptide (alanine, D-glutamic acid
and lysine in a ratio of 3:1:1) is attached at the carboxyl group of
the muramic acid by a peptide bond. The importance of these
compounds will be discussed later.

Uridine compounds in glucuronide synthesis

The finding that glucuronide synthesis in liver homogenates
required a thermostable factor[28, 29, 30] led to the isolation of uridine
diphosphoglucuronic acid (UDPGA) and the demonstration of its
function as a glucuronic acid donor in glucuronide synthesis[17, 31].

$$UDPGA + R\text{—}OH \rightarrow UDP + R\text{-}glucuronide \tag{7}$$

It was found that, unlike UDPG, UDPGA is not formed from UTP and glucuronic acid-1-phosphate[17] but that UDPGA is formed in liver tissue from UDPG by a specific DPN$^+$ linked UDPG dehydrogenase according to the equation[32]:

$$\text{UDPG} + 2\,\text{DPN}^+ \to \text{UDPGA} + 2\,\text{DPNH} + 2\,\text{H}^+ \qquad (8)$$

It was later shown[33] that this dehydrogenase is present in the supernatant fraction of liver homogenates while the enzyme transferring glucuronic acid from UDPGA to the acceptor was present in the

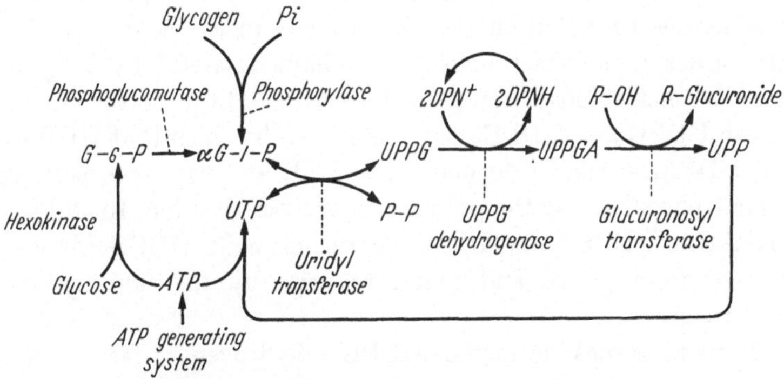

Fig. 4. The pathway of glucuronide synthesis in liver

microsomal fraction. The over-all formation of glucuronides from glycogen or glucose by a system of isolated enzymes was demonstrated by MILLS and SMITH[34, 35] and shown to follow the pathway outlined in Fig. 4.

This cyclic system is dependent upon a constant supply of ATP and a DPN$^+$ regenerating system.

A wide variety of materials in addition to phenols have been shown to be acceptors of glucuronic acid from UDPGA in the presence of the enzyme in liver microsomes. Such compounds are tetrahydrocortisone and thyroxine[36], bilirubin[37], organic acids and amines[38, 39].

Uridine nucleotide compounds in carbohydrate metabolism in higher plants

The first evidence for the glycosyl donor function of uridine nucleotide sugar compounds in the transglycosylation reactions in plants came from the work of LELOIR and his co-workers. They showed[40, 41, 42, 43] the synthesis of various disaccharides from UDPG:

$$UDPG + glucose\text{-}6\text{-}phosphate \rightleftharpoons UDP + trehalose\ phosphate \qquad (9)$$

$$UDPG + fructose\text{-}6\text{-}phosphate \rightleftharpoons UDP + sucrose\ phosphate \qquad (10)$$

$$UDPG + fructose \rightleftharpoons UDP + sucrose \qquad (11)$$

It was subsequently shown by Bean and Hassid[44] that fructose could be replaced in Reaction (11) by D-xylose, D-rhamulose or L-sorbose with formation of the appropriate disaccharides.

Hassid and his colleagues have recently reviewed[45] the very considerable contribution they have made in the field of uridine nucleotides in plant metabolism. They have isolated UDP-D-xylose and UDP-L-arabinose from plant tissues in addition to the already known UDPG and UDPGal. It was shown by them that UDPXyl and UDPArab can be formed from UTP and the corresponding sugar 1-phosphate by the pyrophosphorolysis reaction. In addition UDPAGm, UDPGA and UDPGalacturonic acid (UDPGalA) were isolated from plants and found to arise by the same general mechanism.

In plant tissues the enzyme UDPG dehydrogenase has also been found and it therefore appears that two routes of formation of UDPGA are possible.

Plant tissues have also been found by Hassid et al. to contain various UDPglycosyl-4-epimerases responsible for the following reactions:

$$UDPG \rightleftharpoons UDPGal \qquad (3)$$

$$UDP\text{-}L\text{-}Arab \rightleftharpoons UDP\text{-}D\text{-}Xyl \qquad (12)$$

$$UDPGA \rightleftharpoons UDPGalA \qquad (13)$$

The evidence indicates that separate enzymes are responsible for each of these three reactions.

In addition to these epimerization reactions a decarboxylase responsible for the reaction:

$$UDPGA \rightarrow UDP\text{-}D\text{-}Xyl \qquad (14)$$

has been found in plant tissues.

These reactions are summarized in Fig. 5[45].

It is clear from this work that the UDPglycosyl compounds play an important central role in sugar interconversions and trans-glycolations in higher plants and, as will be discussed later, play an important part in polysaccharide synthesis.

Uridine nucleotide compounds in galactose metabolism

The work of LELOIR et al. and of KALCKAR et al.[1, 2, 4] clearly pointed to the importance of UDPG and UDPGal in the metabolism of galactose and the mechanism demonstrated in yeasts by these workers has been shown to exist in other microorganisms[46,47,48]

The enzyme, galactosyl phosphate uridyl transferase (3) has been shown to be formed during galactose adaptation in yeasts[49, 50].

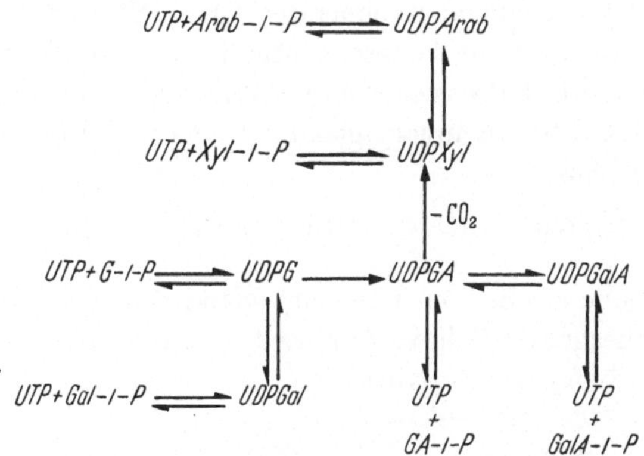

Fig. 5. Interconversion of UDPglycosyl compounds in higher plants

In some yeasts UDPGal-4-epimerase is present in non-adapted cells[49] but in others, it is formed during galactose adaptation[50]. The amount of galactokinase (2) also appears to be increased in amount during galactose adaptation (3).

KALCKAR and his colleagues [47, 51, 52] have investigated the disorders in galactose metabolism in various mutants of *E. coli* strain K and have found these metabolic blocks to involve one or more enzymes in the uridine nucleotide pathway.

In the human metabolic disorder, congenital galactosaemia, the ability to utilize galactose is impaired and glactose accumulates in the blood and is excreted in the urine. At the same time galactose-1-phosphate accumulates in the erythrocytes. The uridine nucleotide pathway (Equations 1, 2 and 3) for the utilization of galactose has been examined in galactosaemic infants by KALCKAR and his colleagues[53] and it has been found by them that the enzyme, galactosyl phosphate uridyl transferase (2) is deficient in the erythrocytes and liver of such individuals. It is concluded that this heritable disease is one which involves a single enzyme reaction such that, while the galactosaemic subject can form galactose-1-phosphate and UDPG and is able to convert UDPG to UDPGal, there is little or no reaction between Gal-1-P and UDPG which leads to an accumulation of Gal-1-P and galactose.

The demonstration of the presence of UDPG and UDPGal in mammary gland[54, 55] along with the enzymes UDPG pyrophosphorylase[56] and UDPGal-4-epimerase[57] has implicated the uridine nucleotide pathway in lactose synthesis. A reaction involving UDPGal and α-G-1-P was shown by BOYER and his co-workers[59, 59] to be catalyzed by mammary gland extracts with the production of lactose-1-phosphate.

$$\text{UDPGal} + \alpha\text{-G-1-P} \rightleftharpoons \text{UDP} + \text{lactose-1-phosphate} \qquad (15)$$

The metabolic studies on mammary gland conducted by WOOD and his colleagues[60, 61] have produced evidence in favor of some such pathway for lactose synthesis.

Uridine diphosphoglycosyl compounds in polysaccharide synthesis

The function of UDPG and UDPGal as glycosyl donors in the formation of disaccharides raised the question of the function of UDP compounds in the biosynthesis of polysaccharides.

Over the past three years clear evidence has been forthcoming to indicate that UDPglycosyl compounds do in fact act as glycosyl precursors in the formation of polysaccharides. The known examples are summarized in Table 1.
In some cases[62, 63, 65] there are known requirements for a primer molecule, while on other cases this point has not yet been settled.

It now appears likely that the function of UDPglycosyl compounds as glycosyl donors may represent a general mechanism for polysaccharide synthesis, particularly in the case of the heteropolysaccharides. The whole field of plant and bacterial polysaccharides is one which is ripe for investigation from this point of view since the UDPglycosyl compounds are known to be closely involved in the interconversion of many hexoses, hexuronic acids and pentoses in both plants and microorganisms.

Uridine diphosphoglycosyl compounds in the metabolism of microorganisms

Many UDPglycosyl compounds have been isolated from a variety of microorganisms and evidence has accumulated that these compounds along with certain CDP- and GDP-glycosyl compounds are closely involved in the synthesis of bacterial cell walls and in the synthesis of capsular polysaccharides.

Bacterial cell walls: The isolation and subsequent identification of UDP N-acetyl muramic acid and of the same compound linked to alanine and to a peptide of alanine, glutamic acid and lysine[25, 26, 27] from penicillin inhibited cultures of *Staphylococcus aureus* suggested that, under normal conditions, these compounds are involved in some essential synthetic reaction within the cell. Similar compounds have been isolated from β-haemolytic streptococci[21].

It has been found that the cell walls of many Gram-positive bacteria contain the amino-uronic acid, 3-0-carboxyethyl N-acetyl hexosamine[69, 70, 71, 72] which is the amino-uronic acid in the nucleotides of PARK. Along with this new amino sugar, peptides containing alanine, glutamic acid and lysine or diamino pimelic acid have been isolated[73]. It has been suggested[27, 74, 75] that a posisble action of penicillin is to block the incorporation of N-acetyl muramic acid and its peptides into the cell wall structure. ZILLIKEN[76] has recently reviewed the chemistry of bacterial cell walls and the probable part played by UDP N-acetyl muramic acid in their formation.

A possible mechanism for the formation of UDP-N-acetyl muramic acid is suggested by the work of STROMINGER[77] who showed that, in certain microorganisms *(S. aureus, E. coli)*, a reaction between UDPGAm and phosphoenol pyruvate would yield UDP-N-acetyl muramic acid.

UDPglycosyl compounds in the metabolism of the pneumococcus

Over 70 different capsular types of pneumococcus are known, the types being differentiated by immunologically distinct capsular polysaccharides. The structure of some of these capsular polysaccharides have been determined but information concerning others is still fragmentary[78].

A number of types of pneumococcus have been examined for the presence of UDPglycosyl compounds and UDPG, UDPGal and

UDPAGm have been found in all the capsular types so far examined
(I, II, III, V, VIII, IX, XIV, XVIII, XXII, XXV, XXXIII). In
certain types, UDP compounds of some of the monosaccharide
components of the capsular polysaccharides have also been
found[14, 79, 80].

Types II, III, V, VIII . . . . UDPGA
Types I, XXXIII . . . . . . UDPGA and UDPGalA
Type II . . . . UDPrhamnose

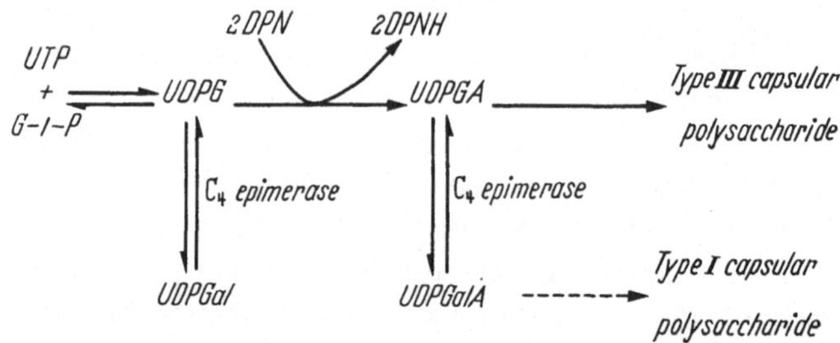

Fig. 6. Pathway of formation of UDPuronic acids in pneumococcus

The mechanism of formation of certain of these nucleotides has
been investigated in pneumococcus Types I, II and III and the
pathway shown in Fig. 6 found to be present[79, 81, 82, 83].

The enzyme UDPGA-4-epimerase was first detected in extracts
from a Type I pneumococcus[82, 83]. The importance of this metabolic
pathway in capsular polysaccharide synthesis was made clear by a
genetic and biochemical examination of a number of non-capsulated Type I and Type III variants.

In certain non-capsulated Type I mutants it was found that the
loss of capsule forming ability was related to the absence of oneen-
zymic activity from the pathway depicted in Fig. 7a. The absent enzyme was either UDPG dehydrogenase or UDPGA-4-epimerase[83,84].
In the case of non-capsulated Type III mutants, the loss of capsule
forming ability appears to be related to a deficiency in UDPG
dehydrogenase[84].

As the result of transformation experiments[84, 85, 86, 87] it has
become clear that capsular polysaccharide formation could be
restored to normal in the non-capsulated Type III cells by the
introduction of a second capsular genome which controlled the
production of the metabolic intermediate which was lacking as a

result of mutation. The transformation of a non-capsulated TypeIII organism with DNA from a capsulated Type I organism led to the isolation of a binary capsulated Type I—III organism. Fig. 7 illustrates the metabolic interaction occurring as a result of this transformation. This repair at the metabolic level is distinct from the intraspecific transformations involving reconstitution of the normal capsular genome[84, 87].

The synthesis of Type III capsular polysaccharide from UDPG and UDPGA in fractionated cell free extracts from a capsulated

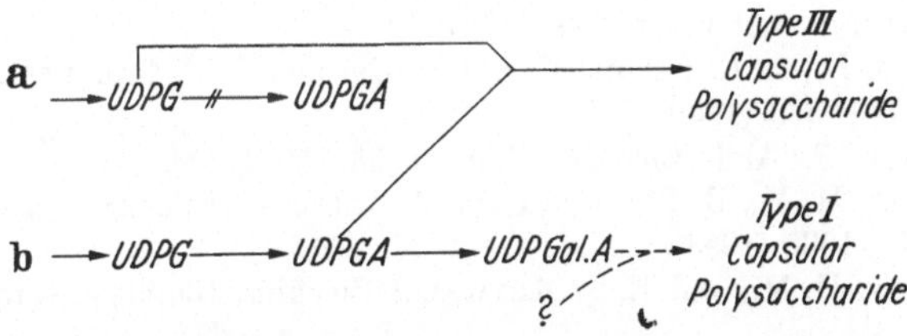

Fig. 7a and b. The metabolic interaction which occurs on transformation of a non-capsulated Type III pneumococcus with DNA from a capsulated Type I pneumococcus, resulting in the production of the binary capsulated Type I—III pneumococcus. a) Metabolic pathway controlled bymutated Type III capsular gluome. The metabolic lesion is a deficiency of UDPG dehydrogenase. b) Metabolic pathway controlled by Type I capsular gluome

Type III pneumococcus has already been cited[68]. In this case the immunologically specific Type III capsular polysaccharide which was isolated was highly labeled with C^{14} from the glucose and glucuronic acid of the UDPG and UDPGA. In the case of a non-capsulated Type III pneumococcus, it has been found that the ability to form capsular polysaccharide is still active in extracts when UDPGA is provided[87]. This finding is in agreement with the results of nucleotide analyses and enzyme experiments which

Table 1

UDP compound	Polysaccharide synthesized	Enzyme source	Reference
UDPAGm	Chitin	Neurospora	62
UDPG	Cellulose	Acetobacter xylinum	63
UDPG	Glycogen	Liver, Muscle	64,65
UDPG	β-1-3-glucan	Mung bean	66
UDPGA and UDPAGm	Hyaluronic acid	Group A streptococcus	67
UDPG and UDPGA	Type III pneumococcal capsular polysaccharide	Type III pneumococcus	68

indicate that the block in the formation of Type III casular polysaccharide is at the UDPG dehydrogenase step.

In this review no attempt has been made to ensure a complete coverage of the literature concerning uridine nucleotide compounds, but an effort has been made to indicate the lines of development of this rapidly growing field over the past decade and to pinpoint the regions of greatest interest.

References

[1] CAPUTTO, R., L. F. LELOIR, R. E. TRUCCO, C. E. CARDINI and A. C. PALADINI: J. Biol. Chem. **179**, 497 (1949).

[2] CAPUTTO, R., L. F. LELOIR, C. E. CARDINI and A. C. PALADINI: J. Biol. Chem. **184**, 333 (1950).

[3] LELOIR, L. F.: Arch. Biochem. Biophys. **33**, 186 (1951).

[4] KALCKAR, H. M., B. BRAGANCA and A. MUNCH-PETERSEN: Nature (London) **172**, 1038 (1953).

[5] KALCKAR, H. M., and E. S. MAXWELL: Biochim. Biophys. Acta **22**, 588 (1956).

[6] KOWALSKY, A., and D. E. KOSHLAND: Biochim. Biophys. Acta **22**, 575 (1956).

[7] ANDERSON, L., A. M. LANDEL and D. F. DIEDRICH: Biochim. Biophys. Acta **22**, 573 (1956).

[8] MAXWELL, E. S.: J. Am. Chem. Soc. **78**, 1074 (1956).

[9] MUNCH-PETERSEN, A., H. M. KALCKAR, E. CUTOLO and E. E. B. SMITH: Nature (London) **172**, 1036 (1953).

[10] MUNCH-PETERSEN, A., H. M. KALCKAR and E. E. B. SMITH: Kgl. Danske Videnskab. Selskab. Biol. Medd. **22**, No. 7, 3 (1955).

[11] MUNCH-PETERSEN, A.: Acta Chem. Scand. **9**, 1523 (1955).

[12] SMITH, E. E. B., A. MUNCH-PETERSEN and G. T. MILLS: Nature (London) **172**, 1038 (1953).

[13] NEUFELD, E. F., V. GINSBERG, E. W. PUTMAN, D. FANSHIER and W. Z. HASSID: Arch. Biochem. Biophys. **69**, 602 (1957).

[14] SMITH, E. E. B., G. T. MILLS and E. M. HARPER: J. Gen. Microbiol. **16**, 426 (1957).

[15] PALADINI, A. C., and L. F. LELOIR: Biochem. J. **51**, 426 (1952).

[16] CABIB, E., and L. F. LELOIR: J. Biol. Chem. **206**, 779 (1954).

[17] SMITH, E. E. B., and G. T. MILLS: Biochim. Biophys. Acta **13**, 386 (1954).

[18] HURLBERT, R. B., H. SCHMITZ, A. F. BRUMM and V. R. POTTER: J. Biol. Chem. **209**, 23 (1954).

[19] SOLMS, J., and W. Z. HASSID: J. Biol. Chem. **228**, 357 (1957).

[20] SMITH, E. E. B., and G. T. MILLS: Biochem. J. **64**, 52 P. (1956).

[21] DORFMAN, A., and J. A. CIFONELLI: In Chemistry and Biology of Mucopolysaccharides, Ciba Foundation Symposium (ed. WOLSTENHOLM, G.E.W., and M. O'CONNOR) p. 64. London: J. &. A Churchill 1958.

[22] MILLS, G. T., R. ONDARZA and E. E. B. SMITH: Biochem. Biophys. Acta **14**, 159 (1954).

23 PONTIS, H.: J. Biol. Chem. **214**, 195 (1955).

24 MALEY, F., and G. F. MALEY: Biochim. Biophys. Acta **31**, 577 (1959).

25 PARK, J. T., and M. J. JOHNSON: J. Biol. Chem. **179**, 585 (1949).

26 PARK, J. T.: J. Biol. Chem. **194**, 877, 885 (1952).

27 PARK, J. T., and J. L. STROMINGER: Science **125**, 99 (1957).

28 DUTTON, G. J., and I. D. E. STOREY: Biochem. J. **48**, XXIX (1951).

29 DUTTON, G. J., and I. D. E. STOREY: Biochem. J. **53**, XXXVII (1953).

30 DUTTON, G. J., and I. D. E. STOREY: Biochem. J. **57**, 275 (1954).

31 STOREY, I. D. E., and G. J. DUTTON: Biochem. J. **59**, 279 (1955).

32 STROMINGER, J. L., H. M. KALCKAR, J. AXELROD and E. S. MAXWELL: J. Am. Chem. Soc. **76**, 6411 (1954).

33 STROMINGER, J. L., E. M. MAXWELL J. AXELROD and H. W. KALCKAR: J. Biol. Chem. **224**, 79 (1957).

34 MILLS, G. T. and E. E. B. SMITH: Fed. Proc. **14**, 256 (1955).

35 MILLS, G. T., A. C. LOCHHEAD, and E. E. B. SMITH: Biochim. Biophys. Acta **27**, 103 (1958).

36 ISSELBACHER, K., and J. AXELROD: J. Am. Chem. Soc. **77**, 1070 (1955).

37 SCHMID, R., L. HAMMACKER and J. AXELROD: Arch. Biochem. Biophys. **70**, 285 (1957).

38 AXELROD, J., J. K. INSCOE and G. M. TOMKINS: Nature (London) **179**, 538 (1957).

39 DUTTON, G. J.: Biochem. J. **60**, XIX (1955).

40 LELOIR, L. F., and E. CABIB: J. Am. Chem. Soc. **75**, 5445 (1953).

41 LELOIR, L. F., and C. E. CARDINI: J. Am. Chem. Soc. **75**, 6084 (1953).

42 CARDINI, C. E., L. F. LELOIR and J. CHIRIBOGA: J. Biol. Chem. **214**, 149 (1955).

43 CARDINI, C. E., and L. F. LELOIR: J. Biol. Chem. **214**, 157 (1955).

44 BEAN, R. C., and W. Z. HASSID: J. Am. Chem. Soc. **77**, 5737 (1955).

45 HASSID, W. Z., E. F. NEUFELD and D. S. FEINGOLD: Proc. Nat. Acad. Sci. **45**, 905 (1959).

46 HANSEN, R. C., and R. A. FRIEDLAND: J. Biol. Chem. **216**, 303 (1955).

47 KURAHASHI, K.: Science **125**, 114 (1957).

48 SMITH, E. E. B., G. T. MILLS, H. P. BERNHEIMER and R. AUSTRIAN: J. Gen. Microbiol. **20**, 654 (1959).

49 MILLS, G. T., E. E. B. SMITH and A. C. LOCHHEAD: Biochim. Biophys. Acta **25**, 521 (1957).

50 SZULMAJSTER, H. DE R.: Biochim. Biophys. Acta **29**, 270 (1958).

51 KALCKAR, H. M., K. KURAHASHI and E. JORDAN: Proc. Nat. Acad. Sci. **45**, 1776 (1959).

52 YARMOLINSKY, M. B., H. WIESMEYER, H. M. KALCKAR and E. JORDAN: Proc. Nat. Acad. Sci. **45**, 1786 (1959).

53 KALCKAR, H. M., and E. S. MAXWELL: Physiol. Rev. **38**, 77 (1958).

54 RUTTER, W. J., and R. G. HANSEN: J. Biol. Chem. **202**, 323 (1953).

55 SMITH, E. E. B., and G. T. MILLS: Biochim. Biophys. Acta **13**, 587 (1954).

56 SMITH, E. E. B., and G. T. MILLS: Biochim. Biophys. Acta **18**, 152 (1955).

57 CAPUTTO, R., and R. E. TRUCCO: Nature (London) **169**, 1061 (1952).

58 GANDER, J. E., W. E. PETERSEN and P. D. BOYER: Arch. Biochem. Biophys. **60**, 259 (1956).

59 GANDER, J. E., W. E. PETERSEN and P. D. BOYER: Arch. Biochem. Biophys. **69**, 85 (1957).

60 WOOD, H. G., P. SIU and P. SCHAMBYE: Arch. Biochem. Biophys. **69**, 390 (1957).

61 WOOD, H. G., S. JOFFE, R. GILLESPIE, R. G. HANSEN and H. HARDENBROOK: J. Biol. Chem. **233**, 1264 (1958).

62 GLASER, L., and D. H. BROWN: J. Biol. Chem. **228**, 729 (1957).

63 GLASER, L.: J. Biol. Chem. **232**, 627 (1958).

64 LELOIR, L. F., and C. E. CARDINI: J. Am. Chem. Soc. **79**, 6340 (1957).

65 LELOIR, L. F., J. M. OLAVARRIA, S. H. GOLDEMBERG and H. CARMINATTI: Arch. Biochem. Biophys. **81**, 508 (1959).

66 FEINGOLD, D. S., E. F. NEUFELD and W. Z. HASSID: J. Biol. Chem. **233**, 783 (1958).

67 MARKOVITZ, A., A. J. CIFONELLI and A. DORFMAN: J. Biol. Chem. **234**, 2343 (1959).

68 SMITH, E. E. B., G. T. MILLS, H. P. BERNHEIMER and R. AUSTRIAN: J. Biol. Chem. **235**, 1876 (1960).

69 STRANGE, R. E., and J. F. POWELL: Biochem. J. **58**, 80 (1954).

70 CUMMINS, C. S., and H. HARRIS: J. Gen. Microbiol. **14**, 583 (1956).

71 STRANGE. R. E., and F. A. DARK: Nature (London) **177**, 186 (1956).

72 STRANGE, R. E.: Biochem. J. **64**, 23 P. (1956).

73 STRANGE, R. E.: Bacteriol. Rev. **23**, 1 (1959).

74 STROMINGER, J. L.: J. Biol. Chem. **234**, 1520 (1959).

75 STROMINGER, J. L.: Physiol. Rev. **40**, 55 (1960).

76 ZILLIKEN, F.: Fed. Proc. **18**, 966 (1959).

77 STROMINGER, J. L.: Biochim. Biophys. Acta **30**, 645 (1958).

78 HEIDELBERGER, M.: in Carbohydrate chemistry of substances of biological interest. Proc. IV. International Congress of Biochemistry, Vol. 1, p. 52 1958.

79 SMITH, E. E. B., G. T. MILLS and E. M. HARPER: Biochim. Biophys. Acta. **23**, 662 (1957).

80 SMITH, E. E. B., B. GALLOWAY and G. T. MILLS: Biochem. Biophys. Acta **33**, 276 (1959).

81 SMITH, E. E. B., G. T. MILLS, H. P. BERNHEIMER and R. AUSTRIAN: Biochim. Biophys. Acta **28**, 211 (1958).

82 SMITH, E. E. B., G. T. MILLS, H. P. BERNHEIMER and R. AUSTRIAN: Biochim. Biophys. Acta **29**, 640 (1958).

83 SMITH, E. E. B., G. T. MILLS, R. AUSTRIAN and H. P. BERNHEIMER: J. Gen. Microbiol. **22**, 265 (1960).

84 AUSTRIAN, R., H. P. BERNHEIMER, E. E. B. SMITH and G. T. MILLS: J. Exp. Med. **110**, 585 (1959).

85 AUSTRIAN, R., and H. P. BERNHEIMER: J. Exp. Med. **110**, 571 (1959).

86 AUSTRIAN, R., H. P. BERNHEIMER, E. E. B. SMITH and G. T. MILLS: Cold Spring Harbor Symp. Quant. Biol. **23**, 99 (1958).

87 MILLS, G. T.: Fed Proc. **19**, No. 4 (1960 (In Press).

Diskussion

Diskussionsleiter: MOTHES, *Halle*

MOTHES (Halle): First question: some English authors have written some months ago that the element boron as in "borate" is an activator for the transferase of glucose from UDPG. Do you know whether this opinion is correct?

MILLS: We have no information about that particular subject and I would not like to pass an opinion.

KLENK (Köln): Von den schönen Versuchen, über die Sie uns berichteten, wäre eigentlich nur noch ein kleiner Schritt zu der Biosynthese der Mucoide, der Blutgruppensubstanzen und ich wollte Sie fragen, ob darüber schon irgendwo etwas existiert.

MILLS: We have no experience with the blood-group substances, but I would suggest that the uridine-compounds or other nucleotide sugar compounds may be involved in the synthesis of these substances. In the case of the pneumococcal polysaccharides you have sugars like rhamnose and fucose, fucose also being found in the blood-group substances, and I think in the case of the pneumococcal polysaccharides the rhamnose and fucose are introduced by the nucleotide compound and it is possible that this may well occur in the case of the blood-group substances. I would like to suggest that the utilization of the uridine-, cytidine-, guanosine diphospho sugar compounds and possibly thymidine compounds may be a general method for the synthesis of many of the biological hetero-polysaccharides containing more than one monosaccharide residue.

KARLSON (München): May I at first give a general remark and than put two questions. It seems to be of general importance, that, as discussed here in the case of glycogen that the synthesis is by another pathway than the break down. There is not as we have believed for a long time, a complete reversibility, it is only generally reversible for a few steps and the same seems to be true for the synthesis of fats which I now believe to occur via a malonic acid derivative and perhaps also for the synthesis of carbohydrates.

Now to put the questions: first, is there anything known about chitin-synthesis in insect tissue; you showed neurospora but not insects, and the second, is anything known in the case of pneumococcus, if the disaccharide is involved. The question is of course how is the specifity of 4,3-bond and 4-bond produced in producing the long chain polysaccharide. Is this product via a disaccharide, which would be expected, presumably, and then the disaccharide is combined again to a polysaccharide? Is there anything known about this subject?

MILLS: In the case of the first question nothing is known about chitin synthesis in insects. The only work on chitin synthesis has been carried out with neurospora. Now in case of the type III capsular polysaccharide synthesis, I think that there is a possible requirement of a primer molecule in this synthetic mechanism. This synthetic mechanism we find, does not occur if we utilize enzyme extracts from fully capsulated cells without removing the capsular polysaccharide which is present in the enzyme extracts. This capsular polysaccharide in the enzyme extracts is removed before we make the extracts by a specific hydrolysing enzyme which was isolated first by Dubos, which simply hydrolyses the polysaccharide down to a very small molecule. We found that when this is done we have a very active system, we also found that this applies in the case of the so-called noncapsulated pneumococci which have no detectable capsular polysaccharide but which probably have a minute amount, probably of the order of $^1/_{1\,000}$ of the amount of the fully capsulated cell, we still have to treat these cells with this depolymerizing enzyme before we can get incorporation and rapid synthesis of polysaccharide using the isolated enzyme system. So that is the first important point, that it is possible that we require a small primer molecule or uncover some site to bring about the actual synthetic mechanism.

Secondly, in some of the experiments on the capsulated type III cells we have examined the enzyme extracts after we have removed the capsular polysaccharide synthesized and we find there are some apparently small carbohydrate molecules which are labeled with C^{14}. We have not yet isolated these to characterize them specifically. But I think it is possible there may be some small molecules intermediate in this general synthetic mechanism: there may be the synthesis of di-or tetrasaccharides before these are actually synthesized into the long chain polysaccharide.

Papenberg (Marburg): In Zusammenhang mit den Untersuchungen von Leloir zum neuen Syntheseweg von Glykogen war es uns interessant zu sehen, daß beim Alloxan-Diabetes der Ratte die Leber signifikant eine Erniedrigung an UDPG aufwies. Meine Frage ist, ob Sie ähnliche Beobachtungen gemacht haben und welche Bedeutung Sie diesem Befund beimessen.

Have you studied the content of UDPG in Alloxan-diabetes of animal liver tissue?

Mills: No, I have not studied it at all.

Papenberg (Marburg): We found a depression.

Mills: I think this depression may well be related to possible glycogen forming abilities, because recently Larner from Cleveland suggested that the increase in glycogen in rat diaphragm under the influence of insulin apparently occured by an activation of the UDPG transglucosylase which synthesizes glycogen. So that the result that you find in alloxan-diabetes with a reduced amount of UDPG may be part of the same phenomenon.

Mandel (Straßburg): Man weiß schon seit langem, daß wenn man Ratten mit Galaktose als einzigem Kohlenhydrat füttert, man dabei Katarakte bekommt. Und um zu wissen, welches der Mechanismus dabei ist, haben wir die Uridinnucleotide unter diesen Bedingungen studiert. Wir haben, das mit Dr. Clevy zusammen gemacht, welcher die Methode bei Dr. Schmitz gelernt hat, und ich bin froh ihm hier öffentlich dafür zu danken. Bei normalen Ratten haben wir einen ganz kleinen Gipfel, welcher Uridin-diphosphatglycol und eine ganz kleine Menge Uridin-diphosphatgalaktose hat. Bei den Ratten mit Galaktosefütterung haben wir einen 4—5mal höheren Uridingalaktosegipfel, und wir haben keine Spur von Galaktose mit der enzymatischen Methode bestimmen können. Ich möchte Dr. MILLS fragen: Was denkt er über den Mechanismus? Wir nehmen an, daß es 2 Möglichkeiten gibt: 1. eine kompetitive Produktion von Galaktose-1-phosphat, welches die Uridin-diphosphatgalaktose gibt und 2. die Unmöglichkeit Uridinphosphatgalaktose und Uridindiphosphatglucose zu geben.

We found that by rats which received the only carbohydrate galactose, we know that we have in these conditions a cataract. Now we found in the nucleotides of the rats which get the galactose much more UDP-hexose and the only hexose which we found is galactose. In normal rats we found the peak here is much smaller, it is only $^1/_{50}$ of the peak here and we found UDP-glucose. On the galactose-diet we found only UDP-galactose. Now the question is: what can be the mechanism in this case, probably it is a competition with glucose-1-phosphate or there is no transformation from galactose-1-phosphate to glucose-1-phosphate, because you have too small quantities of the coenzyme UDPG.

MILLS: I think there is a possible explanation for these findings where you have an increased amount of UDP-galactose when galactose is the sole carbohydrate. About 3 years ago Isselbacher showed that in adult animals the liver is capable of bringing about a reaction between UTP and galactose-phosphate to form UDP-galactose. And this would appear to be a by-pass mechanism in the adult which will develop with age. May I ask you how old these rats were, were they adult or were they young rats?

MANDEL (Straßburg): Always the same in young rats and adult rats, but in young rats it is much faster. The young rats develop this after 8 days and by elder rats after 3 or 4 weeks.

MILLS: In the case of ISSELBACHER's work he appeared to show that this enzyme which forms UDP-galactose appears very soon after the rats are weaned. In other works when they are about 4—5 weeks old they have this capability of producing UDP-galactose. It does not occur at an earlier time. So this might possibly be an explanation of your result.

MANDEL (Straßburg): Injecting radioactive acetate in the mammary-gland SCHAMBYE and Wood found that the galactose part of lactose is more active than the glucose part. It seems also that a part of glucose can pass beyond the stage of glucose-phosphate in lactose synthesis. There are experiments concerning this point?

MILLS: Yes, the opinion of WOOD, SCHAMBYE and colleagues is that the uridine compounds are probably involved in the synthesis of lactose in these experiments and they have very recently suggested that there may be a completely new mechanism of formation of the UDP-galactose to explain why the galactose is much more highly labeled than is glucose in the lactose which is produced by the mammary gland. In their very recent experiments they find that the galactose may be labeled to 10 times the extent of the glucose. The pattern of labeling is very similar in the sugars although the galactose is much more highly labeled, and they suggested at first the possibility of there being a complete separation within the cell of the pathways of formation of the uridine-nucleotides from sugar phosphates and the general sugar phosphate pool which supplied the glucose, because the radioactivity of the glucose in the lactose was like the radioactivity of the blood glucose, whereas that of the galactose was 10 times higher. So they suggested either two separate pathways separated somewhere within the cell or a new method of forming the UDP-galactose, a method about which we have no information at present. These were the two explanations and at present they haven't, as for as I am aware, decided which is the more valid explanation.

Wallenfels (Freiburg): As Leloir has shown the glycogen synthesizing system from UDPG in animal tissues needs besides the primer polysaccharide also glucose-6-phosphate in small amounts. Is this also the case in your synthesizing system for pneumococcal polysaccharides and can you give an explanation in which form these small amounts, catalytic amounts of glucose phosphate work in this system?

Mills: There is apparently no requirement for glucose-phosphates in the system which we use for the pneumococcal polysaccharide. The enzyme system, which we use has been well dialyzed to remove any extraneous sugars and sugar phosphates and the only substrates that we use are the UDP-glucose and the UDP-glucuronic acid. So there would not appear to be any requirement for a sugar phosphate.

Leloir has very recently shown that glucose-6-phosphate exerts a protective effect on the glycogen synthesising enzyme in the absence of substrates. He has stated that he cannot as yet decide whether the apparent activating effect of G-6-P during glycogen synthesis is a protective effect or is real activation. This effect is shown to a lesser degree by glucosamine-6-phosphate, fructose-6-phosphate and galactose-6-phosphate.

Jaenicke (München): I just wanted to ask you, whether you know, if the reaction, UDP-hexuronic acid going to UDP-pentose, is reversible or not. In your scheme you had no arrow there. Since this would be another means perhaps to derive energy from hexose by the pentose cycle?

Mills: In this particular case it should be in one direction, I forgot to put the arrow head in. As far as it is known this decarboxylation is irreversible, and it may well be again an example of the formation of a pentose giving rise to energy, another method of entry into the pentose cycle. From that diagram it would appear that the UDP-glucuronic acid can arise by more than one method. I would like to suggest that the important method of formation of UDP-glucuronic acid is by the dehydrogenase and that the formation of glucuronic acid phosphate from UDPGA is for some other reaction. In other words the pathway is in one direction only and pentoses arise by means of decarboxylation.

Bücher (Marburg): Ich habe eigentlich keine Diskussionsbemerkung, aber dieser Vortrag hat micht daran erinnert, daß ich vor 10 Jahren in Buenos Aires bei Leloir war und dort die ersten Ergebnisse sehen konnte über die Isolierung der Uridylgalactose und es war so, daß Leloir seiner Sache damals außerordentlich unsicher war, das lag zum großen Teil an den Arbeitsbedingungen. Durch die politischen Ereignisse hatte er sein Institut verloren und er hat über viele Jahre im Speisezimmer, in der Küche und der

Speisekammer eines Privathauses gearbeitet und dort sind mit ganz einfachen Methoden der Chromatographie in Filtrierpapier, in Säulen von Filtrierpapierscheiben in erster Linie diese Resultate entstanden, und das sollte vielleicht für manche von uns doch auch eine Ermutigung sein, daß, wenn wir nicht so gut mit Apparaten ausgestattet sind, wir doch auch eine ganze Menge entdecken und die Welt bewegen können. Und wenn man sich fragt, wie das nun weitergehen soll, so dachte ich eigentlich, daß der Präsident unserer Gesellschaft, als er zum Mikrophon schritt, uns sagen wollte, daß er jetzt die Uridin-diphosphatverbindung der Neuraminsäure entdeckt hat und vielleicht darf man noch einmal fragen, wie es dort auf diesem Sektor steht.

KLENK (Köln): Wenn ich das wüßte, dann hätte ich Herrn Dr. MILLS nicht gefragt.

BUDECKE (Tübingen): My question is part of an answer to the question of Prof. KARLSON. You mentioned that in the synthesis of hyaluronic acid two UDP compounds are involved, UDP-acetyl glucosamine and UDP-glucuronic acid, and I think that in this case it is not decided yet, whether these UDP compounds are transferred to the primer polysaccharide as single UDP-monosaccharides or first a UDP-disaccharide is formed by interaction of UDP-acetyl-glucosamine and UDP-glucuronic acid, and in a second step than this UDP-disaccharide is polymerized to hyaluronic acid. Is that right, that both possibilities are still open?

MILLS: I think that is correct. Both possibilities are still open. DORFMAN suggested in his most recent paper that a multi-site enzyme was involved and that the UDP-acetylglucosamine would transfer it's acetylglucosamine to one site, that the UDP-glucuronic acid on another site would transfer it's glucuronic acid to that acetyl-glucosamine that wa already on the third site and that this process could be a continual one with the UDP-sugar compound coming on to the site and UDP leaving it with the sugar compounds actually attached to a third site on the enzyme. Whether or not this is the true mechanism of reaction is still an open question.

MOTHES (Halle): Ich beende die Diskussion.

I repeat many thanks for you, for your very intersting lecture Mr. MILLS, and I wish to say that the clear manner in which you spoke was a very great pleasure for us. Many thanks.

Die Stoffwechselfunktion der Cytidin-Coenzyme

Von

EUGENE P. KENNEDY

Department of Biochemistry, University of Chicago

Mit 4 Textabbildungen

Es ist seit langem bekannt, daß Adenosin nicht nur in der Ribonucleinsäure, sondern auch in Coenzymen wie DPN, TPN, FAD und CoA vorkommt. Während der letzten zehn Jahre sind auch Coenzyme entdeckt worden, die Uridin, Guanosin und Cytidin enthalten und spezifische und hochwichtige Funktionen erfüllen. In diesem Vortrag soll über den Stoffwechsel und die Funktion der Cytidin enthaltenden Coenzyme berichtet werden.

A. Struktur der Cytidin-Coenzyme

Bis jetzt sind fünf Cytidin-Coenzyme mit der allgemeinen Struktur auf Abb. 1 bekannt. Diese können in zwei Gruppen unterteilt werden.

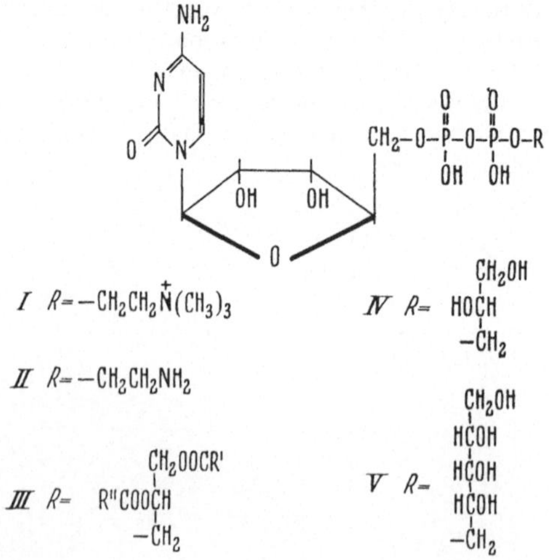

$$I\quad R = -CH_2CH_2\overset{+}{N}(CH_3)_3$$

$$II\quad R = -CH_2CH_2NH_2$$

$$III\quad R = \begin{array}{c} CH_2OOCR' \\ | \\ R''COOCH \\ | \\ -CH_2 \end{array}$$

$$IV\quad R = \begin{array}{c} CH_2OH \\ | \\ HOCH \\ | \\ -CH_2 \end{array}$$

$$V\quad R = \begin{array}{c} CH_2OH \\ | \\ HCOH \\ | \\ HCOH \\ | \\ HCOH \\ | \\ -CH_2 \end{array}$$

Abb. 1

Die erste Gruppe umfaßt drei Nucleotide, CDP-Cholin*, CDP-Colamin und CDP-Diglycerid, die an der Biosynthese der Phospholipide beteiligt sind[1-3]. Zur zweiten Gruppe gehören CDP-Glycerin und CDP-Ribit, zwei Nucleotide, die aus *Lactobacillus arabinosus*[4,5] isoliert worden sind und wahrscheinlich auch in anderen Mikroorganismen vorkommen. CDP-Glycerin und CDP-Ribit sollen Vorstufen der kürzlich entdeckten Zellwand-Komponenten, der Teicho-Säuren, sein, die in gewissen Gram-positiven Bakterien von BADDILEY u. Mitarb. gefunden worden sind[6,7].

Alle fünf Cytidin-Coenzyme haben grundsätzlich die gleiche Struktur: sie sind Ester einer Pyrophosphorsäure, die durch Cytidin substituiert ist. Weiterhin sind sie alle durch eine primäre Hydroxylgruppe mit der Pyrophosphorsäure verestert.

In drei Coenzymen ist die Gruppe R (Abb. 1) optisch aktiv. CDP-Diglyceride werden enzymatisch von einer Reaktion zwischen L-α-Glycerophosphatid-Säuren und CTP, wie unten beschrieben, hergeleitet; daher muß der Phosphatidsäureteil des Moleküls L-Konfiguration besitzen, in der Nomenklatur von FISCHER und BAER[8]. BADDILEY u. Mitarb. haben gezeigt, daß die Glycerophosphat-Hälfte von CDP-Glycerin die Konfiguration des L-α-Glycerophosphats und die Ribitphosphat-Hälfte des CDP-Ribit die des D-Ribit-5-phosphats hat[9].

Es muß auch erwähnt werden, daß die Desoxyribonucleotid-Formen von CDP-Cholin und CDP-Colamin aus Seeigeleiern bzw. Kalbsthymus isoliert worden sind. In diesen Verbindungen ist der Riboseanteil der Struktur in Abb. 1 durch 2-Desoxyribose ersetzt. Die Beziehungen zwischen den Ribonucleotid- und Desoxyribonucleotid-Formen dieser Coenzyme ist ziemlich unklar. Anscheinend können sich beide Typen an der enzymatischen Synthese der

---

* Abkürzungen: CDP-Cholin, CDP-Colamin usw. = Cytidin-diphosphat-cholin, Cytidin-diphosphat-colamin usw. Diese werden gelegentlich in abgekürzten Formeln geschrieben, wie Cyt-P-P-cholin usw. Die vollständigen Strukturformeln sind in Abb. 1 zu sehen. Der Cytidinrest wird mit Cyt bezeichnet, wie z. B.

$$\text{Cyt—O—}\overset{\displaystyle\text{O}}{\underset{\displaystyle\text{OH}}{\overset{\|}{\underset{|}{\text{P}}}}}\text{—OH} = \text{CMP} = \text{Cytidin-5'-monophosphat.}$$

Anorganisches Pyrophosphat wird mit P—O—P bezeichnet. Die anderen Abkürzungen sind Standardabkürzungen.

Phospholipide beteiligen, aber die Menge an Desoxyform in Geweben, wie etwa in der Leber, ist außergewöhnlich gering[12].

Zusätzlich zu den Verbindungen in Abb. 1 wurde von Bergkvist[13] ein Cytidin-Nucleotid, CMP-X, aus *Polyporus squamosus* isoliert, das Aminosäuren nach Hydrolyse abgibt. Vor kurzem hat Roseman von der Entdeckung eines Nucleotids berichtet, für das die Struktur einer Cytidin-mono-phosphat-N-acetylneuraminsäure vorgeschlagen wird[14]. Da Einzelheiten über die Funktion dieser interessanten Verbindungen noch nicht verfügbar sind, werden sie hier nicht weiter berücksichtigt.

B. Synthese der Cytidin-Coenzyme

Alle Verbindungen auf Abb. 1 sind jetzt auf chemischem Wege mit Hilfe des N,N'-dicyclohexylcarbodiimids als Reagens zur Darstellung von Diestern der Pyrophosphorsäure synthetisiert worden. Die Synthese von CDP-Cholin und CDP-Colamin[34] ebenso wie die der Desoxyformen dieser Verbindungen sind von Kennedy u. Mitarb. beschrieben worden, die auch CDP-Dipalmitin und andere CDP-Diglyceride dargestellt haben[3,15]. Baddiley u. Mitarb. haben die Synthese von CDP-Glycerin[16] und CDP-Ribit[17] durchgeführt.

Einzelheiten über chemische Eigenschaften, chromatographisches Verhalten usw. dieser Nucleotide sind aus den Originalarbeiten dieser Autoren zu entnehmen.

C. Enzymatische Gruppen-Übertragungen der Cytidin-Coenzyme

Alle bis jetzt gewonnenen Erkenntnisse über die enzymatischen Reaktionen der 5 Cytidin-Coenzyme in Abb. 1 zeigen, daß die Biosynthese und Funktion aller dieser Verbindungen mit grundsätzlich ähnlichen enzymatischen Gruppen-Übertragungen zu tun haben.

I. Enzymatische Synthese von Cytidin-Coenzymen

Die enzymatische Synthese der Cytidin-Coenzyme verläuft nach der allgemeinen Reaktion auf Tab. 1. Diese Reaktion ist eine *Cytidyl-Übertragung*, da im Effekt die Cytidyl-Hälfte des CTP auf einen Acceptor übertragen wird. Eine Liste der bekannten Cytidyl-Acceptoren zusammen mit den Reaktionsprodukten ist auf Tab. 1 zu sehen. Jede dieser Reaktionen scheint von einem besonderen

Tabelle 1. *Enzymatische Synthese von Cytidin-Coenzymen durch Cytidyl-Übertragungsreaktionen*

$$\text{Cyt—O—}\overset{\displaystyle O}{\underset{\displaystyle OH}{P}}\text{—O—}\overset{\displaystyle O}{\underset{\displaystyle OH}{P}}\text{—O—}\overset{\displaystyle O}{\underset{\displaystyle OH}{P}}\text{—OH} + \text{OH—}\overset{\displaystyle O}{\underset{\displaystyle OH}{P}}\text{—OR} =$$

$$= \text{Cyt—O—}\overset{\displaystyle O}{\underset{\displaystyle OH}{P}}\text{—O—}\overset{\displaystyle O}{\underset{\displaystyle OH}{P}}\text{—OR} + \text{P—O—P} \tag{1}$$

Acceptor des Cytidylrestes	Endprodukt	Literaturzitat
Phosphorylcholin	CDP-Cholin	18
Phosphorylcolamin	CDP-Colamin	24, 27
Phosphatidsäure	CDP-diglycerid	15
L-α-Glycerophosphat . . .	CDP-Glycerin	33
D-Ribit-5-phosphat	CDP-Ribit	33

Enzym, das nach dem Acceptor genannt wird, katalysiert zu werden. So wird z. B. das Enzym, das die Synthese von CDP-Cholin katalysiert, Phosphorylcholin-cytidyl-Transferase[18] genannt, während das Enzym, das die Synthese von CDP-Colamin katalysiert, als Phosphorylcolamin-cytidyl-Transferase bekannt ist. Reaktion 1 gleicht sehr den Reaktionen, die zur Synthese von Adenosin- und Uridin-Coenzymen führen[19, 20].

II. *Funktion der Cytidin-Coenzyme bei der Biogenese der Phosphodiester-Bindungen*

Eine allgemeine Funktion der Cytidin-Coenzyme scheint die Bildung der Phosphodiester-Bindungen zu sein, entsprechend der Gruppen-Übertragung auf Tab. 2. Die Natur des gebildeten Phosphodiesters ändert sich selbstverständlich mit dem Cytidin-Nucleotid und dem Acceptor (R′OH). Eine Liste entsprechender Reaktionen ist auf Tab. 2 zu sehen.

Die Bildung von Verbindungen des Typs R′—O—P—O—R in dieser Reaktion ist tatsächlich das Ergebnis einer enzym-katalysierten Verdrängung von CMP vom Cytidin-Coenzym durch den Sauerstoff des eintretenden R′OH (Abb. 2). Dabei ist charakteristisch, daß CMP und nicht CDP das Produkt dieser Reaktion ist. Im Gegensatz dazu beteiligen sich die Uridin-Coenzyme an Gruppen-Übertragungen bei denen mehr UDP als UMP auftritt.

Tabelle 2. *Die Funktion von Cytidin-Coenzymen in der Biogenese von Phosphodiester-Bindungen*

$$\text{Cyt—O—}\overset{\overset{\displaystyle O}{\|}}{\underset{\underset{\displaystyle OH}{|}}{P}}\text{—O—}\overset{\overset{\displaystyle O}{\|}}{\underset{\underset{\displaystyle OH}{|}}{P}}\text{—OR} + \text{R'OH} =$$

$$= \text{R'—O—}\overset{\overset{\displaystyle O}{\|}}{\underset{\underset{\displaystyle OH}{|}}{P}}\text{—OR} + \text{Cyt—O—}\overset{\overset{\displaystyle O}{\|}}{\underset{\underset{\displaystyle OH}{|}}{P}}\text{—OH} \tag{2}$$

Donor	Acceptor	Endprodukt
1. CDP-Cholin	D-α,β-Diglycerid	Lecithin[24]
2. CDP-Cholin	Plasmalogenartiges Diglycerid	Cholin-Plasmalogen[25]
3. CDP-Cholin	N-Acyl-sphingosin	Sphingomyelin[26]
4. CDP-Colamin	D-α,β-Diglycerid	Cephalin[24]
5. CDP-Colamin	Plamalogenartiges Diglycerid	Colamin-Plasmalogen[25]
6. CDP-Diglycerid	*Myo*-Inosit	Phosphatidylinosit[3, 15]
7. CDP-Diglycerid	L-α-Glycerophosphat	Phosphatidylglycerophosphat[28]
8. CDP-Ribit	unbekannt	Ribit-Teichosäure
9. CDP-Glycerin	unbekannt	Glycerin-Teichosäure

Die größte Analogie zu der allgemeinen Reaktion auf Tab. 2 findet man bei der enzymatischen Synthese von Polynucleotiden, die auch die Spaltung von Pyrophosphatbindungen einschließt[21],[22].

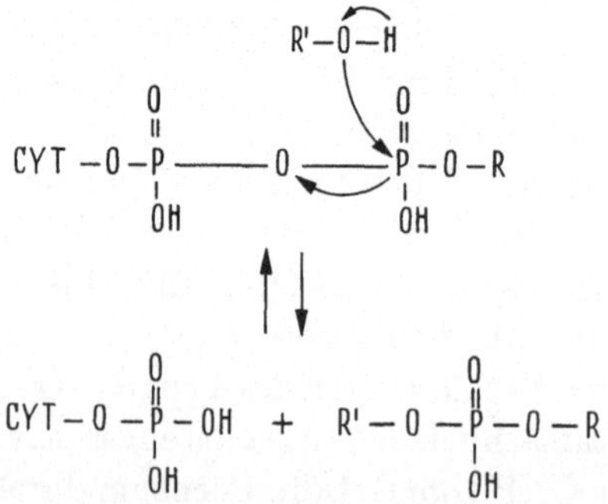

Abb. 2

Hier sind jedoch keine Diester der Pyrophosphorsäure vorhanden. Nucleosiddi- oder -triphosphate sind die Zwischenprodukte und das Nucleotid selbst wird auf einen passenden „Erstempfänger" übertragen, während das Ortho- und Pyrophosphat vom Rest des Moleküls abgespalten wird. Die Synthese der Polynucleotide umfaßt daher wahrscheinlich eine Art von enzymatischer Gruppenübertragung, die sich erheblich von der auf Tab. 2 unterscheidet.

Zur Zeit sind die einzigen bekannten Beispiele für die Bildung von Phosphodiesterbindungen diejenigen auf Tab. 2 und die Reaktionen zur Synthese der Polynucleotide. Bei weiteren Untersuchungen können vielleicht andere außer Cytidin-Coenzymen bei solchen Prozessen aufgefunden werden. Eine neue Veröffentlichung über die Isolierung eines Guanosin-diphosphat-Abkömmlings aus einem dem Vitamin B_{12} verwandten Faktor ist in diesem Zusammenhang von besonderem Interesse[23].

III. Funktion von Cytidin-Coenzymen bei der Biosynthese von Phospholipiden

1. Reaktionen von CDP-Cholin. CDP-Cholin ist ein wesentlicher Cofaktor bei der enzymatischen Synthese von Lecithin und Sphingomyelin. Ein Schema der Reaktionen die zur Biosynthese von Lecithin führen, ist auf Abb. 3 zu sehen. Eine analoge Reihe von Reaktionen, die Phosphorylcolamin und CDP-colamin umfaßt,

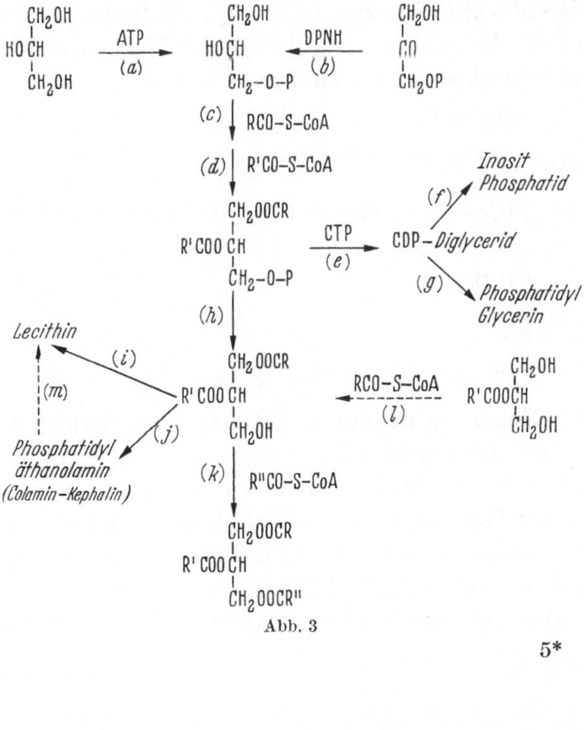

Abb. 3

kann zur Synthese von Phosphatidylcolamin aufgestellt werden. Es würde zu weit führen, diese Reaktionen, die an anderer Stelle besprochen worden sind[1], in allen Einzelheiten zu diskutieren. Hier sollen lediglich solche Reaktionen die direkt Cytidin-Nucleotide betreffen kurz erörtert werden.

a) Phosphorylcholin-Cytidyl-Transferase-Reaktion. Ein Enzym, das in tierischen Geweben weit verbreitet ist und auch in Pflanzen und Hefe gefunden wird, katalysiert die Synthese von CDP-Cholin nach folgender Gleichung:

$$Cyt\!-\!O\!-\!P\!-\!O\!-\!P\!-\!O\!-\!P + P\!-\!O\!-\!CH_2CH_2\overset{+}{N}(CH_3)_3$$

$$\Updownarrow$$

$$Cyt\!-\!O\!-\!P\!-\!O\!-\!P\!-\!O\!-\!CH_2CH_2\overset{+}{N}(CH_3)_3 + P\!-\!O\!-\!P \tag{3}$$

Das Enzym aus Meerschweinchenleber wurde im einzelnen von Borkenhagen und Kennedy[18] untersucht, die fanden, daß es fest an Mitochondrien und Mikrosomen gebunden und beim Erhitzen auf 55° stabil war. Es ist hochspezifisch für Cytosin-Nucleotide, aber reagiert mit Desoxy-CTP ebenso gut wie mit CTP. Es braucht Magnesium- oder Manganionen zur Aktivierung.

b) Phosphorylcholin-Glycerid-Transferase-Reaktion. Diese Reaktion ist ein Beispiel für den allgemeinen Mechanismus zur Bildung von Phosphodiester-Bindungen auf Abb. 3.

$$\begin{array}{l} CH_2OOCR \\ | \\ RCOOCH \\ | \\ CH_2\!-\!OH + Cyt\!-\!O\!-\!P\!-\!O\!-\!P\!-\!O\!-\!CH_2CH_2\overset{+}{N}(CH_3)_3 \end{array}$$

$$\Updownarrow$$

$$\begin{array}{l} CH_2OOCR \\ | \\ RCOOCH \\ | \\ CH_2\!-\!O\!-\!P\!-\!O\!-\!CH_2CH_2\overset{+}{N}(CH_3)_3 + Cyt\!-\!O\!-\!P \end{array} \tag{4}$$

Dieses Enzym wird durch Calciumionen stark gehemmt[24], braucht aber Magnesium- oder Manganionen zur Aktivierung. Es ist spezifisch für α,β-Diglyceride der D-Konfiguration. Schließlich muß einer der Fettsäurereste ungesättigt sein, damit das Diglycerid emulgiert werde und so zur Enzymoberfläche durchdringen kann.

Phosphorylcholin-Glycerid-Transferase oder ein ganz ähnliches Enzym katalysiert auch die Übertragung von Phosphorylcholin auf

Acceptoren, die eine aldehydogene Gruppe enthalten und für die
die folgende Struktur vorgeschlagen worden ist[25].

$$
\begin{array}{c}
HH \\
|/ \\
H_2C\!-\!O\!-\!C=C \\
|\backslash R \\
R'\!-\!C\!-\!O\!-\!CH \\
\|| \\
OCH_2OH
\end{array}
$$

Das Produkt dieser enzymatischen Reaktion ist ein Cholin ent-
haltendes Plasmalogen.

$$
\begin{array}{c}
CH_2\!-\!O\!-\!CH\!=\!CHR \\
| \\
RCO\!-\!O\!-\!CH \\
| \\
CH_2OH + \; Cyt\!-\!O\!-\!P\!-\!O\!-\!P\!-\!O\!-\!CH_2CH_2\overset{+}{N}(CH_3)_3
\end{array}
$$

$$\big\Updownarrow$$

$$
\begin{array}{c}
CH_2\!-\!O\!-\!CH\!=\!CHR \\
| \\
RCO\!-\!O\!-\!CH \\
| \\
CH_2\!-\!O\!-\!P\!-\!O\!-\!CH_2CH_2\overset{+}{N}(CH_3)_3 \; + \; Cyt\!-\!O\!-\!P
\end{array}
$$

c) Phosphorylcholin-Ceramid-Tranferase-Reaktion. Ein Enzym,
das in vielen Geweben, einschließlich Leber und Gehirn, vorkommt,
wurde von SKIRNEY und KENNEDY[26] untersucht, die gezeigt haben,
daß es die Übertragung von Phosphorylcholin von CDP-Cholin auf
ein Ceramid (N-Acyl-derivat von Sphingosin) katalysiert:

$$
\begin{array}{c}
OH \\
| \\
CH_3(CH_2)_{12}CH\!=\!CH\!-\!CH\!-\!CH\!-\!CH_2OH \; + \\
| \\
NH \\
| \\
C\!=\!O \\
| \\
R
\end{array}
$$

$$
+ \; Cyt\!-\!O\!-\!P\!-\!O\!-\!P\!-\!O\!-\!CH_2\,CH_2\overset{+}{N}(CH_3)_3
$$

$$\big\Updownarrow$$

$$
\begin{array}{c}
H \\
O \\
| \\
CH_3(CH_2)_{12}CH\!=\!CH\!-\!CH\!-\!CH\!-\!CH_2O\!-\!P\!-\!O\!-\!CH_2CH_2\overset{+}{N}(CH_3)_3 \; + \\
| \\
NH \\
| \\
C\!=\!O \\
| \\
R + \; Cyt\!-\!O\!-\!P
\end{array}
\tag{5}
$$

Eine erstaunliche Eigenart dieses Enzyms ist es, daß es viel aktiver ist mit Ceramiden, die den *Threo*sphingosin-Anteil enthalten, als mit den natürlich vorkommenden Erythrokomponenten.

2. *Reaktionen von CDP-Colamin.* Phosphatidylcolamin wird durch eine Folge von ganz ähnlichen Reaktionen wie auf Abb. 1 synthetisiert, nur tritt Phosphorylcolamin und CDP-Colamin an die Stelle von Phosphorylcholin bzw. CDP-*C*holin.

a) *Phosphorylcolamin-Cytidyl-Transferase-Reaktion.* Obwohl diese Reaktion in vieler Hinsicht ähnlich der entsprechenden Synthese von CDP-Cholin ist, wird sie von einem Enzym katalysiert, das eher im löslichen Überstand als in den Zellpartikeln zu finden ist[27]. Andere Eigenschaften des Enzyms sind auch völlig verschieden, z. B. ist Desoxy-CTP viel weniger aktiv als CTP[12].

$$Cyt\text{—}O\text{—}P\text{—}O\text{—}P\text{—}O\text{—}P + P\text{—}O\text{—}CH_2CH_2NH_2$$

$$\Updownarrow$$

$$Cyt\text{—}O\text{—}P\text{—}O\text{—}P\text{—}O\text{—}CH_2CH_2NH_2 + P\text{—}O\text{—}P \qquad (6)$$

b) *Phosphorylcolamin-Glycerid-Transferase-Reaktion*

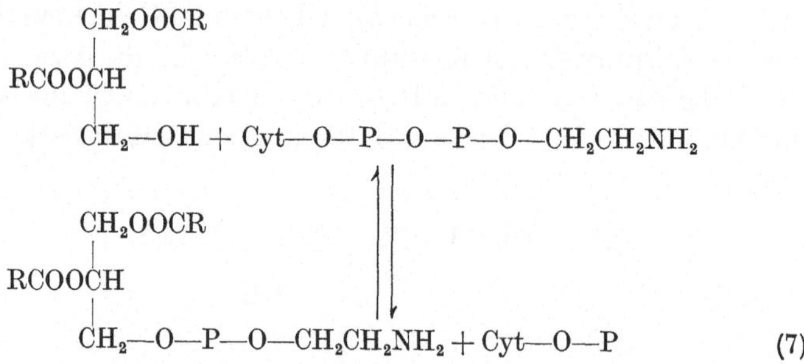

$$(7)$$

Dieses Enzym wurde in zellfreien Extrakten der Leber[24] gefunden und seine Eigenschaften scheinen denen des analogen Lecithin-synthetisierenden Enzyms ganz ähnlich zu sein.

Eine enzymatische Übertragung von Phosphorylcolamin von CDP-colamin auf einen plasmalogenartigen Acceptor zur Synthese von Colamin enthaltendem Plasmalogen ist auch beobachtet worden[25].

3. *Reaktionen von CDP-Diglyceriden.* Die CDP-Diglyceride bilden eine Verbindungsklasse, in der die Kettenlänge und der Sättigungsgrad der Fettsäurereste variiert werden können. Eine Funktion

solcher Verbindungen bei der enzymatischen Synthese von Inosit-monophosphatid wurde von AGRONOFF et al.[2] vermutet, und der direkte Beweis für diese Rolle wurde von PAULUS und KENNEDY[3,15] erbracht, die auch die ersten bekannten CDP-Diglyceride synthetisierten.

a) Phosphatidsäure-Cytidyl-Transferase-Reaktion

$$
\begin{array}{c}
CH_2OOCR \\
|\\
RCOOCH \\
|\\
Cyt-O-P-O-P-O-P + P-O-CH_2
\end{array}
$$

$$\Updownarrow$$

$$
\begin{array}{c}
CH_2OOCR \\
|\\
RCOOCH \\
|\\
Cyt-O-P-O-P-O-CH_2 + P-O-P
\end{array}
\qquad (8)
$$

Der Beweis für das Vorkommen dieser Reaktion in der Partikelfraktion der Hühnerleber wurde von PAULUS und KENNEDY[15] erbracht. Die Reaktion kann durch Messungen der Umwandlung von Cyt—^{32}P—P—P in eine lipoidlösliche Form verfolgt werden.

b) Phosphatidsäure-Inosit-Transferase-Reaktion. Dieses Enzym, das in der Partikelfraktion der Leber gefunden wurde, benötigt Mangan zur optimalen Aktivität und hat ein p_H-Optimum ungefähr bei p_H 8,0[15]. Das Enzym ist nicht vollständig spezifisch für *myo*-Inosit, da Aktivität auch mit myo-Inosose-2 und DL-epi-Inosose-2 beobachtet worden ist.

c) Phosphatidsäure-Glycerophosphat-Transferase

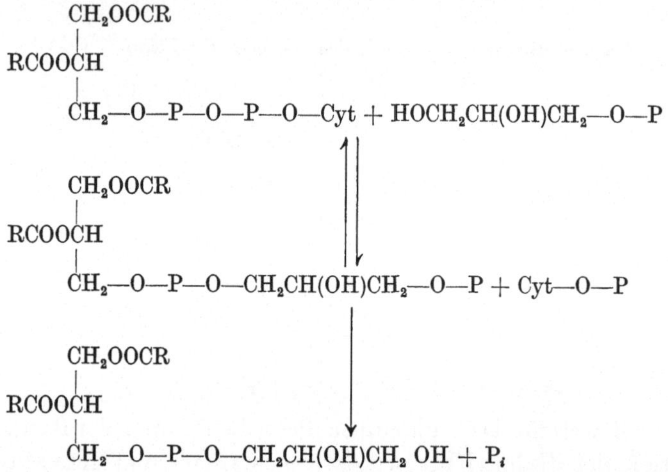

$$\begin{array}{l} CH_2OOCR \\ | \\ RCOOCH \\ | \\ CH_2-O-P-O-P-O-Cyt \end{array} + HOCH_2CH(OH)CH_2-O-P$$

$$\begin{array}{l} CH_2OOCR \\ | \\ RCOOCH \\ | \\ CH_2-O-P-O-CH_2CH(OH)CH_2-O-P \end{array} + Cyt-O-P$$

$$\begin{array}{l} CH_2OOCR \\ | \\ RCOOCH \\ | \\ CH_2-O-P-O-CH_2CH(OH)CH_2\,OH \end{array} + P_i \tag{10}$$

Ein Enzym, das eine Reaktion zwischen CDP-Diglycerid und L-α-Glycerophosphat katalysiert, ist kürzlich gefunden worden[28]. Das Produkt dieser Reaktion wurde vorläufig als Phosphatidylglycerophosphat identifiziert.

Ein anderes Enzym aus der Leber katalysiert die Dephosphorylierung von Phosphatidyl-Glycerophosphat, um Phosphatidylglycerin zu erhalten, ein Phospholipid, das in Pflanzen gefunden

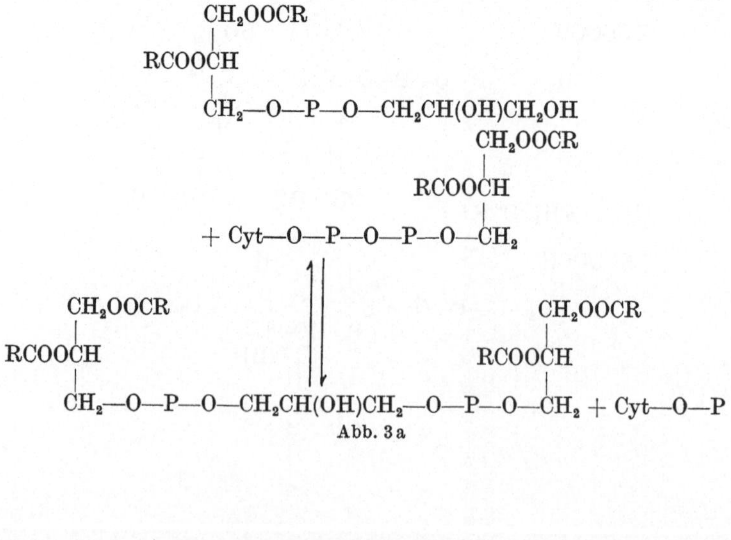

$$\begin{array}{l} CH_2OOCR \\ | \\ RCOOCH \\ | \\ CH_2-O-P-O-CH_2CH(OH)CH_2OH \end{array}$$

$$\begin{array}{l} CH_2OOCR \\ | \\ RCOOCH \\ | \\ +\,Cyt-O-P-O-P-O-CH_2 \end{array}$$

$$\begin{array}{l} CH_2OOCR \\ | \\ RCOOCH \\ | \\ CH_2-O-P-O-CH_2CH(OH)CH_2-O-P-O-CH_2 \end{array} + Cyt-O-P$$

Abb. 3 a

worden ist[29]. Es ist möglich, daß in Geweben von Säugetieren Phosphatidylglycerin ein Vorläufer des komplexen Lipids ist, das als Cardiolipin bekannt ist und sowohl in der Leber[30, 31] als auch im Herzmuskel vorkommt[32]. Abb. 3a.

IV. Funktion von Cytidin-Nucleotiden bei der Biosynthese von Teichosäuren

1. CDP-Ribit. Über die enzymatische Pyrophosphorylase von CDP-Ribit wurde von SHAW[33] berichtet, dessen Ergebnisse das Vorkommen folgender Reaktion in zellfreien Extrakten von L. *arabinosus* vermuten lassen.

a) Ribit-phosphat-cytidyl-Transferase-Reaktion

$$\text{Cyt—P—P—P} + \text{D-Ribit } 5 \text{ P} = \text{CDP-Ribit} + \text{P—O—P} \qquad (11)$$

b) Angenommene Umwandlung zu Teichosäure. Die Struktur von CDP-Ribit und von CDP-Glycerin legt die Vermutung nahe, daß diese Verbindung als Vorstufen von Teichosäuren dienen können. Eine vorläufige Struktur für eine Teichosäure aus *Bacillus*

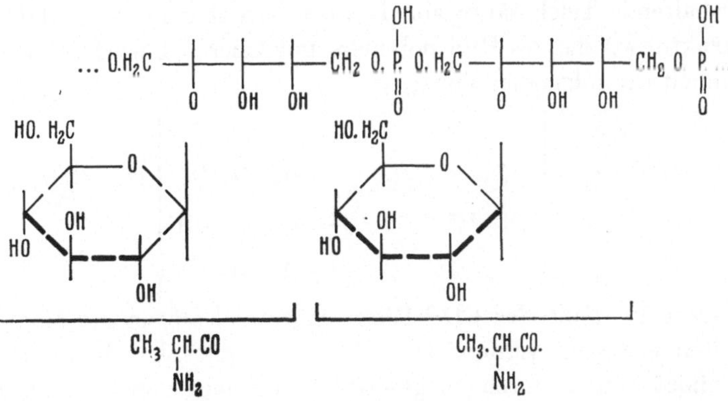

Abb. 4

subtilis[7] ist auf Abb. 4 zu sehen. Dieses Polymer besteht aus Ribit-Einheiten, die in 1- und 5-Stellung durch Phosphodiester-Bindungen miteinander verknüpft sind. Diese Ribit-Einheiten sind substituiert in der 4-Stellung durch β-D-Glucopyranosyl-Reste, die ihrerseits mit D-Alanin an einer noch nicht bestimmten Stelle substituiert sind.

Es gibt zum mindesten zwei Alternativen für eine wahrscheinliche Funktion von CDP-Ribit bei der Biosynthese von solch einem Polymer. Erstens kann CDP-Ribit selbst mit irgendeinem passenden „Erstempfänger“ unter Addition einer Phosphoribit-Einheit reagieren, die später durch den 0-D-alanyl-β-D-glucosyl-Rest substituiert werden kann.

Andererseits kann CDP-Ribit durch den 0-D-alanyl-β-D-glucosyl-Rest substituiert werden und diese ganze, sich wiederholende Einheit, die in Abb. 4 zu sehen ist, wird dann auf den „Erstempfänger“ übertragen.

Weiteren Arbeiten über diese Probleme wird man mit Interesse entgegengesehen.

2. *CDP-Glycerin.* Die Pyrophosphorylyse dieses Nucleotides wurde auch kurz von Shaw[33] erwähnt. Die Biosynthese von CDP-Glycerin geht wahrscheinlich folgendermaßen vor sich:

a) Glycerophosphat-Cytidyl-Transferase-Reaktion

$$\text{Cyt}\text{—P—P—P} + \text{L-}\alpha\text{-Glycerophosphat} = \text{CDP-Glycerin} + \text{P—O—P} \qquad (12)$$

b) Angenommene Umwandlung zu Teichosäure. Die Glycerin enthaltende Teichosäure von L. casei besitzt eine viel einfachere Struktur als die des Ribitpolymers, mit einer sich wiederholenden Einheit des folgenden Typs:

$$\left[\begin{array}{c} \\ \\ CH_3CHNH_2CO\text{—O—}\overset{\displaystyle |}{\underset{\displaystyle |}{CH}} \quad \begin{array}{c} CH_2\text{—O—}\overset{\textstyle O}{\overset{\|}{P}}\text{—} \\ | \\ OH \end{array} \\ CH_2\text{—O—} \end{array} \right]$$

Wie im Falle des CDP-Ribits müssen 2 allgemeine Möglichkeiten erwogen werden. Das Polyglycerophosphat kann zuerst gebildet werden durch fortgesetzte Reaktionen von Glycerophosphat mit CDP-Glycerin und später mit D-Alanin verestert werden. Andererseits kann CDP-Glycerin im Glycerophosphatanteil mit D-Alanin verestert werden, und dann könnte die Teichosäure direkt durch Aneinanderfügen von 0-D-Alanyl-glycero-phosphat-Einheiten gebildet werden. Die letztere Möglichkeit scheint durch die Analogie mit der Funktion von CDP-Diglyceriden in Geweben von Säugetieren gestützt zu werden, denn hier ist tatsächlich ein substituiertes CDP-Glycerin ein reaktionsfähiges Zwischenprodukt.

Bibliographie

1 KENNEDY, E. P.: Ann. Rev. Biochem. **26**, 119 (1957).
2 AGRONOFF, B. W., R. M. BRADLEY and R. O. BRADY: J. Biol. Chem. **233**, 1072 (1958).
3 PAULUS, H., and E. P. KENNEDY: J. Am. Chem. Soc. **81**, 4436 (1959).
4 BADDILEY, J., J. G. BUCHANAN, A. P. MATHIAS and A. R. SANDERSON: J. Chem. Soc. **1956**, 4186.
5 BADDILEY, J., J. G. BUCHANAN, B. CARSS and A. P. MATHIAS: J. Chem. Soc. **1956**, 4583.
6 BADDILEY, J., J. G. BUCHANAN and G. R. GREENBERG: Biochem. J. **66**, 51 (1957).
7 ARMSTRONG, J. J., J. BADDILEY, J. G. BUCHANAN, A. L. DAVISON, M. V. KELEMEN and F. C. NEUHAUS: Nature (London) **184**, 247 (1959).
8 FISCHER, H. O. L., and E. BAER: Chem. Rev. **29**, 287 (1941).
9 BADDILEY, J., J. G. BUCHANAN and B. CARSS: J. Chem. Soc. **1957**, 1869.
10 SUGINO, Y.: J. Am. Chem. Soc. **79**, 5074 (1957).
11 POTTER, R. L., and V. BUETTNER-JANUSCH: J. Biol. Chem. **233**, 462 (1958).
12 BORKENHAGEN, L. F., and E. P. KENNEDY: J. Biol. Chem. **234**, 1998 (1959).
13 BERGKVIST, R.: Acta Chem. Scand. **12**, 364 (1958).
14 COMB, D. G., F. SHIMIZU and S. ROSEMAN: J. Am. Chem. Soc. **81**, 5513 (1959).
15 PAULUS, H., and E. P. KENNEDY: J. Biol. Chem. **235**, 1303 (1960).
16 BADDILEY, J., J. G. BUCHANAN and A. R. SANDERSON: J. Chem. Soc. **1958**, 029.
17 BADDILEY, J., J. G. BUCHANAN and C. P. FAWCETT: J. Chem. Soc. **1959**, 2192.
18 BORKENHAGEN, L. F., and E. P. KENNEDY: J. Biol. Chem. **227**, 951 (1957).
19 KORNBERG, A.: J. Biol. Chem. **182**, 779 (1950).
20 MUNCH-PETERSEN, A.: Arch. Biochem. and Biophys. **55**, 592 (1955).
21 GRUNBERG-MANAGO, M., P. ORTIZ and S. OCHOA: Biochim. Biophys. Acta **20**, 269 (1956).
22 LEHMAN, I. R., M. J. BESSMAN, E. S. SIMMS and A. KORNBERG: J. Biol. Chem. **233**, 163 (1958).
23 BARCHIELLI R., G. BORETTI, A. DIMARCO, P. JULITA, A. MIGLIACCI, A. MINGHETTI and C. SPALLA: Biochem. J. **74**, 382 (1960).
24 WEISS, S. B., S. W. SMITH and E. P. KENNEDY: J. Biol. Chem. **231**, 53 (1958).
25 KIYASU J. and E. P. KENNEDY: J. Biol. Chem. (In Press).
26 SRIBNEY, M., and E. P. KENNEDY: J. Biol. Chem. **233**, 1315 (1958).
27 SMITH, S. W., J. KIYASU and E. P. KENNEDY: Unpublished experiments.
28 KIYASU, J., H. PAULUS and E. P. KENNEDY: Fed. Proc. **19**, 150 (1960).
29 BENSON, A. A., and B. MARUO: J. Am. Chem. Soc. **79**, 4564 (1957).
30 GETZ, G. S., and W. BARTLEY: Nature (London) **184**, 1229 (1959).
31 MACFARLANE, M. G., G. M. GRAY and L. W. WHEELDON: Biochem. J. **74**, 43 (1960).

[32] PANGBORN, M. C.: J. Biol. Chem. **168**, 351 (1947).
[33] SHAW, D. R. M.: Biochem. J. **66**, 52 (1957).
[34] KENNEDY. E. P.: J. Biol. Chem. **222**, 185 (1956).

Diskussion

Diskussionsleiter: NETTER, *Kiel*

Wir danken Herrn KENNEDY nicht nur, daß er so gut deutsch zu uns gesprochen hat, sondern vor allen Dingen, daß er uns eine Übersicht gegeben hat über die Bedeutung der Cytidinverbindungen nunmehr auf einem ganz anderen Sektor als dem, von dem wir heute morgen erfahren haben. Es ist ja überwältigend zu sehen, wie die verschiedenen Nucleotide bei den synthetischen Vorgängen im Organismus an den verschiedensten Stellen eingreifen und dafür ist dies eine prächtige Illustration gewesen. Ich darf mir erlauben, die Diskussion zu eröffnen und möchte bitten, entweder englisch zu sprechen oder sonst langsam deutsch, und vor allen Dingen möchte ich darauf hinweisen, daß alle Diskussionsredner ihren Namen und den Ort ihrer Wirkungsstätte nennen.

DEBUCH (Köln): Herr KENNEDY, ich möchte Sie gerne folgendes fragen: Auf dem Schema, das Sie über die Biosynthese der Phospholipide und auch der Triglyceride gezeigt haben, sieht es aus, als ob der Weg der Biosynthese bis zu dem Schritt der Diglyceride für beide verschiedenen Lipoide gemeinsam wäre. Wenn man nun die Fettsäureanteile vergleicht, die in den Triglyceriden oder in den entsprechenden Phosphatiden eines Organs vorkommen, so kann man doch sehr erhebliche Unterschiede in der Zusammensetzung des Fettsäuregemisches feststellen. Haben Sie dafür eine Erklärung, oder nehmen Sie an, daß es außer diesem vielleicht noch einen anderen Biosyntheseweg für die Phosphatide gibt?

KENNEDY: Yes, the fatty acid residues in triglycerides and in phospholipides like lecithin may be different. One must think, that the reason why they are different is, that very different enzymes are involved in the synthesis of triglyceride and of lecithin and these enzymes have specificities for different chainlengths and saturation of fatty acids. We have shown for example, that the specificity of the enzyme which synthesizes triglyceride is not the same for α-, β-diglycerides as that which synthesizes lecithin. In fact one must believe that there are two or three points really, which determine the fatty acid pattern of a lipide. May I show one slide again, please, the schema. Here, where L-α-glycerophosphate is esterified to give phosphatidic acid probably two enzymes are involved, one for the α'-position, the other for the β-position. That is not established with certainty but it seems very likely. Now these two enzymes may have specificities for different fatty acid thio esters of CoA. So one can have a different fatty acid or a different kind of fatty acid in the α'-position from the β-position. This is the case with liver lecithin. More recent work of TATTRIE has shown, that the unsaturated fatty acid tends to go into the β-position of lecithin, while the saturated fatty acid tends to go into the α'-position. This must be the result of the specificities of the two enzymes which are involved here. The enzyme, which dephosphorylates the phosphatidic acid may have a different specificity from the enzyme which converts the phosphatidic acid into inositol-monophosphatide, This would offer an explanation for the observation that the fatty acid composition of inositol monophosphatide in liver is quite different from that of lecithin.

MANDEL (Straßburg): Ich möchte nach dem Problem der Spezifität von Lipoiden fragen. Das geht doch weiter als die α^1- und β-Position; es kommt auch darauf an, verschiedene Fettsäuren zu haben. Hat man die Enzyme isoliert oder ist das nur ein Postulat, daß die Enzyme existieren?

KENNEDY: The enzymes which catalyze the synthesis of lecithin from α-β-diglyceride and which catalyze the synthesis of triglyceride from α-β-diglyceride are very easy to distinguish. The enzyme which synthesizes lecithin from α-β-diglyceride is strongly inhibited by Ca-ions, whereas the enzyme, which catalyzes the synthesis of triglyceride is not affected by Ca-ion. But otherwise these enzymes are extremely difficult to distinguish in terms of isolating separate proteins because they are very strongly bound to particles in the liver cell. However, various properties of the enzymes can be used to distinguish one from the other. As I mentioned the phosphorylcholine-cytidyl-transferase enzyme is stable to heating for example. You can heat the extract at 55° and completely destroy the enzyme which catalyzes the synthesis of lecithin, the phosphoryl-choline-glyceride transferase. Three or four of the enzymes are soluble, some of them had been highly purified. WIELAND and his collaborators for example, have crystallized the enzyme glycerokinase (a very beautiful piece of work). We have purified the phosphoryl-ethanolamine-cytidyl-transferase hundred fold or so. Some of the enzymes have been purified, others not, but those which are bound to particles can usually be distinguished by one property or another from enzymes catalyzing similar reactions.

KLENK (Köln): Ich wollte in etwa in dieselbe Kerbe hauen wie die bisherige Diskussion, und zwar wollte ich auf das Plasmalogen eingehen. Frau Dr. DEBUCH hat gezeigt, daß im Plasmalogen die Aldehyde in α-Stellung sind und nicht in β-Stellung; das ist sicher. Die Fettsäuren dagegen in β-Stellung. Nun sind die Fettsäuren des Plasmalogens nur ungesättigt, und zwar vorwiegend hochungesättigt. Beim Lecithin und beim Cephalin sind ja, wie Sie in der Formel gezeigt haben und wie TATTRIE kürzlich angegeben hat — ich glaube, die Arbeit ist erst ein paar Monate alt —, die gesättigten Fettsäuren auch in α'-Stellung und die ungesättigten in β-Stellung. Dies ist anders wie nach der bisherigen Vorstellung, die von HANAHAN stammte und falsch ist. Das würde dann ganz schön passen, nicht wahr? Anstelle der gesättigten Fettsäuren vom Lecithin haben Sie dann die Aldehyde. Und die Aldehyde vom Plasmalogen, die sind ebenfalls gesättigt oder nur schwach ungesättigt. Die würden dann anstelle der gesättigten Fettsäuren stehen, ja?

KENNEDY: If I understand Professor KLENK's point, it is concerning the position of the saturated and unsaturated fatty acids in plasmalogens and in lecithin. The aldehydogenic group is completely saturated, is it not?

Klenk (Köln): Not completely, there is a little monoenoic aldehyde in it. In lecithin, I think there is also a little oleic acid in the α-position.

Kennedy: There is a tendency for this fatty acid residue in β-position to be unsaturated.

Klenk (Köln): Only full unsaturated. Mostly highly unsaturated.

Kennedy: The same tendency for an unsaturated residue to predominate in the β-position, and an saturated residue to predominate in the α-position is found also in lecithin. We now know that the earlier assignment of these residues in the lecithin molecule by Hanahan is incorrect. The present formulas fit in well with the known structure of batyl and chimyl alcohol.

Klenk (Köln): Yes.

Kennedy: Now, as to the biosynthesis of plasmalogens. We have shown that plasmalogenic diglycerides may react with CDP-choline to form choline-containing plasmalogens. The question is: Where does the plasmalogenic diglyceride come from? As yet the answer is not known, but I would suppose that it must come from a plasmalogenic phosphatidic acid. This would presume that there is an enzyme which would catalyze the transfer of an aldehyde to L-α-glycerophosphate and yield a plasmalogenic phosphatidic acid. However, we have no evidence for this as yet. Certainly one should look for a reaction like this. This would also be related to the metabolism of batyl and chimyl alcohols.

Bücher (Marburg): Sie haben in Ihrem Schema die Synthese des Lipids mit Glycerin beginnen lassen und die Phosphorylierung mit ATP hineingenommen. Das ist wahrscheinlich nur einer der Wege. Sie haben ja selbst gezeigt, wie man mit Glycerophosphatdehydrogenase enzymatisch Glycerophosphat bestimmen kann und wissen, daß das auch ein Weg ist. Gibt es einen besonderen Grund, daß Sie in dieses Schema nur diesen einen Weg, die Phosphorylierung von Glycerin aufgenommen haben? Is there one reason?

Kennedy: No reason: The reactions I have shown have been almost entirely worked out at least originally in liver. And in liver there is glycerokinase, so one can show how free glycerol is converted to lipids in liver. It is very significant that in intestinal mucosa there is no glycerokinase and glycerol is not converted to lipids to any extend during the absorption through the intestinal mucosa. Reiser has shown for example, that there the glycerophosphate must come from glycosis. In liver, kidney and heart we find glycerokinase. I believe that Dr. Wieland's group did not find any appreciable glycerokinase in heart, — however we did find appreciable activity of glycerokinase in heart — these are the only three tissues in which this scheme is accurate in the sense of glycerokinase being involved. However since all of the other enzymes had been discovered in liver, I thought it would make it simpler to present only the enzymes in liver, and not to make what we call "a cocktail" of enzymes.

Bücher (Marburg): Yes and glycerophosphatedehydrogenase has also the highest level of activity of all tissues. It is higher than in heart and in intestinal mucosa and in muscle and so on. It has a very high activity. And where does the glycerol come from? Has the liver a level of glycerol?

KENNEDY: Well I suppose, that you will be able to answer that question.

BÜCHER (Marburg): Not of glycerol but of glycerophosphate.

KENNEDY: Glycerol is encountered in the diet as a constituent of fats and is readily assimilated and utilized. I suppose that glycerol is a natural substrate. Your point is a very good one, we must take account of the glycerophosphate dehydrogenase reaction, but we cannot put all the known reactions on one slide.

BÜCHER (Marburg): There is a special reason for my question: Dr. PAPENBERG showed this morning a chromatogram of mitochondria and the phosphate curves show, that there is a high level of α-glycerophosphate within the mitochondria which are washed and isolated. Dr. KLINGENBERG says to me, that even if you add dinitrophenol the level of glycerophosphate remains. And that is an interesting thing. The glycerophosphate does not go out of the mitochondria and so the real question is: would you think it is probable that one of the systems you showed is a glycerophosphate transporting principle from outside the mitochondria to inside the mitochondria? Have you any evidence or would you think that such a hypothesis could have some basis?

KENNEDY: Yes, there is a distinct posibility. The enzyme glycerokinase is a soluble enzyme.

BÜCHER (Marburg): Would that be a cycle, the α-glycerophosphate, a cycle for transport of hydrogen across the mitochondria membrane. LARDY recently showed that by feeding of thyreoidea powder the level of glycerophosphate oxydase, the respiratory chain bound, structural bound glycerophosphate oxydase is raised by a level of five or so and outside you have the glycerophosphatdehydrogenase and so you must have a hydrogen transport if the membrane is permeable for α-glycerophosphate which is with mitochondria with respiratory control in vitro fully. The hydrogen coming from DPNH to dihydroxyacetonphosphate outside the mitochondria, the glycerophosphate going into the mitochondria the electrons going to the chains and the dihydroacetonephosphate going back. But now we have the fact, that there is a level of α-glycerophosphate within the mitochondria and so a transport mechanism could act at the construction but you are the man who best knows if such a hypothesis could have an experimental basis. That is the reason of my question.

KENNEDY: The only thing which I could add is that you know that HOKIN claimed that a derivative of glycerophosphate namely phosphatidic acid is involved in a specific transport of sodium across membranes. But these experiments, I think one has to wait a while to make sure of their experimental basis.

BÜCHER (Marburg): Yes, I agree.

KENNEDY: But that is an interesting idea; nevertheless it is very striking, that glycerophosphate and a related phosphatidic acid seems to play such a very important role in lipide metabolism. And yet the amounts of phosphatidic acid present in tissues are very small. One can hardly detect any phosphatidic acid, the turnover is so very rapid.

Bücher (Marburg): Has your compound phosphatidic acid glycerophosphate with two fatty acids? Is this in animal tissues?

Kennedy: The enzymes which make it are in animal tissues.

Bücher (Marburg): You showed the compound?

Kennedy: Yes, cytidine diphosphate diglyceride. Is that what you mean?

Bücher (Marburg): Yes.

Kennedy: The enzymes, which synthesize CDP-diglyceride are in animal tissues. They are present in liver and in kidney. Now the amounts of CDP diglyceride in tissues like the liver had not yet been measured directly. But we know that in rat liver the amounts of CDP-choline are of the order of 10 micromols per 100 g wet weight of liver. These are small amounts you see.

Bücher (Marburg): But that is not too small. That is in the range of α-glycerophosphate too. 0.1 micromol per g wet weight of tissue. That's about the level of pyruvate in liver.

Jaenicke (München): Dr. Kennedy, ich wollte Sie nur fragen, halten Sie es für möglich, daß dies CDP-ribit auch bei der Kondensation an die Flavine mitwirkt? Riboflavin und rückwärts in the cleavage of lactoflavin to ribit and the ring?

Kennedy: It is an extraordinary fact, that CDP-glycerol and CDP-ribitol had so far been found only in microorganism. One would think that CDP-glycerol would be involved in the biosynthesis of polyglycerolphosphatides in animal tissues for example. But it is not. There seems to be a division of these compounds between microorganisms and mammalian tissues with CDP-glycerol and CDP-ribitol being found only in the microorganisms. Now whether you could have a transfer of the ribitol unit to a compound like FAD is another question entirely. It would be a different kind of group transfer reaction because we have seen that with the cytidine nucleotide you always transfer phosphor-R residues.

Klenk (Köln): Ich weiß nicht, ob ich mir erlauben darf, noch eine zweite Frage zu stellen. Herr Kennedy, Sie haben in so eleganter Weise die Biosynthese von Inositphosphatid durchgeführt. Es gibt somit wohl keinen Zweifel, daß dieses Inositphosphatid nun auch tatsächlich existiert. Nun soll ja im Gehirn noch ein anderes Inositphosphatid vorhanden sein mit zwei Phosphorsäureresten. Haben Sie irgendwelche Erfahrungen darüber. Hat irgendjemand das schon einmal dargestellt? Wie ist es damit?

Kennedy: That is a very interesting problem. I think, that the role of CDP-diglyceride is to make polyglycerol-phosphatides. We shall see how possibly one could make cardiolipin by a reaction between CDP-diglyceride and phosphatidyl glycerol. Recently in the United States it has been shown, that probably the earlier formulae for inosotol phosphatides are incomplete and there occurs in brain a triphosphoinositide as well. I would suggest, that if one starts up with inositol monophosphatide and adds to that a phosphatidic acid residue, that this would be a formula for making a diphosphoinositide and than adding another phosphatidic acid would make a triphosphoinositide. Thus the fundamental unit of polyglycerolphosphatides would be the phosphatidic acid unit. If you have inositol for example and you add a phosphatidic acid to it, you have phosphatidylinositol. Perhaps, and this is merely a suggestion, the addition of another phosphatidic acid unit from CDP-diglyceride would yield diphosphoinositide, which in turn by reaction with a third mole of CDP-diglyceride would be converted to triphosphoinositide. This would assume that the phosphatidic acid unit is the fundamental building block of these phospholipids. No evidence to support this suggestion has yet been obtained, and in fact the published figures for the analysis of inositol phosphatides do not altogether agree with the proposed pathway. Still, I feel that this or some similar scheme of biosynthesis should be carefully considered.

SEUBERT (München): According to the new scheme of fatty acid synthesis mainly fatty acids with a chain length of 16 and 18 C-atoms are synthesized. You mentioned in your talk now the synthesis of phospholipids which contain fatty acids with a shorter chain length and I wonder if you know anything about the chain length of these fatty acids. It might be of interest according to their whole system we have found earlier, you know, where we only found the synthesis of fatty acids with C_8 and C_{10}.

KENNEDY: Yes, we have done some experiments testing synthetic diglycerides for their ability to form lecithin. Diglycerides with short-chain fatty acids are not very active. Now I think that there may be two points which determine the chain length of the fatty acids which are present in phospholipids. First, it seems to be a property of the new fatty acid synthesizing system that it produces mainly long-chain acids, as you have said. For this reason, the enzymes which make phosphatidic acid and diglycerides simply do not encounter long-chain acids *in vivo*. A second point of specificity is found in the enzymatic reactions by which the complex lipids are assembled. Thus a lecithin containing short-chain fatty acids would not be synthesized, even if such synthetic short-chain diglycerides were added to the enzyme system, because of the specificity of the phosphorylcholine-glyceride transferase. On the other hand, the triglyceride-synthesizing enzyme happens to be active with short-chain diglycerides. Here one must assume that the enzyme simply does not encounter such compounds *in vivo*.

Pyridinnucleotide und biologische Oxydation

Von

Martin Klingenberg

Physiologisch-Chemisches Institut der Universität Marburg/Lahn

Mit 10 Textabbildungen

Die Bedeutung der Pyridinnucleotide in der biologischen Oxydation ist in ihrer besonderen Funktion bei der Wasserstoff-Über-
tragung begründet. Im Gegensatz zu anderen Coenzymen der
Wasserstoffübertragung, z. B. Flavin oder Lipoat sind Pyridinnucleotide leicht vom Protein dissoziierbar und können durch
Diffusion Wasserstoff transportieren. Pyridinnucleotide zeichnen
sich also dadurch aus, daß sie sowohl Wasserstoffübertragung als
auch Wasserstofftransport bewirken können. Die weitverbreitete
Spezifität der Dehydrogenasen zu den Pyridinnucleotiden und eine
relativ hohe Konzentration dieser Coenzyme führt zu einer Pool-
Wirkung der Pyridinnucleotid-Systeme.

Die wichtigsten Typen der Wasserstoffübertragung durch Pyri-
dynnucleotide sind in Tab. 1 zusammengestellt. Im cytoplasmatischen Raum gibt es vor allem die Übertragung zwischen Substraten A und B, z. B. vom Glyceraldehydphosphat auf Pyruvat mit
der Bildung von Lactat. Bei der Übertragung von Substratwasser-
stoff auf die Atmungskette in den Mitochondrien vermittelt ebenfalls DPN. Hierbei tritt noch ein weiterer, erst in letzter Zeit
erkannter Typ[49, 50], die Wasserstoffübertragung durch DPN zwischen zwei Flavoproteinen bei der Pyruvat- oder Ketoglutarat-
Oxydation auf. Bei der Transhydrogenierung liegt Wasserstoffübertragung zwischen zwei Pyridinnucleotiden vor. In allen diesen
Fällen transportieren die Pyridinnucleotide Wasserstoff zwischen
den relativ unbeweglichen oder fest verankerten Dehydrogenasen
und Flavoproteinen.

Es sind vor allem zwei Faktoren, welche den Wasserstoffaustausch mittels der Pyridinnucleotide ordnen und einschränken:
1. Die Existenz von zwei verschiedenen Pyridinnucleotiden, dem

Tabelle 1. *H-Übertragung durch Pyridinnucleotide*

Typ	Beispiele
Substrat (A) ↔ Substrat (B)	Glyceraldehyd-3-P $\xrightarrow{\text{DPN}}$ Pyruvat
Substrat ↔ Flavoprotein	Glutamat $\xrightarrow{\text{DPN}}$ Atmungskette
Flavoprotein ↔ Flavoprotein	Lipoat-Dehydrogenase $\xrightarrow{\text{DPN}}$ Atmungskette
Substrat ↔ PN	Isocitrat $\xrightarrow{\text{TPN}}$ DPN

Diphospho- und Triphosphopyridinnucleotid. Da die Enzyme im allgemeinen nur für eines der Pyridinnucleotide spezifisch sind, werden dadurch zwei getrennte Gruppen der Wasserstoffübertragung, die DPN- und die TPN-Gruppe gebildet.

2. Die aus dem Nucleotidcharakter dieser Coenzyme folgende Diffusionsbehinderung durch Membranen. Es ist anzunehmen, daß neben der Zellmembran auch die Umhüllung der Mitochondrien weitgehend impermeabel für die Pyridinnucleotide ist. Somit kann man zunächst den intracellulären Pyridinnucleotidgehalt auf den mitochondrialen und extra-mitochondrialen Raum aufteilen. Daneben wird die Beweglichkeit der Pyridinnucleotide wahrscheinlich auch durch spezifische Bindung an Dehydrogenasen oder unspezifische Bindung noch unbekannter Natur eingeschränkt.

Unter diesem Gesichtspunkt werden im folgenden die intracelluläre Verteilung und das Konzentrations-Verhältnis der Pyridinnucleotide zu den entsprechenden Enzymen und Enzymsystemen erörtert. Die weiteren Ausführungen werden vor allem auf den Redox- und Bindungs-Status gelenkt, den die Pyridinnucleotide im Gewebe oder im isolierten System (Mitochondrien) unter physiologischen Bedingungen annehmen. Dabei wird ein Vergleich verschiedener Organe, Leber, Herz, Skeletmuskel und Hirn der Ratte und Flugmuskel der Wanderheuschrecke, in den Vordergrund gestellt.

Pyridinnucleotid-Gehalt verschiedener Organe

Zunächst sei das Vorkommen der Pyridinnucleotide in verschiedenen Organen, sowie die Verteilung auf die beiden Haupt-Kompartimente der Zelle, dem extra- und intramitochondrialen Raum untersucht. Als Gesamt-Gehalt der Pyridinnucleotide wird die Summe des DPN- und DPNH-Gehaltes angesehen, welche durch Analysen von Gewebs-Extrakten bestimmt wurden, auf die unten näher eingegangen wird. Der durch Addition der Mittelwerte gebildete Gesamtgehalt an DPN und TPN ist in Tab. 2 und 3 angeführt und wird außerdem durch die Höhe der Säulen in den Abb. 3 und 4 wiedergegeben.

Der Gesamt-DPN-Gehalt zeigt zwar deutliche, jedoch größenordnungsmäßig nur geringe Unterschiede zwischen den verschiedenen Organen. Im Gegensatz dazu variiert der Gesamt-TPN-Gehalt erheblich. In Leber erreicht der relativ hohe TPN-Gehalt die Hälfte des DPN-Gehaltes, bei Herz $1/_5$ und in Skelet- und Flugmuskel nur $1/_{20}$ des DPN-Gehaltes. (Man beachte dabei den gegenüber der Abb. 3 vergrößerten Maßstab der Ordinate der Abb. 4.)

Tabelle 2. *DPN, DPNH-Gehalt verschiedener Organe* (10^{-3} μMol/g frisch)

Organ		DPNH	n	DPN	n	DPNH + DPN
Leber	in vivo	164 (130—185)	6	640 (510—730)	5	804
	p. m.	180, 280	2	620, 750	2	—
Skelet-	in vivo	111 (97—126)	4	482 (366—593)	9	593
muskel	p. m.	155 (144—180)	4	470	2	—
Herz	in vivo	134 (68—199)	8	720 (570—885)	9	854
	p. m.	420 (295—473)	4	560	1	—
Hirn	in vivo	72 (92—56)	3	377 (362—386)	3	450
Flugmuskel	in vivo	4,5; 5,5	2	475	2	480
	p. m.	87	1	—	—	—

Mittelwert (Minimum-Maximum), n = Anzahl der Bestimmungen; p. m. = 3—5 min post mortem.

Tabelle 3. *TPN, TPNH-Gehalt verschiedener Organe* (10^{-3} μMol/g frisch)

Organ		TPNH	n	TPN	n	TPNH + TPN
Leber	in vivo	315 (275—350)	4	113 (100—123)	5	428
	p. m.	235, 362	2			
Skelet-	in vivo	17,0 (10,5—22)	11	9,5 (6,5—14,4)	10	26,5
muskel	p. m.	17,0 (15,3-18,9)	5			
Herz	in vivo	91 (73—125)	7	50 (42—75)	5	141
	p. m.	115 (98—137)	3			
Hirn	in vivo	27,5 (26—29)	5	14 (9—17)	4	41
Flugmuskel	in vivo	7,0, 9,4	2	11	1	20
	p. m.	7,0	1			

Mittelwert (Minimum-Maximum), n = Anzahl der Bestimmungen; p. m. = 3—5 min post mortem.

Intracelluläre Verteilung der Pyridinnucleotide

Die Aufteilung des Pyridinnucleotid-Gehaltes auf den extra- und intra-mitochondrialen Raum wird auf Grund des Pyridin-nucleotid-Gehaltes der isolierten Mitochondrien und des daraus gebildeten Gehalts-Verhältnisses (Mol/Mol) zum Cytochrom c durchgeführt (Tab. 4). Es wird hiermit zunächst nichts über den Redox-zustand der beiden Anteile ausgesagt. Das Verfahren impliziert die Annahme, daß das an isolierten Mitochondrien gemessene Gehalts-Verhältnis der Pyridinnucleotide zum Cytochrom c für den über-wiegenden Teil der Mitochondrien des Gewebes repräsentativ ist. Durch Multiplikation mit dem Cytochrom c-Gehalt der Gewebe — der neu bestimmt wurde[60] — wird der mitochondriale Pyridin-nucleotid-Anteil des Gewebes berechnet. Dabei wird Cytochrom c als ein ausschließlich mitochondrialer Bestandteil angesehen. Dieses Verfahren mit dem „Cytochrom c-Faktor" ist allgemein auf die Berechnung des Gewebsgehaltes und der Aktivität mitochon-drialer Größen anwendbar, und wird unten im anderen Zusammen-hang nochmals aufgegriffen werden.

Tabelle 4. *Pyridinnucleotid-Gehalt isolierter Mito-chondrien bezogen auf Cytochrom c-Gehalt*

	Leber	Skelet-muskel	Herz	Hirn	Flug-muskel
$\dfrac{\text{DPN}}{\text{Cyt. c}}$	8	10	10	8,5	4
$\dfrac{\text{TPN}}{\text{Cyt. c}}$	14,5	1,5	2,4	1,5	0,3

Tabelle 5. *Mitochondrialer Pyridinnucleotid-Anteil der Organe Berechnung mit dem Cytochrom c-Gehalt*

	Leber	Skelet-muskel	Herz	Hirn	Flug-muskel	
Cyt. c-Gehalt der Organe . . .	20	11,5	46	9,5	72	
Mitoch. Anteil ⎰ DPN	160	115	460	81	288	$\dfrac{10^{-3}\mu\text{Mol}}{g_{fr}}$
Mitoch. Anteil ⎱ TPN	280	17	110	14,5	21,5	
$\dfrac{\text{DPN Mitoch.}}{\text{DPN Gesamt}}$ %	20	21	53	18	60	
$\dfrac{\text{TPN Mitoch.}}{\text{TPN Gesamt}}$ %	65	65	78	35	100	

In Tab. 5 sind die Daten und Ergebnisse zur Berechnung des mitochondrialen Pyridinnucleotid-Anteiles zusammengestellt und in Abb. 3 und 4 mit dem Gehalt der Gewebe an oxydierten und reduzierten Pyridinnucleotiden verglichen. Durch Ergänzung zum Gesamt-Pyridinnucleotid Gehalt ergibt sich in dieser Darstellung der extra-mitochondriale Anteil.

Nach dieser Aufteilung ist in Herz und Flugmuskel mehr als die Hälfte, in anderen Organen etwa 10—20% des Gesamt-DPN-Gehalts den Mitochondrien zuzuordnen. Vom Gesamt-TPN-Gehalt der Gewebe gehört dagegen der größere Teil — als Regel — den Mitochondrien an. Die Abweichungen bei Hirn und Flugmuskel könnten in den Schwierigkeiten zu suchen sein, die bei der Bestimmung des TPN-Gehaltes der Mitochondrien dieser Organe auftreten.

Durch Gewebsfraktionierung war bereits von GLOCK u.McLEAN[24] sowie JAKOBSON und KAPLAN[35] die intracelluläre Verteilung der Pyridinnucleotide untersucht worden. Demnach ist der mitochondriale Anteil am Gesamt-DPN- und-TPN-Gehalt geringer, als hier berechnet wurde. Es erscheint jedoch fraglich, ob die hierbei erforderliche, quantitative Abtrennung des mitochondrialen Anteiles erreicht werden konnte.

Beziehung zwischen Pyridinnucleotid-Gehalt und Enzymkonzentration

Die Pyridinnucleotid-Ausrüstung der Organe und die intracelluläre Verteilung stehen in enger Beziehung zum Gehalt zugehöriger Enzyme. Um dieses für das DPN-System des extramitochondrialen Raumes zu zeigen, wurde in ein Verteilungsmuster der wichtigsten, dort lokalisierten DPN-spezifischen Enzyme[15, 16] Glyceraldehyd-3-P-Dehydrogenase, Lactat-Dehydrogenase, Glycerin-1-P-Dehydrogenase und Malat-Dehydrogenase, der extramitochondriale-DPN-Anteil eingetragen (Abb. 1). Man erkennt, daß die geringen Schwankungen des DPN-Gehaltes von nur relativ geringen Differenzen der Enzymaktivitäten begleitet werden. Aus diesen Daten läßt sich z. B. für Leber berechnen, daß das Verhältnis von DPN zur Konzentration der spezifischen Bindungsorte der Dehydrogenasen etwa 30 beträgt. In der gleichen Größenordnung dürfte diese Relation auch in anderen Geweben liegen.

Die enge Beziehung zwischen Pyridinnucleotid-Gehalt und den zugehörigen Dehydrogenasen wird besonders deutlich am TPN-System. Abb. 2 stellt das Verteilungsmuster einiger TPN-spezifischer intra- und extramitochondrialer Dehydrogenasen dar[15, 16, 59].

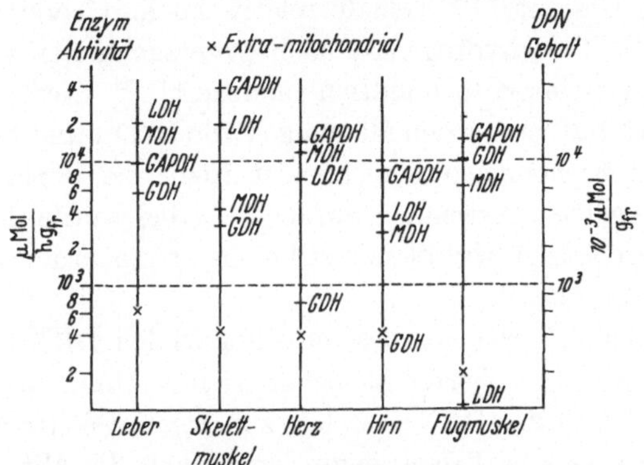

Abb. 1. Beziehung des DPN-Gehaltes zum Enzymverteilungsmuster der wichtigsten DPN-spezifischen Dehydrogenasen. Extramitochondrialer Raum. Enzymverteilungsmuster nach[15, 16].(LDH = Lactat-Dehydrogenase, GDH = Glycerin-1-P-Dehydrogenase, GAPDH = Glyceraldehyd-3-P-Dehydrogenase, MDH = (extramitochondrialer Anteil der Malat-Dehydrogenase)

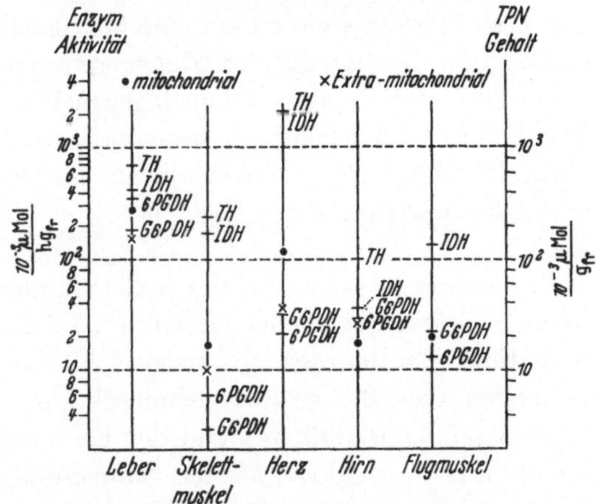

Abb. 2. Beziehung des intra- und extramitochondrialen TPN-Gehaltes zum Enzymverteilungsmuster der wichtigsten TPN-spezifischen Dehydrogenasen. (TH = Transhydrogenase, IDH = Isocitrat-, G6PDH = Glucose-6-P-, 6PGDH = 6-Phosphogluconat-Dehydrogenase) Transhydrogenase-Aktivität berechnet mit dem Cytochrom c-Faktor (vgl. Text), Isocitrat-Dehydrogenase nach[15, 59], G6PDH und 6PGDH nach[15, 16].

Beachtenswert ist die Parallelität zwischen den Pentose-phosphat-Cyclus-Dehydrogenasen und dem extramitochondrialen TPN-Gehalt. Dem entspricht, daß diese Enzyme als extramitochondrial

angesehen werden. Leber mit einem stark ausgeprägten Pentosephosphat-Cyclus enthält relativ am meisten TPN im extramitochondrialen Anteil. Im Herz findet sich eine besonders aktive
Transhydrogenase. Entsprechend ist hier der mitochondriale
Anteil am Gesamt-TPN-Gehalt relativ hoch. Übereinstimmend
damit ist die Transhydrogenase nach Untersuchungen verschiedener Autoren in den Mitochondrien lokalisiert[37, 34]. Die Transhydrogenase-Aktivität ist aus den Messungen von STEIN und KAPLAN an
isolierten Mitochondrien berechnet worden, bei denen Pyridin-
nucleotid-Analoga verwendet wurden[62]. Dabei wurde die auf das
Gewebe bezogene Aktivität mit Hilfe des „Cytochrom c-Faktors"
ermittelt (vgl. oben).

Das Gehalts-Verhältnis des mitochondrialen DPN zum Cytochrom c, wie es an isolierten Mitochondrien bestimmt wurde, kann
als eine Relation des DPN-Gehaltes zur Atmungskette angesehen
werden. Wie bereits Tab. 4 zeigte, sind auch die Mitochondrien
relativ gleichförmig mit DPN ausgerüstet. Bemerkenswerterweise
ist bei den Mitochondrien des Insekten-Flugmuskels der auf Cytochrom c bezogene DPN-Gehalt gering. Vermutlich handelt es sich
in diesem hochspezialisierten Gewebe um eine Minimalausrüstung
für den intensiven, zur Gewinnung der Flugenergie notwendigen
Stoffwechsel. Große Unterschiede werden dagegen in dem TPN-
Gehalt der Mitochondrien beobachtet. So besitzen Leber-Mitochon-
drien sogar mehr TPN als DPN. Einen extrem niedrigen TPN-
Gehalt, nur $^1/_{30}$ des Gehaltes der Leber, besitzen Flugmuskelmitochondrien.

Die enge Korrelation zwischen Coenzym-Gehalt und Enzym-
aktivität besteht auch innerhalb eines Gewebes bei Änderung der
Stoffwechselsituation. Ein interessantes Beispiel hierfür läßt sich
den Untersuchungen von McLEAN entnehmen[51]. So wurde am
Gewebe der Ratte gefunden, daß während der Lactationsperiode
der TPN-Gehalt und die Aktivität der Glucose-6-phosphat-
Dehydrogenase parallel um das 10—20fache ansteigen. Damit
nimmt auch die Aktivität des Pentosephosphat-Cyclus zu, wie sie
sich im Quotienten C-1/C-6 des $C^{14}O_2$ beim Glucoseabbau wider-
spiegelt.

Redox-Status der Pyridinnucleotid-Systeme

Der Redox-Status der Pyridinnucleotide, d. h. die Relation der
reduzierten zu den oxydierten Formen ist eine unserer wichtigsten

Quellen zum Verständnis ihrer Funktion. Zunächst sei daran erinnert, daß sich allein auf der Basis der Mittelpotentiale* der mit den Pyridinnucleotiden gekoppelten Substrat-Systeme ein wesentlicher Aspekt gewinnen läßt[7]. Zur DPN-Gruppe gehören vorwiegend Substrat-Paare mit einem Mittelpotential, welches positiver als das des DPN ist. Dieses gilt für die Mehrzahl der Reaktionen bei der Glykolyse, dem Tricarbonsäurecyclus und der Fettsäureoxydation. Umgekehrt gehören zur TPN-Gruppe vorwiegend Substrate mit einem Mittelpotential, das negativer als das des TPN ist. Dieses gilt sowohl für Isocitrat, einem Substrat des Tricarbonsäure-Cyclus, sowie für Glucose-6-phosphat und 6-Phosphogluconat im Pentosephosphat-Cyclus. Auf dieser Basis allein ist zunächst zu erwarten, daß DPN vorwiegend im oxydierten und TPN vorwiegend im reduzierten Zustand existiert. Anschaulich wurde das DPN-System als eine Saugleitung, das TPN-System als eine Druckleitung für Wasserstoff beschrieben. DPN ist vorwiegend an dehydrierenden, abbauenden Reaktionen, das TPN an hydrierenden, biosynthetischen Reaktionen beteiligt.

Unsere Kenntnisse über den Redox-Status der Pyridinnucleotide im Gewebe gründen sich auf experimentelle Daten verschiedener Methodik: 1. die direkte, spektrophotometrische oder fluorometrische Beobachtung an Geweben, Zellsuspensionen oder isolierten Mitochondrien. 2. die direkte Bestimmung des Gehaltes an reduzierten und oxydierten Pyridinnucleotiden in Extrakten. 3. die indirekte Bestimmung der effektiven Konzentration von oxydiertem und reduziertem Pyridinnucleotid durch eine Gehaltsbestimmung der gekoppelten Substratpaare an Extrakten.

Redoxstatus des DPN-Systems. Zunächst sei der Redoxstatus der Pyridinnucleotide auf Grund von Analysen an Extrakten diskutiert[39]. Die Ergebnisse der Gewebsanalysen sind in den Tab. 2 und 3 zusammengestellt und die Mittelwerte in den Abb. 3 und 4 aufgetragen. Es seien einige Bemerkungen zu der Problematik dieser Bestimmungen vorausgeschickt.

Um den in vivo-Gehalt und Redoxstatus der Pyridinnucleotide zu erfassen, wurden die Gewebe durch den Frierstop mit flüssiger Luft fixiert[30, 4]. Bei der Ratte wurde die Fixierung an Äther-narkotisierten Tieren und bei

---

* Der Ausdruck "midpotential" entstammt einer Arbeit von ROD KEY[56] und bezeichnet das Redoxpotential bei $p_H = 7$ und ein Konzentrationsverhältnis $= 1$ der Redoxpartner.

Locusta direkt durch rasches Gefrieren des ganzen Insektes durchgeführt.
Die Erfassung des in vivo Status läßt sich offensichtlich bei Leber und Insek-
ten-Flugmuskel erreichen. Schwierigkeiten treten bei Hirn und Herz auf.
Insbesondere beim Herz wurden größere Schwankungen im „in vivo
DPNH-Gehalt" bei verschiedenen Extraktionen beobachtet. Hier liegt das
Problem vor, mit dem Frierstop der sofort nach dem Öffnen des Thorax ein-
tretenden Anaerobiose zuvorzukommen. Es ist möglich, daß die oberen
Werte beim Herz eine bereits aufkommende Anaerobiose anzeigen.

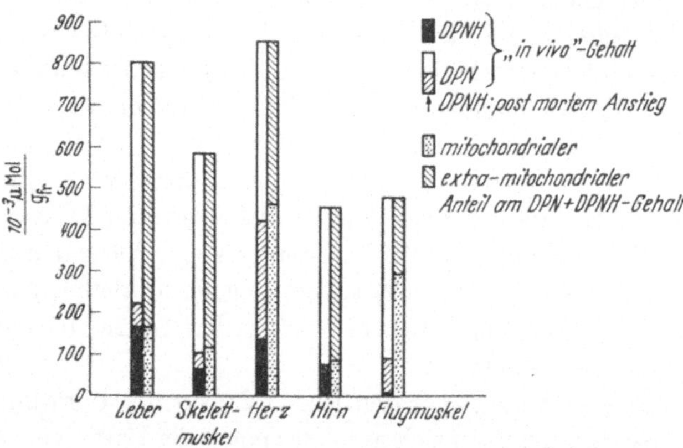

Abb. 3. DPN und DPNH-Gehalt verschiedener Organe der Ratte und der Wanderheuschrecke[39]. Enzymatische Bestimmung an Extrakten. Die Gewebs-Extrakte wurden nach
dem Frier-Stop mit $HClO_4$ und alkoholischer KOH gewonnen

In allen Geweben liegt in vivo das DPN in der überwiegend
oxydierten Form vor. Insbesondere beim Flugmuskel sind nur etwa
1% des DPN-Systems reduziert. Beim Herz und Hirn lassen sich
bei Verbesserung der Fixierungs-Technik möglicherweise noch
geringere DPNH-Werte, als hier angegeben, erhalten. Ein Überwiegen des DPN gegenüber dem DPNH ist zunächst auf Grund des
relativ positiven Mittelpotentials der mit dem DPN gekoppelten
Substrat-Systeme zu erwarten. Die Aufteilung des DPNH auf
den intra- und extramitochondrialen Raum wird hiermit nicht
erfaßt, so daß zunächst keine Aussagen über den Redoxstatus der
DPN-Systeme der beiden Räume möglich sind. Die in dieser Hinsicht einfachsten Verhältnisse liegen beim Flugmuskel vor. Hier
muß das DPN-System in beiden Anteilen weitgehend oxydiert sein.
Dieses Verhalten des mitochondrialen DPN ist jedoch überraschend,
wenn man annimmt, daß der kontrollierte Status isolierter Mitochondrien dem hier erfaßten Ruhestatus des Flugmuskels ent-

sprechen sollte. Da — wie unten gezeigt wird — das DPN isolierter Mitochondrien im kontrollierten Status weitgehend reduziert ist, weist dieser Befund auf besondere, im Flugmuskel den Redoxstatus des mitochondrialen DPN beeinflussende Faktoren hin, auf deren Diskussion hier nur hingewiesen werden kann (vgl. [7, 8, 12, 21]).

Auch im Herz liegt offenbar der bedeutende mitochondriale DPN-Anteil überwiegend in der oxydierten Form vor. Dieses Organ wird in vivo arbeitend fixiert. Im entsprechenden, aktiven Status isolierter Mitochondrien ist das DPN-System nur zu wenigen Prozent reduziert. Bei Leber, Skeletmuskel und Hirn liefern die Daten keinen Anhalt, den Redox-Status des mitochondrialen DPN-Systems zu erfassen.

Es ist darauf hinzuweisen, daß der mitochondriale Anteil des Gesamt-DPN-Gehalts in allen Organen größer als der DPNH-Gehalt ist und somit grundsätzlich alles DPNH den Mitochondrien angehören könnte. Das DPN-System des extramitochondrialen Raumes würde in diesem Fall praktisch kein DPNH, sondern nur DPN enthalten. Auch wenn im entgegengesetzten Extremfall alles DPNH sich im extramitochondrialen Raum befände, würde hier der DPN-Gehalt um ein Mehrfaches den DPNH-Gehalt übertreffen.

Diese Daten über den DPN, DPNH-Gehalt der Organe geben keine sichere Auskunft über die effektive Konzentration und damit das Redox-Potential des DPN-Systems. Für den cytoplasmatischen Raum konnte das Redox-Potential durch Substratpaare gemessen werden, welche im Gleichgewicht mit dem DPN-System stehen[30, 7]. So wurde insbesondere für Leber ein Redox-Gleichgewicht zwischen drei Substratpaaren, Lactat/Pyruvat, Glycerin-1-Phosphat/Dihydroxyaceton-Phosphat und Malat/Oxalacetat nachgewiesen.

Tabelle 6. *Redoxpotential des DPN-Systems berechnet aus Substrat-Konzentrationen* (30, 4)

	E_0' mV	Substrat-Paar
Leber	—234	
Skeletmuskel.	—242	Lactat-
Herz	—244	Pyruvat
Hirn	—245	
Flugmuskel .	—230	Glycerin-1-P — Dihydroxyaceton-P

Das aus dem Lactat/Pyruvat-Quotienten berechnete Redox-Potential des DPN für die verschiedenen Gewebe der Ratte ist in Tab. 6 angegeben. Das Redox-Potential variiert nur wenig zwischen den verschiedenen Organen und zeigt auch etwa den gleichen

Wert beim Insektenflugmuskel, wo es durch den Gehalts- Quotienten Glycerin-1-P/Dihydroxyaceton-Phosphat gemessen wurde. Das Redox-Potential liegt um etwa 80—90 mV positiver als das Mittelpotential des DPN-Systems. Hieraus berechnet sich der Konzentrations- Quotient DPN/DPNH zu 1000 bis 2000 und eine effektive DPNH-Konzentration des Cytoplasmas von etwa 0,5 μM. Demgegenüber betragen die Gehalts- Quotienten DPN/DPNH der ganzen Organe nur 5—100. Die zuvor diskutierte Problematik der intracellulären Verteilung läßt grundsätzlich jedoch die Möglichkeit offen, daß im extramitochondrialen Raum nur sehr wenig DPNH vorkommt und damit Gehalts- und Konzentrations- Quotienten in diesem Raum gleich sind.

Es ist andererseits auch möglich, daß im extramitochondrialen Raum der DPNH-Gehalt die geringe, effektive DPNH-Konzentration um ein Vielfaches übertrifft. So könnte ein Teil des cytoplasmatischen DPNH nicht frei, sondern an die Dehydrogenasen gebunden sein. Die Bindungskonstante für die reduzierte Form liegt in der Größenordnung von 1μM. Die oxydierte Form wird dagegen im allgemeinen um etwa zwei Größenordnungen weniger fest gebunden. Der Gehalt an Bindungsstellen der Dehydrogenasen für Diphosphopyridinnucleotide wurde für Leber zu etwa 10 μMol/g$_{fr}$ abgeschätzt[31]. Dieser Effekt, d. h. die scheinbare Verschiebung des Gleichgewichtes zwischen dem Substratpaar und dem DPN-DPNH-System bei höherer Enzymkonzentration war bereits vor einigen Jahren von Theorell und Bonnichsen an isolierter Alkohol-Dehydrogenase beschrieben worden[63]. Für die Geschwindigkeit der Wasserstoffübertragung folgt daraus, daß trotz einer sehr geringen Konzentration an freiem DPNH eine ausreichende Sättigung der Enzyme mit DPNH erhalten bleibt.

Bei der post mortem auftretenden Anaerobiose steigt der DPNH-Gehalt aller Gewebe an. Nur geringe Veränderungen werden dabei in Leber gemessen. Die größte DPNH-Zunahme tritt im Herzen ein. Aus der Abb. 3 ist eine annähernde Übereinstimmung zwischen „post mortem DPNH-Gehalt" und dem mitochondrialen Anteil besonders deutlich bei Herz abzulesen. In diesem Status läßt sich offenbar der größte Teil des DPNH den Mitochondrien zuordnen, in denen es bei der post mortem auftretenden Anaerobiose weitgehend reduziert wird. Dieses ist auch auf Grund der Erfahrungen mit isolierten Mitochondrien zu erwarten.

Die von anderen Autoren berichteten Analysen der Pyridin-nucleotide verschiedener Organe erfassen den postmortem-Sta'tus[23,36,26]. Die hier mitgeteilten Werte für den post mortem-Gehalt des DPNH stimmen nur zum Teil mit anderen Angaben überein. Die Differenzen beruhen möglicherweise auf Unterschieden im Zustand der Gewebe sowie im Verfahren der Extraktion und der Messung der Pyridinnucleotide.

Redox-Status des TPN im Gewebe

Das TPN-System befindet sich im Gegensatz zum DPN-System in allen Organen im überwiegend reduzierten Zustand, wie sich den in Tab. 3 und Abb. 4 wiedergegebenen Gehalts-Bestimmungen entnehmen läßt. Dieser Befund war zunächst zu erwarten, da die wichtigsten zur TPN-Gruppe gehörenden Redox-Systeme ein bedeutend negativeres Mittelpotential als TPN haben. Hinsichtlich des Redoxstatus in den einzelnen Zell-Räumen ist der Abb. 4 zu entnehmen, daß der TPNH-Gehalt erheblich größer als der extra-mitochondriale Anteil am Gesamt-TPN-Gehalt ist. Daraus folgt, daß die Mitochondrien relativ viel TPNH besitzen, auch wenn im Extremfall der extramitochondriale Anteil nur aus TPNH bestehen sollte. Es ist jedoch ungeklärt, ob überhaupt ein wesentlicher Unterschied im Redoxstatus des TPN zwischen beiden Zell-Räumen besteht. Beim Übergang in den anaeroben post mortem-Status steigt der TPNH-Gehalt im Gegensatz zum DPNH-Gehalt nur unbedeutend oder im

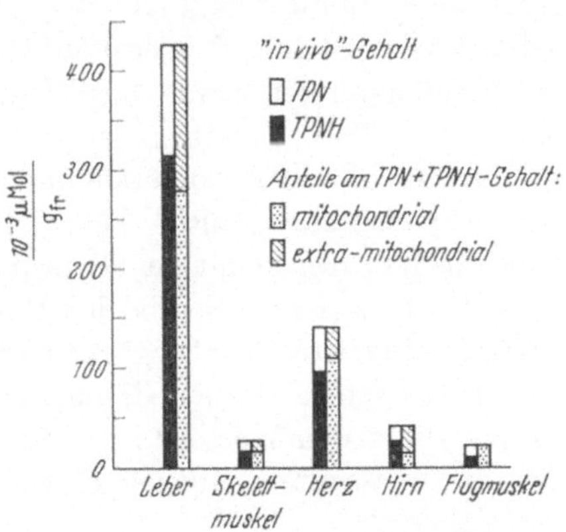

Abb. 4. TPN und TPNH-Gehalt verschiedener Organe der Ratte und der Wanderheuschrecke[39]. Vgl. Legende Abb. 1

Rahmen der Fehlergrenzen nicht meßbar an. Die aus den Daten von GLOCK und McLEAN[23] abzulesende Reduktion des TPN-Systems zu etwa 98% (z. B. in Leber) wird nicht bestätigt. Die hier gemessenen TPN-Gehalte sind wesentlich größer als die von diesen Autoren angegebenen Werte. Auf Grund der Gewebsfraktionierung war in anderen Untersuchungen geschlossen worden, daß 40%[24] bzw. 75%[35] des TPNH den Mitochondrien zukommt. Diese Methode dürfte jedoch von fraglichem Wert für die Untersuchung des Redox-Status der Pyridinnucleotide in intaktem Gewebe sein.

Wasserstofftransport zwischen dem extra- und intramitochondrialen Raum

Das Redoxpotential des mitochondrialen DPN-Systems ist noch ungeklärt. Es ist denkbar, daß es erheblich unter dem relativ positiven Redoxpotential des extramitochondrialen DPN-Systems liegt. Diese Differenz kann durch eine Impermeabilität der Mitochondrienmembran für DPNH und DPN oder durch eine Blockierung der Atmungskette für exogenes DPNH durch das in den Mitochondrien gebundene DPNH bedingt sein. Beide Deutungen lassen sich im Prinzip auf den Befund anwenden, daß isolierte, intakte Mitochondrien exogenes DPNH nur langsam oxydieren[47]. Damit ist das Problem aufgeworfen, wie der beim glykolytischen Abbau entstehende extramitochondriale Wasserstoff der Atmungskette zugeführt werden kann. Zunächst auf Grund der Untersuchungen am Insektenflugmuskel wurde hierfür der Glycerin-1-P-Cyclus vorgeschlagen[7, 66, 21]. Die Grundlage dieses Cyclus bildet die DPN-spezifische, extramitochondriale und die mitochondriale Glycerin-1-P-Dehydrogenase ,welche kein DPN als Co-Enzym benötigt. Glycerin-1-P übernimmt den Transport des extramitochondrialen Wasserstoffs zwischen den beiden Enzymen in die Mitochondrien. Auch die Barriere einer möglichen Differenz im Wasserstoffdruck der DPN-Systeme beider Räume überwindet der Glycerin-1-P-Cyclus, da er den Wasserstoff unter Ausschaltung des mitochondrialen DPN-Systems auf der Flavoproteinstufe an die Atmungskette überführt.

In Tab. 7 sind einige Daten zusammengestellt, welche die potentielle, relative Bedeutung des Glycerin-1-P-Cyclus in verschiedenen Organen zeigen[43, 40]. Als eine besonders geeignete Größe erscheint hier der Cytochrom c-turnover der Glycerin-1-P-Atmung, d. h. die Glycerin-1-P-Atmung von Mitochondrien bezogen auf den Cytochrom c-Gehalt. Dieser spiegelt das Verhältnis der Oxydationskapazität mit Glycerin-1-P zur Gesamt-Oxydationskapazität wider, für die der Cytochrom c-Gehalt als ein Maß

Tabelle 7. *Glycerin-1-P-Atmung verschiedener Organe*

	Leber	Skelet-muskel	Herz	Hirn	Flug-muskel
Atmung der Mitochondrien mit Glycerin-1-P	Cytochrom c "turnover" $\left[\dfrac{10^3}{h}\right]$				
	3,8	17	0,6	17	56
Maximale Gewebsatmung mit Glycerin-1-P . . . . berechnet mit Cyt. c-Gehalt	$[\mu\mathrm{Mol}\ O_2/hg_{fr}]$				
	16	42	6	34	1000

gelten darf. Im Insekten-Flugmuskel ist die relative Oxydationskapazität mit Glycerin-1-P am höchsten, jedoch erreichen Skeletmuskel und Hirn bereits 30% dieses Wertes. Relativ am geringsten erscheint die Bedeutung des Glycerin-1-P-Cyclus im Herzmuskel.

Die absolute Atmungskapazität der Gewebe mit Glycerin-1-P wurde durch Multiplikation mit dem Cytochrom c-Gehalt des Gewebes ausgerechnet. Beim Flugmuskel entspricht diese Größe etwa einem Viertel der Gesamtatmung. Vergleichsweise würde für Skeletmuskel und Hirn ein Zwölftel der Gesamtatmung auf Glycerin-1-P kommen können. Ganz unbedeutend wäre dieser Anteil jedoch an der Atmung des Herzmuskels. Hierzu ist die noch weitgehend ungelöste Frage zu beantworten, wieviel extramitochondrialer DPNH-Wasserstoff in den einzelnen Organen anfällt und welcher Anteil an die Atmungskette überführt wird. Es ist auch an andere Systeme zu denken, die nach einem analogen Schema wie der Glycerin-1-P-Cyclus arbeiten. So wurde in letzter Zeit hierfür das Substrat-Paar β-Hydroxybutyrat/Acetoacetat vorgeschlagen[17]. Es scheint jedoch fraglich, ob dieses System für diese Aufgabe geeignet ist, da das Redox-Potential mit —330 mV viel negativer als das des cytoplasmatischen DPNH-Systems ist.

Die Stellung des TPN in der Wasserstoffübertragung

Die vielfältigen Beziehungen der mit dem TPN-System verbundenen Wasserstoffübertragung sind in Abb. 5 dargestellt, wobei weder Vollständigkeit noch endgültige Aussagen über dieses heute sich besonders rasch entwickelnde Gebiet beansprucht werden (vgl.

auch [38a]). Im extramitochondrialen Raum stellt der Pentosephosphat-Cyclus mit zwei Oxydationsschritten eine wichtige Quelle des TPNH-Wasserstoffs dar. Als eine Hauptzufuhr von TPNH-Wasserstoff kommt die Isocitrat-Oxydation in Frage, da bei jedem Durchlauf des Citrat-Cyclus ein Mol TPNH gebildet wird. Dieser Reaktionsschritt könnte für die TPNH-Bildung in beiden Räumen bedeutsam sein, da die Isocitrat-Dehydrogenase, wie durch neuere Studien fraktionierter Extraktion bestätigt wurde[20, 53], außer im

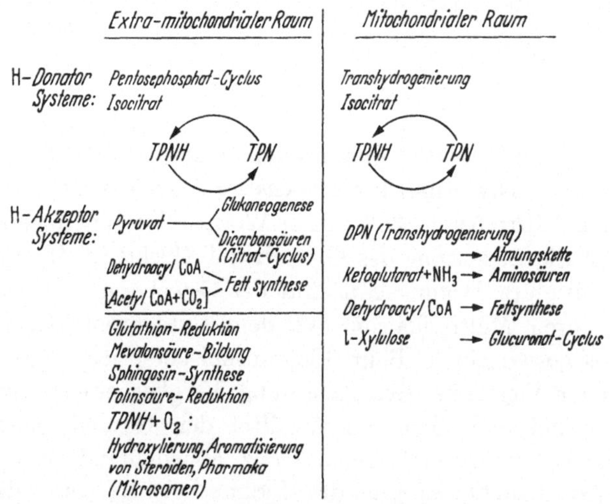

Abb. 5. Das TPN-System im Netzwerk der Wasserstoff aufnehmenden und abgebenden Reaktionen

mitochondrialen Raum auch im extramitochondrialen Raum lokalisiert ist. In den Mitochondrien kann außerdem die Transhydrogenierung, d. h. die Aufnahme von Wasserstoff aus dem DPN-System eine erhebliche Rolle bei der TPNH-Bildung spielen. Die gleiche Reaktion kann aber auch notwendiges Ventil des hier anfallenden TPNH-Wasserstoffs sein, um damit das knappe, für den Tricarbonsäurecyclus unentbehrliche TPN bereitzustellen.

Die besondere Bedeutung des TPN-Systems für biosynthetische Reaktionen spiegelt sich in der Spezifität von biosynthetischen Hydrierungs- und Oxydationsreaktionen für TPNH wider. Der hohe Wasserstoffdruck des TPNH-Systems bildet hierfür die Voraussetzungen. Die meisten TPNH-verbrauchenden Reaktionsschritte sind nach unserer heutigen Kenntnis im extramitochondrialen Raum lokalisiert. Hier befindet sich das malic-enzyme[57], das bei der

Überführung von Pyruvat in Phosphoenolpyruvat, der notwendigen Vorstufe der Gluconeogenese nach dem vom Krebs vorgeschlagenen Weg beteiligt ist[45]. Hierbei wird die direkte, energetisch schwierige Bildung von Phosphoenolpyruvat aus Pyruvat und ATP durch das Potentialgefälle zwischen dem TPN- und DPN-System überwunden. Gemäß Isotopenstudien erscheint dieser Weg der Gluconeogenese in der Leber möglich[18]. Für den Muskel jedoch ist nach den Untersuchungen von HIATT et al.[29] eine direkte Phosphorylierung des Pyruvats wahrscheinlich. Dieses steht im Einklang mit dem Unterschied des extramitochondrialen TPN-Gehaltes der beiden Gewebe. Das gleiche Prinzip, die Ausnutzung des Redoxpotential-Gefälles zwischen dem TPN- und DPN-System ohne Netto-Wasserstoff-Verbrauch, wird bei der Umlagerung von Kohlenhydraten, z. B. von L- und D-Xylulose[32, 33] oder Glucose in Fructose[27, 28] angewendet. Auch die verschiedenen, zur Diskussion stehenden Wege der Fettsäuresynthese benötigen Wasserstoff des TPNH. Für die Hydrierung von Dehydroacyl-CoA wird TPNH sowohl in dem mitochondrialen System von SEUBERT et al.[61] wie in dem extramitochondrialen System von LANGDON[46] benötigt. Einen TPNH-Bedarf hat auch das lösliche Enzymsystem der Fettsynthese, welches in dem Arbeitskreis von WAKIL[64] entdeckt wurde. Die TPN-Spezifität der Glutamat-Dehydrogenase läßt sich in Zusammenhang mit der Aminosäurebildung verstehen. Hier handelt es sich um eine weitere der wenigen bekannten mitochondrialen TPNH-verbrauchenden Reaktionen. Wahrscheinlich kommt den Lebermitochondrien in Anbetracht ihres abnorm hohen TPN-Gehaltes eine größere, bisher noch nicht voll erkannte Rolle bei biosynthetischen Reaktionen zu.

Bemerkenswert ist der spezifische Bedarf von TPNH für eine Reihe von Reaktionen, bei denen im Zusammenwirken mit Sauerstoff biosynthetische Oxydationen durchgeführt werden. Hierher gehört z. B. die Hydroxylierung und Aromatisierung von Steroiden. Eine interessante Anwendung für dieses Prinzip ist die von den Mikrosomen durchgeführte Oxydierung verschiedener Pharmaka, welche von BRODIE[6] und AXELROD[1] entdeckt wurden.

Das Pyridinnucleotid-System der Mitochondrien

Bindungs-Status. Isolierte Mitochondrien geben die Möglichkeit den Redox-Status der Pyridinnucleotide als Funktion verschiedener, einstellbarer Faktoren zu untersuchen. Es ist anzunehmen, daß funktionstüchtige Mitochondrien noch ihre vollständige Ausrüstung an Pyridinnucleotiden besitzen. Diese werden vermutlich nicht nur durch die äußere Membran, sondern auch durch direkte Bindung innerhalb der Mitochondrien festgehalten. Es gibt jedoch keine direkten experimentellen Hinweise dafür, daß sich die Pyridinnucleotide innerhalb der Mitochondrien in einem besonderen Bindungszustand

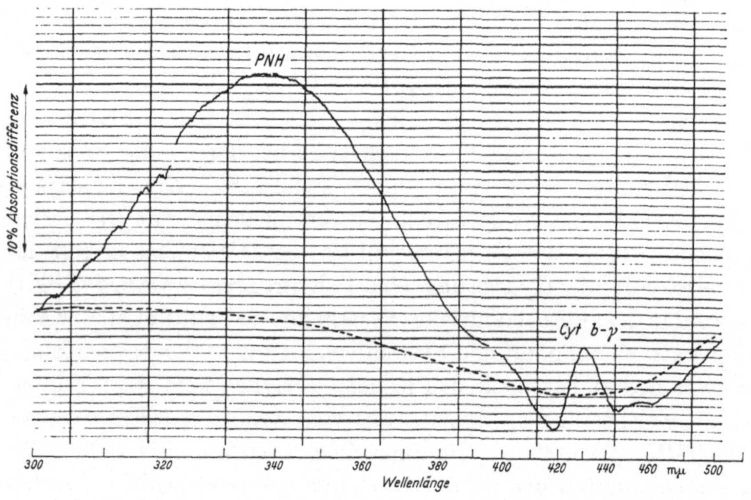

Abb. 6. Differenzspektrum von Lebermitochondrien. Anaerob mit β-Hydroxybutyrat-ADP gegen anaerob mit Glycerin-1-P + ADP. 1,8 mg Protein/ml

befänden. Aus Differenzspektren geht hervor, daß das Absorptionsmaximum der mitochondrialen Pyridinnucleotide unverschoben gegenüber dem der freien Pyridinnucleotide bei 340 mμ liegt[13, 38]. Dieses wird hier in einem Differenzspektrum von Lebermitochondrien gezeigt (Abb. 6), bei dem sich beide Ansätze im anaeroben Status befinden. Dadurch werden Störungen durch Cytochrome weitgehend ausgeschaltet, welche eine Verschiebung zu kürzeren Wellenlängen vortäuschen können. Ein Absorptionsspektrum der reduzierten Pyridinnucleotide kommt hier, in Gegenwart von ADP, durch die unterschiedliche Reduktionswirkung von β-Hydroxybutyrat und Glycerin-1-P auf die Pyridinnucleotide zustande.

Obwohl im Absorptionsspektrum keine Bindung durch Dehydrogenasen zum Ausdruck kommt, zeigt die Fluorescenz des mitochondrialen DPNH eine Intensivierung und Verschiebung des

Wellenlängenmaximums, welche auch bei Bindung an spezifischen Enzymen eintritt[8a]. Es sei dazu bemerkt, daß analog durch die Bindung von DPNH an Hefe-Alkoholdehydrogenase eine kaum merkliche Verschiebung des Absorptionsmaximums zu beobachten ist, während jedoch die Bindung in der Fluorescenz deutlich hervortritt[19, 65]. Der zuerst von Boyer und Theorell[5] beobachtete Fluorescenz-Effekt kann jedoch auch durch eine unspezifische Absorption des DPNH erzeugt werden, wie erst kürzlich gezeigt wurde[22]. Die beobachtete Fluorescenz-Intensivierung des mitochondrialen DPNH ist also nicht notwendigerweise die Folge einer spezifischen Bindung oder sogar einer besonderen, energiereichen Form[8a]. Die Hypothese, daß mitochondriales DPNH in einer energiereichen inhibierten Form, genannt DPNH-I vorliegt, wurde darin begründet, daß in Gegenwart von Sauerstoff, bei Hemmung der Atmung mangels Phosphatacceptor DPN weitgehend reduziert ist[13] (vgl. jedoch[43]). Es wird im folgenden versucht werden, dieses Phänomen ohne die Annahme einer besonderen Form des DPNH zu erklären. Kürzlich berichtete Befunde[54, 55], daß sich aus Mitochondrien ein energiereiches Derivat der oxydierten Form extrahieren läßt, konnten bisher nicht bestätigt werden[42]. In diesem Zusammenhang erscheint von Interesse, daß wir eine fast vollständige Erfassung der reduzierten und oxydierten Pyridinnucleotide durch alkalische und saure Extraktion mit einer anderen, kürzlich ausgearbeiteten, chromatographischen Methode bestätigen konnten[52]. Da in diesem Verfahren der Gehalt an den oxydierten und reduzierten Formen nur im sauren Extrakt bestimmt wird, vermeidet man die größeren Fehlermöglichkeiten der alkalischen Extraktion. Meßbare Konzentrationen einer dritten, im enzymatischen Test nicht erfaßbaren DPN-Form lassen sich nicht finden.

Redox-Status. Das Redox-Verhalten der Pyridinnucleotide in verschiedenen Funktionszuständen der Mitochondrien war zunächst von Chance u. Mitarb.[13, 9] durch direkte spektrophotometrische Beobachtung untersucht worden. Mit dieser Methode läßt sich jedoch nicht zwischen dem Redox-Status des DPN und TPN unterscheiden. Außerdem werden nur Änderungen, dagegen nicht die absolute Größe des Redox-Status selbst gemessen. Aus diesem Grunde wurde die direkte, spektrophotometrische Beobachtung mit Gehaltsbestimmungen für Pyridinnucleotide an Extrakten

gekoppelt[41, 42]. Dabei zeigten eingehende Analysen an Lebermitochondrien, daß in verschiedenen Funktionszuständen TPN in
höherem Maße reduziert ist als DPN. Dieser Zusammenhang zwischen dem Redox-Status beider Pyridinnucleotid-Systeme ist in
Abb. 7 dargestellt. Der Reduktionsgrad des TPN steigt schon bei
kleinen Variationen im Reduktionszustand des DPN stark an. Der
Wasserstoffaustausch zwischen beiden Systemen erfolgt hier wahrscheinlich durch eine Transhydrogenase. Es entsteht die Frage,

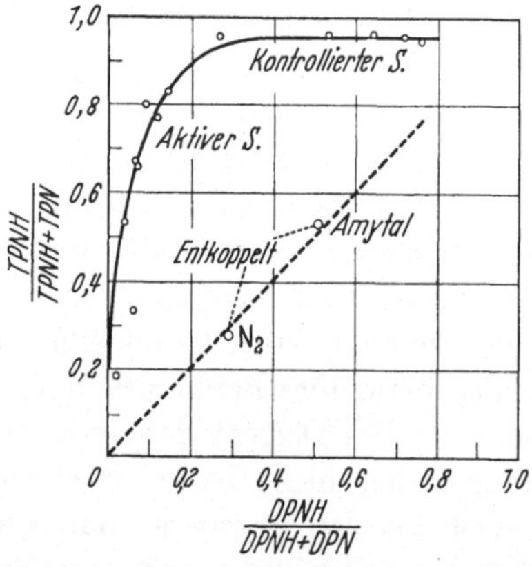

Abb. 7. Beziehung zwischen dem Reduktionsgrad des TPN und DPN-Systems. Lebermitochondrien unter verschiedenen Funktionsbedingungen. Aktiver Status: Sättigung mit Substrat (β-Hydroxybutyrat, Glutamat) und ADP, aktive Atmung und oxydative Phosphorylierung. Kontrollierter Status: Sättigung mit Substrat, Atmung gehemmt infolge Mangel an
ADP. Entkoppelter Status: Oxydative Phosphorylierung entkoppelt durch Dinitrophenol,
Atmung gehemmt durch N_2 (*A*) oder Amytal (*B*)

welches die treibende Kraft für die überwiegende Reduktion des
TPN darstellt. Hierbei ist entweder an eine festere Bindung z. B.
des TPNH gegenüber dem TPN oder aber an eine unterschiedliche
Lokalisierung der beiden Pyridinnucleotid-Systeme innerhalb der
Mitochondrien zu denken. Einen Hinweis gibt die Beobachtung,
daß bei Entkopplung der Mitochondrien und gleichzeitiger Hemmung der DPNH-Oxydation durch Amytal oder Anaerobiose der
Abstand zwischen dem Reduktionsgrad des DPN und TPN aufgehoben ist. Ein entsprechender Zusammenhang — in Abb. 7 durch
die eingezeichnete, unterbrochene Gerade wiedergegeben — wäre
bei einem Redox-Gleichgewicht zwischen freiem DPN und TPN
zu beobachten, da beide Pyridinnucleotide nahezu das gleiche
Mittelpotential besitzen[56]. Somit erscheint in dem intakten System

der oxydativen Phosphorylierung die Voraussetzung für die große Differenz im Reduktionsgrad beider Pyridinnucleotid-Systeme in den Mitochondrien zu liegen.

Mitochondriale Pyridinnucleotide und Flavin-spezifische Substrate. Ein weiterer Zusammenhang zwischen dem Reduktionsgrad der Pyridinnucleotide und oxydativer Phosphorylierung, bei der eine direkte Energiezufuhr zu erwägen ist, wird bei dem Einfluß Flavin-spezifischer Substrate auf das mitochondriale DPN beobachtet[9, 10, 7, 41]. In Abb. 8 ist der Reduktionszustand des DPN und

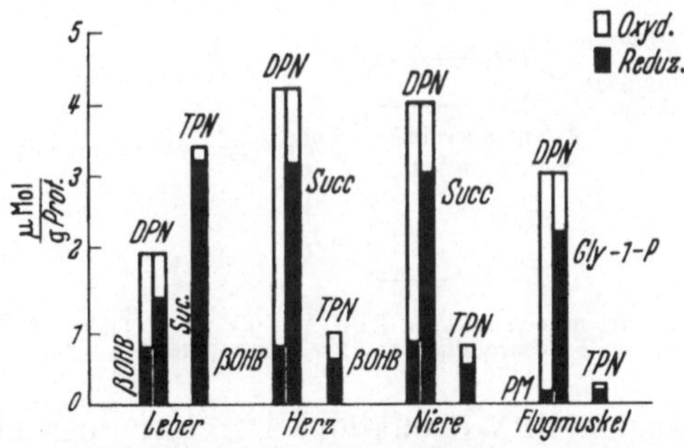

Abb. 8. Redox-Zustand des DPN und TPN im kontrollierten Status (vgl. Legende Abb. 7) von Mitochondrien verschiedener Organe. Substrate: βOHB = β-Hydroxybutyrat, Succ = Succinat, PM = Pyruvat + Malat, Gly-1-P = Glycerin-1-P

TPN im kontrollierten Status angegeben[41], d. h. wenn die Atmung der Mitochondrien bei enger Kopplung der oxydativen Phosphorylierung infolge Mangels an Phosphatacceptor (ADP) gehemmt ist. In Gegenwart des DPN-spezifischen Substrats β-Hydroxybutyrat oder des Substratpaares Pyruvat + Malat lassen sich dabei im allgemeinen nur 10—20% des DPN reduzieren. Mit Succinat oder Glycerin-1-P gehen jedoch unter diesen Bedingungen 70—80% des DPN in die reduzierte Form über. Dieses Ergebnis ist zunächst überraschend, da weder die Succinat- noch die Glycerin-1-P-Oxydation DPN bei der Wasserstoffübertragung impliziert. Die Beziehungen der verschiedenen Substrate zur Atmungskette und dem DPN und TPN-System sind in Abb. 9 unter Beschränkung auf die wichtigsten Reaktionen dargestellt. Wasserstoff vom Succinat oder Glycerin-1-P könnte nur durch Vermittlung von Flavoprotein auf DPN übergeführt werden. Da jedoch das Mittelpotential dieser Substrate um 100—300 mV positiver als das DPN ist, wäre hierzu eine Energiezufuhr notwendig, welche aus dem Prozeß der oxydativen Phosphorylierung bereitgestellt werden kann. Das hohe energetische Potential des kontrollierten Status, wie es sich z. B. durch den Quotienten der effektiven ATP/ADP-Konzentration ausdrücken ließe, ist offenbar notwendig um diese weitgehende Reduktion zu bewirken. Entsprechend ist dieser Effekt in Gegenwart von ADP, d. h. im aktiven Status oder aber im entkoppelten Status stark vermindert oder unterdrückt.

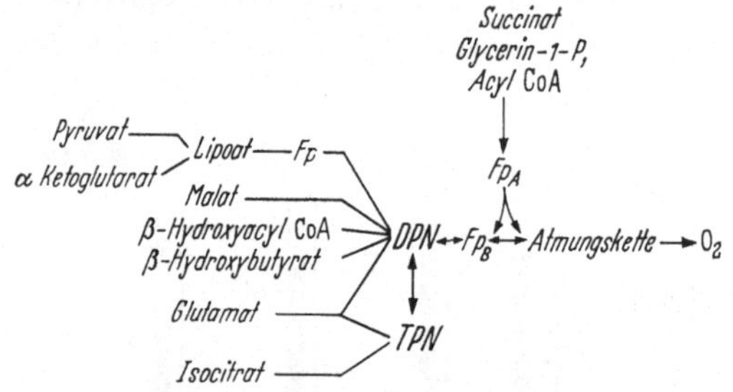

Abb. 9. Die Stellung des mitochondrialen DPN- und TPN-Systems zu den Substraten, den Flavoproteinen und zur Atmungskette

ATP-abhängige DPN-Reduktion. Der hier zugrunde liegende Mechanismus könnte als eine Umkehrung der Reaktionsschritte der oxydativen Phosphorylierung betrachtet werden. Eine in diesem Sinn vollständige Umkehrung, d. h. eine erhöhte DPN-Reduktion unter dem Einfluß von ATP war bisher jedoch noch nicht nachzuweisen. Es ist anzunehmen, daß die in intakten Mitochondrien allein bei Zugabe dieser Substrate beobachtete Reduktion des DPN durch einen ausreichend hohen Spiegel endogener Energiezufuhr gespeist wird. Erst in letzter Zeit gelang es, die DPN-Reduktion in Gegenwart Flavin-spezifischer Substrate durch ATP auszulösen und damit, wie wir annehmen möchten, eine vollständige Reversibilität der Reaktionsschritte der oxydativen Phosphorylierung zwischen der Atmungskette und der ATP-Bildung demonstrieren[40]. Die Abb. 10 zeigt in zwei Experimenten, wie die Reduktion des DPN nach Zugabe von ATP sowohl in Gegenwart von Succinat wie Glycerin-1-P eintritt. Vermutlich ist in Skeletmuskel-Mitochondrien, z. B. im Gegensatz zu intakten Herzmuskel-Mitochondrien, die Reduktion des DPN bei Zugabe von Succinat von vornherein durch die Anwesenheit eines endogenen Entkopplers unterdrückt. Erst nach Zugabe von ATP wird ein ausreichend hohes energetisches Potential gewährleistet.

Es wäre auch möglich, die Reduktion des DPN als eine Wasserstoffübertragung von DPN-spezifischem Endo-Substrat der Mitochondrien zu erklären. Diese Reaktion könnte z. B. durch Hemmung der DPNH-Oxydation unter dem Einfluß Flavin-spezifischer Substrate induziert werden. Eine Umkehrung der oxydativen Phosphorylierung wäre dann nur vorgetäuscht. Der Einfluß von ATP

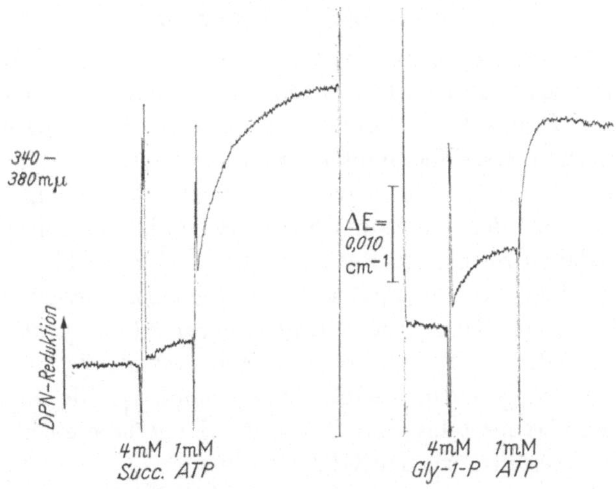

Abb. 10. Registrierung mit dem Doppelstrahlspektrophotometer. ATP-abhängige Reduktion des DPN in Gegenwart Flavin-spezifischer Substrate an Mitochondrien aus den Muskeln vom Hinterbein und Herz der Ratte. 3,5 mg Protein/ml. Inkubationsmedium: 0,30 M Saccharose, 1 mM Äthylendiamintetraacetat, pH 7,2

würde eine Aktivierung des Endo-Substrates bedeuten, welches wahrscheinlich vorwiegend aus Fettsäuren besteht. Diese Möglichkeit konnte experimentell noch nicht eindeutig ausgeschlossen werden. Weitere Untersuchungen der Glycerin-1-P-Oxydation von Flugmuskelmitochondrien[44] und der Succinat-Oxydation von Lebermitochondrien[3] sprechen jedoch für eine energieabhängige Wasserstoffübertragung, d. h. eine Umkehrung der oxydativen Phosphorylierung. Es ist dabei im Sinne des im folgenden beschriebenen Mechanismus belanglos, ob der Wasserstoff des DPNH von DPN-spezifischem Endo-Substrat oder Flavin-spezifischem Substrat kommt, da ein Redox-Gleichgewicht zwischen einem Flavoprotein und dem DPN angenommen wird.

Mechanismus der energieabhängigen DPN-Reduktion. Der Mechanismus dieser Reaktionen kann wie folgt formuliert werden:

$$SH_2 + Fp_A \rightarrow S + Fp_A H_2$$
$$\sim X + Fp_A H_2 + Fp_B \rightleftharpoons X + Fp_A + Fp_B H_2$$
$$Fp_B H_2 + DPN \rightleftharpoons Fp_B + DPNH_2$$
$$X + ATP \rightleftharpoons \sim X + ADP + P$$

$$\overline{SH_2 + DPN + ATP \rightarrow DPNH_2 + S + ADP + P}$$
$$SH_2 = \text{Succinat, Glycerin-1-P.}$$

Der vom Flavin oder beim Glycerin-1-P möglicherweise von einer anderen, noch unbekannten Gruppe aufgenommene Substrat-wasserstoff wird auf ein weiteres Flavoprotein (Fp_B) abgegeben. Die Reduktion dieses Flavoproteins erfordert bereits die Zufuhr von Energie in Form der nicht näher definierten Verbindung $\sim X$, welche während der Reaktionsschritte der oxydativen Phosphorylierung oder in reversibler Reaktion durch ATP gebildet werden kann. Das Flavoprotein (Fp_B) steht dann in einem Redox-Gleichgewicht mit dem DPN. Die scheinbar gehemmte Oxydation des mitochondrialen DPNH im kontrollierten Status reflektiert hiernach eine entsprechende Reduktion des damit im Gleichgewicht stehenden Flavoproteins. Damit wird die Hypothese einer besonderen, inhibierten Form DPNH-I überflüssig.

Die Annahme einer Energie-Zufuhr bei der Reduktion von Flavoprotein gründet sich auf die an Flugmuskel-Mitochondrien und später an Herzmuskel-Mitochondrien entdeckte Abhängigkeit der Flavoprotein-Reduktion von der oxydativen Phosphorylierung[38, 44]. Ähnliche Vorstellungen auf anderer Basis waren im Arbeitskreis am Wenner Grens Institut entwickelt worden[48, 25]. In letzter Zeit wurden diese Zusammenhänge im Rahmen der ATP-abhängigen Succinat-Oxydation erneut diskutiert[2, 3].

Die beschriebenen Untersuchungen wurden unter der Mitarbeit von Herrn Dr. P. Schollmeyer und der technischen Assistenz von Fräulein E. Ritt durchgeführt. Der Deutschen Forschungsgemeinschaft danken wir für die gewährte Unterstützung.

Literatur

[1] Axelrod, J.: In Verh. dtsch. pharmakol. Ges. p. 24. Berlin-Göttingen-Heidelberg: Springer Verlag 1960.

[2] Azzone, G. F., and L. Ernster: Nature (Lond.) (im Druck).

[3] Azzone, G. F., L. Ernster and M. Klingenberg: Nature (Lond.) (im Druck).

[4] BISHAI, F. R., A. DELBRÜCK u. TH. BÜCHER: Biochem. Z. (in Vorbereitung).

[5] BOYER, P. D., and H. THEORELL: Acta Chem. Scand. 10, 447 (1956).

[6] BRODIE, B. B., J. R. GILLETTI and B. N. LA DU: Ann. Rev. Biochem. 27, 446 (1958).

[7] BÜCHER, TH., u. M. KLINGENBERG: Angew. Chemie 70, 552 (1958).

[8] BÜCHER, TH., M. KLINGENBERG and E. ZEBE: Proc. IVth Intern. Congr. Biochem. Sympos. XII p. 153 (1959).

[8a] CHANCE, B., and H. BALTSCHEFFSKY: J. Biol. Chem. 233, 736 (1958).

[9] CHANCE, B., and M. BALTSCHEFFSKY: Biochem. J. 68, 283 (1958).

[10] CHANCE, B., and G. HOLLUNGER: Fed. Proc. 16, 163 (1957).

[11] CHANCE, B., and G. HOLLUNGER: Nature (Lond.) 185, 666 (1960).

[12] CHANCE, B., and B. SACKTOR: Arch. Biochem. Biophys. 76, 509 (1958).

[13] CHANCE, B., and G. R. WILLIAMS: J. Biol. Chem. 217, 395, 409 (1955).

[14] CHANCE, B., and G. R. WILLIAMS: Advances in Enzymol. 17, 65 (1956).

[15] DELBRÜCK, A., H. SCHIMASSEK, K. BARTSCH u. TH. BÜCHER: Biochem. Z. 331, 297 (1958).

[16] DELBRÜCK, A., E. ZEBE u. TH. BÜCHER: Biochem. Z. 331, 273 (1959).

[17] DEVLIN, T. M., and B. H. BEDEL: Biochim. Biophys. Acta 36, 564 (1959).

[18] DICKENS, F., G. E. GLOCK and P. McLEAN: Ciba Found. Symp. on: "The regulation of cell metabolism. Churchill Ltd. (London) p. 150 (1959).

[19] DUYSENS, L. N. M., and G. H. M. KRONENBERG: Biochem. Biophys. Acta 26, 437 (1957).

[20] ERNSTER, L., and F. NAVAZIO: Exp. Cell. Research 11, 483 (1956).

[21] ESTABROOK, R. W., and B. SACKTOR: J. Biol. Chem. 233, 1014 (1958).

[22] FISHER, H. F., and L. L. McGREGOR: Biochem. Biophys. Acta 38, 562 (1960).

[23] GLOCK, E. G., and P. McLEAN: Biochem. J. 61, 381, 388 (1955).

[24] GLOCK, E. G., and P. McLEAN: Exp. Cell Research 11, 234 (1956).

[25] GRABE, B.: Biochim. Biophys. Acta 30, 560 (1958).

[26] HELMREICH, E., H. HOLZER, W. LAMPRECHT u. S. GOLDSCHMIDT: Hoppe-Seylers Z. physiol. Chem. 297, 113 (1954).

[27] HERS, H. G.: Biochim. Biophys. Acta 22, 202 (1956).

[28] HERS, H. G.: Biochim. Biophys. Acta 37, 127 (1960).

[29] HIATT, H. H., M. GOLDSTEIN, J. LAREAU and B. L. HORECKER: J. Biol. Chem. 231, 303 (1958).

[30] HOHORST, H. J., F. H. KREUTZ u. TH. BÜCHER: Biochem. Z. 332, 18 (1959).

[31] HOHORST, H. J., Dissertation, Marburg 1960.

[32] HOLLMANN, S., and O. TOUSTER: J. Biol. Chem. 225, 87 (1957).

[33] HOLLMANN, S.: Hoppe-Seylers Z. physiol. Chem. 317, 193 (1959).

[34] HUMPHREY, G. F.: Biochem. J. 65, 546 (1957).

[35] JACOBSON, D. B., and N. O. KAPLAN: J. Biol. Chem. 226, 603 (1957).

[36] JEDEIKIN, L. A., and S. WEINHOUSE: J. Biol. Chem. 213, 271 (1955).

[37] KAPLAN, N. O., S. P. COLOWICK and E. F. NEUFELD: J. Biol. Chem. 205, 1 (1953).

[38] KLINGENBERG, M., u. TH. BÜCHER: Biochem. Z. 331, 312 (1959).

[38a] Klingenberg ,M., u. Th. Bücher: Annual Rev. Biochem. **29**, 669 (1960).

[39] Klingenberg, M., P. Schollmeyer u. E. Ritt: Biochem. Z. (in Vorbereitung).

[40] Klingenberg, M., u. P. Schollmeyer: Biochem. Z. (im Druck).

[41] Klingenberg, M., W. Slenzcka u. E. Ritt: Biochem. Z. **331**, 47 (1959).

[42] Klingenberg, M., u. W. Slenzcka: Biochem. Z. **331**, 334 (1959).

[43] Klingenberg, M., u. W. Slenzcka: Biochem. Z. **331**, 486 (1959).

[44] Klingenberg, M.: Biochem. Z. (im Druck).

[45] Krebs, H. A.: Bull. Johns Hopkins Hosp. **95**, 19, 34 (1954).

[46] Langdon, R. G.: J. Biol. Chem. **226**, 615 (1957).

[47] Lehninger, A. L.: Harvey Lectures **49**, 176 (1954).

[48] Löw, H., P. Siekevitz, L. Ernster and O. Lindberg: Biochim. Biophys. Acta **29**, 342 (1958).

[49] Massey, V.: Biochim. Biophys. Acta **30**, 205 (1958).

[50] Massey, V.: Biochim. Biophys. Acta **32**, 286 (1959).

[51] McLean, P.: Biochim. Biophys. Acta **30**, 316 (1958).

[52] Papenberg, K., M. Klingenberg u. W. Held: Biochem. Z. (im Druck).

[53] Pette, D., A. Delbrück u. Th. Bücher: Unveröffentlichte Versuche.

[54] Purvis, J. L.: Nature (Lond.) **182**, 710 (1958).

[55] Purvis, J. L.: Biochim. Biophys. Acta **38**, 435 (1960).

[56] Rodkey, F. L.: J. Biol. Chem. **234**, 188 (1959).

[57] Rutter, W. J., and H. A. Lardy: J. Biol. Chem. **233**, 374 (1958).

[58] Ryan, K. J.: J. Biol. Chem. **234**, 268 (1959).

[59] Schimassek, H.: Biochem. Z. (im Druck).

[60] Schollmeyer, P., u. M. Klingenberg: Biochem. Z. (im Druck).

[61] Seubert, W., G. Greull u. F. Lynen: Angew. Chem. **69**, 359 (1957).

[62] Stein, A. M., N. O. Kaplan and M. M. Ciotti: J. Biol. Chem. **234**, 979 (1959).

[63] Theorell, H., and R. K. Bonnichsen: Acta Chem. Scand. **5**, 1105 (1951).

[64] Wakil, S. J., J. W. Porter and D. M. Gibson: Biochim. Biophys. Acta **24**, 453 (1957).

[65] Winer, A. D., and G. W. Schwert: Biochim. Biophys. Acta **29**, 424 (1958).

[66] Zebe, E., A. Delbrück u. Th. Bücher: Biochem. Z. **331**, 254 (1959).

Diskussion

Diskussionsleiter: Weitzel, *Tübingen*

Pfleiderer (Frankfurt): Es sollen kurz 2 Probleme herausgegriffen werden, die zum Verständnis der Wirkungsweise des DPN beitragen sollen. Es sei daran erinnert, daß der wesentliche Prozeß bei der Hydrierung des DPN in der Anlagerung eines Hydridions an die 4-Stellung des Nicotinamidringes besteht. Die Reaktion entwickelt sich wohl aus einer mesomeren Grenzstruktur heraus, bei der in 4-Stellung eine Elektronenlücke auftritt. Hier können nun — das hat Meyerhof erstmals gezeigt — auch chemische Anlagerungsreaktionen nucleophiler Agentien wie Sulfit und Cyanid erfolgen.

Wir haben unsere früheren Untersuchungen über die Hemmung von Dehydrogenasen durch Sulfitionen auf chemischem Gebiet fortgesetzt und die Additionsreaktion von Sulfit an DPN und DPN-Modellen studiert, besonders den Einfluß einer verschiedenen chemischen Substitution in 1- oder 3-Stellung. Dabei hat sich über die bisher bekannten Beobachtungen von Kaplan und Wallenfels hinaus, auf die ich nicht mehr eingehen möchte, gezeigt, daß dem Substitutienten am Pyridinstickstoff eine wesentliche Funktion zukommt. Herr Sann hat an unserem Institut die Dissoziationskonstanten der Additionsprodukte von Sulfit an DPN und andere Pyridiniumverbindungen unter definierten Bedingungen ermittelt. Die Konstante der N-Methylverbindung des Nicotinamids ist um über 4 Zehnerpotenzen größer als die des N-Glucosids. Außerdem erkannten wir, daß nach der enzymatischen Abspaltung des Phosphatrestes im Nicotinamidribotid (Nicotinamidribosid) die Additionsreaktion des Sulfits weiter begünstigt wird. Es scheint also, als ob der Phosphatrest intramolekular bremsend auf die Additionsreaktion wirkt. Diese Vorstellung konnten wir bestätigen, in dem wir die Konstanten der mit Diazomethan veresterten (Phosphathydroxyl) Verbindungen des DPN und des Nicotinamidribotid bestimmten. Es zeigt sich eine Abnahme der Dissoziationskonstante vom Ribotid über den Monomethylester zum Dimethylester.

Die Aktivierung der 4-Stellung im Nicotinamidring ist am stärksten beim N-Glucosid und beim N-Tetraacetylglucosid, ein Zeichen dafür, daß der in der Natur vorkommende Riboserest nicht optimal ist.

Nach unserer Vorstellung besteht eine wesentliche Funktion des Apoenzyms darin, bei der Bindung des Coenzyms die negative Ladung der Phosphatreste abzusättigen durch salzartige Komplexe. Um dies zu überprüfen, hat Herr Gerlach die unphysiologische Additionsreaktion von Cyanid an DPN mit und ohne Apoenzym kinetisch verfolgt. Wir haben die Cyanidreaktion ausgewählt, weil die Additionsreaktion sehr langsam vonstatten geht (pH 8,2, m/10 KCN). Ohne Apoenzym hat sich das Gleichgewicht erst nach etwa 30 min eingestellt. In Gegenwart einer hohen Lactat-dehydrogenase-Konzentration steigt die Anfangsgeschwindigkeit der Additionsreaktion auf mindestens das 7fache an. Das Endgleichgewicht erhöht sich gerade um den Betrag an DPN-CN, der von dem Enzym maximal gebunden wird (etwa 3,5 Mole DPN-CN pro Mol Lactat-dehydrogenase). Wir haben damit erstmals an einer Dehydrogenase zeigen können, daß eine rein chemische, unphysiologische Reaktion durch ein Enzym aktiviert wird.

Das 2. Problem ist die Reaktion des Substrates mit Coenzym und Apoenzym. Wallenfels vertritt die Auffassung, daß bei der Wasserstoffübertragung das Substrat an die 5,6-Stellung des Dihydropyridinringes im DPNH nach Art der Säureaddition angelagert wird, wie sie gestern von Bücher in seiner Diskussionsbemerkung geschildert wurde. Wie Rafter entdeckt hat, kann Phosphoglyceraldehyd-dehydrogenase auf enzymatischem Wege DPNH in ein ähnliches Produkt überführen, das sog. DPNH-X. Bei Untersuchungen an diesem Enzym hat Herr Stock gefunden, daß die kristallisierte Dehydrogenase zu einem beträchtlichen Teil gebundenes DPNH-X enthält. Ich möchte hier nicht zu sehr spekulieren, aber doch zur

Diskussion stellen, ob nicht hier ein gewisser Regulationsmechanismus auftreten könnte, denn das DPNH-X ist infolge seiner dem DPNH sehr ähnlichen Konstitution ein sehr starker kompetitiver Hemmstoff. Nachdem wir also eine Coenzymform in der Natur gefunden haben, die der Wallenfelsschen Vorstellung entspricht, haben wir seine Hypothese an der Lactatdehydrogenase nochmals überprüft. Scwhert hat gezeigt, daß Oxalsäurehalbamid ein starker kompetitiver Hemmstoff für Pyruvat ist und die durch das Apoenzym hervorgerufene Fluoreszenzsteigerung des DPNH sehr stark unterdrückt. Er hat diesen Effekt durch eine Formulierung erklärt, bei der ein Imidazolring aus dem Protein eine Wasserstoffbrücke zum Carbonylsauerstoff des Oxalsäurehalbamids bildet. Eine 2. Wasserstoffbrücke geht von der 4-Stellung des Dihydropyridinringes zum Carbonyl-C-Atom. Hierbei soll das Hydridion schon so weit zum Carbonyl-C-Atom herübergezogen sein, daß sich der aromatische Pyridinring bildet. Das Zusammenbrechen der Fluorescenz hätte aber auch nach der Wallenfelsschen Vorstellung erklärt werden können, indem sich unter Einfluß des Enzyms das Oxalsäurehalbamid an die 5,6-Stellung des Dihydropyridinringes im DPNH addiert. Wir haben trotz überschüssigen Enzyms im Absorptionsspektrum des DPNH nicht die Spur einer Säureadduktbildung bei p_H 7,2 beobachten können, was einwandfrei für die Schwertsche Vorstellung spricht. Es scheint sich das Substrat also gar nicht direkt an das Coenzym anzulagern, sondern es wird nur durch spezifische Bindung am Apoenzym in enge Nachbarschaft zu der 4-Stellung des Pyridinringes gebracht.

Martius (Zürich): Ich wollte Herrn Klingenberg etwas fragen bezüglich der Umkehr der oxydativen Phosphorylierung, die er postuliert, indem er vom Flavoproteinniveau aus dann DPN reduziert. Mir scheint da eine andere Erklärungsmöglichkeit nicht ganz ausgeschlossen zu sein: Wenn man annimmt, daß in den Mitochondrien noch Spuren von endogenem Substrat enthalten sind, die das DPN reduzieren könnten. Wenn kein Succinat oder Glycerophosphat dazugegeben ist, wird das selbstverständlich sofort oxydiert, weil es keinen hundertprozentig kontrollierten Atmungsstatus gibt. Wenn Sie jetzt aber beim Flavoprotein kolossal Wasserstoffatome hereindrücken, dann wäre es möglich, daß diese endogene Hydrierung doch zum Zuge kommt, weil jetzt das gebildete DPNH gar nicht mehr oxydiert werden kann und es jetzt momentan angestaut wird. Wie würden Sie sich dazu äußern?

Klingenberg: Wir haben auch an diese Möglichkeit gedacht. Insbesondere an Flugmuskelmitochondrien, wo wir die DPN-Reduktion mit Glycerophosphat untersuchen können, haben wir Experimente angestellt, um diese Möglichkeit weitgehend auszuschließen. In Flugmuskelmitochondrien können wir das Endosubstrat, das intakte Mitochondrien eigentlich immer besitzen, durch Malonat weitgehend oder fast vollständig hemmen. Zumindest beobachten wir in Gegenwart von Malonat keine Reduktion des DPN nach Zugabe von Amytal, welches eigentlich ausschließt, daß jetzt noch Endosubstrat DPN reduzieren kann. Gleichzeitig sinken weder die Geschwindigkeit noch das Ausmaß der DPN-Reduktion bei Zugabe von Glycerophosphat ab. Um diesen Versuch durchzuführen, muß man Glycerophosphat nehmen, Succinat würde durch Malonat gehemmt werden. Außerdem konnten wir auch an Skeletmuskelmitochondrien in Gegenwart von Malonat den ATP-Effekt zeigen. Der ATP-Effekt wurde auch durch Malonat nicht gehemmt. Diese Untersuchungen befinden sich in Veröffentlichung.

BÜCHER (Marburg): Darf ich nur gerade Herrn KLINGENBERG zu diesem Problem fragen? Ist bei diesem Versuch auch die Stöchiometrie schon untersucht worden? Finden Sie eine äquivalente Bildung von ADP?

KLINGENBERG: Ein Beweis ist noch nicht hinsichtlich der Stöchiometrie der ADP-Bildung und auch der Wasserstoffüberführung etwa vom Succinat auf das DPN erbracht worden. Von CHANCE wurde kürzlich ein Versuch dazu veröffentlicht. Er hat in Gegenwart von Succinat ein sehr empfindliches Kriterium für geringe Mengen von ADP, die in Mitochondrien entwickelt werden, angewendet. Es handelt sich hier um einen Reduktionscyclus, der am Cytochrom a bei Zugabe von Succinat in Gegenwart von Azid beobachtet wird, wenn die Atmung zum Teil gehemmt ist. Der Reduktionscyclus zeigt eine geringe Menge ADP an, die dabei wieder verbraucht wird. Nach diesen Versuchen von CHANCE würden ungefähr 3—4 Mol ATP notwendig sein, um Wasserstoff vom Succinat auf 1 Mol DPN zu überführen.

KARLSON (München): Ich möchte nur fragen, ob diese Redoxpotentiale gemessen oder abgeschätzt wurden und auf welche Weise sie gemessen wurden. Und ob man irgendeinen Grund, einen chemischen Grund, sagen kann, weshalb dieses Flavoprotein ein soviel negativeres Redoxpotential hat; liegt da eine andere Flavingruppe zugrunde oder ist es nur die Bindung des Flavin-adenin-dinucleotids an das Protein, die diese Verschiebung bewirkt?

KLINGENBERG: Soweit sich diese Frage auf das Flavoprotein von SANADI bezieht, kann ich sie nicht beantworten. SANADI selbst läßt die Frage eigentlich offen. Er hat an diesem Flavoprotein durch Einstellung eines Gleichgewichtes mit DPN-DPNH ein Redoxpotential von —340 mV bestimmt. Nach Theorien von GRABE befindet sich reduziertes Flavoprotein selbst in einem phosphorylierten Zustand und existiert dabei in einer Art tautomeren Gleichgewichts mit einem angelagerten DPN-Molekül. Allerdings würde hierfür die Stöchiometrie nicht passen. Wir vermuten, daß dieses Flavoprotein nicht in der gleichen Konzentration vorhanden ist wie das DPN, welches reduziert wird. Die Frage muß noch offengelassen werden.

KARLSON (München): Würde diese Phosphataddition nach GRABE die Verschiebung erklären?

KLINGENBERG: Es würde die Inhibierung des Flavoproteins gegenüber der Oxydation und auch einen reversiblen Wasserstoffaustausch zwischen dem DPN und dem Flavoprotein erklären.

HESS (Heidelberg): Ich hätte zunächst zu der Rückreaktion noch eine experimentelle Frage. Sind die Untersuchungen unter Anaerobiose vorgenommen worden oder reagiert das ATP in dieser Rückreaktion auch unter Anwesenheit von Sauerstoff bzw. bei Antimycinhemmung und zweitens, warum ist in dieser Formulierung der Rückreaktion DPN eingetragen worden ? Nun würde man doch besser ganz allgemein Pyridinnucleotid sagen, um sich nicht festzulegen; denn man weiß ja nicht, wie jeweils die Verteilung auf die beiden Pyridinnucleotide ist. Die zweite Frage ist folgende: Der Vorstellung des DPN-I ist ja hier, wie ich den Eindruck habe, ein ehrenvolles Begräbnis bereitet worden. Nun möchte ich doch noch einmal die Untersuchungen von Slater aufgreifen, der veröffentlicht hat, daß er aus reinen Differenzmessungen gewisse DPN-Derivate gefunden hat, die nicht mit ADH in Reaktion treten. Vielleicht könnte dazu nochmals Stellung genommen werden. Und dann noch eine andere Frage: Wenn wir mit dem Doppelstrahlspektrophotometer oder mit der Fluorescenzmethode die Pyridinnucleotid-Kinetik verfolgen, dann messen wir eben die Summe der fluorescierenden Stoffe. Wie verteilt sich nun im Verhältnis zum ruhenden Zustand die Änderung der Reduktion auf die TPN und DPN-Systeme; im Zustand 3 also unter Aktivierung mit ATP ? Das wäre insofern ja doch ganz interessant, als man daraus entnehmen könnte, welches von den Produkten, die durch das Pyridinnucleotid reduziert werden, bei der Phosphorylierung das entscheidende ist, ob also die Reaktion eine TPN oder eine DPN-Reduktion einschließt.

Klingenberg: Hierzu ist zunächst zu sagen, daß diese Versuche an Mitochondrien gemacht wurden, die sehr wenig TPN enthalten. Skeletmuskelmitochondrien, Herzmuskelmitochondrien und Nierenmitochondrien enthalten nur ein Viertel soviel TPN wie DPN. Da dieser Effekt an diesen Mitochondrien genauso gut auftritt wie an Lebermitochondrien, glauben wir, daß es das DPN-System ist, das hier primär reduziert wird, und daß TPN anschließend damit nur durch eine Transhydrogenase im Gleichgewicht steht. Zu der weiteren Frage, ob der ATP-Effekt unter Anaerobiose auch zu beobachten ist: Wir haben diesen Versuch nicht unter Anaerobiose gemacht. Bisher ist die ATP-Zugabe im aeroben Status in Abwesenheit von Phosphat nur erfolgreich für die DPN-Reduktion gewesen. In Gegenwart von Antimycin A läßt sich bei vollständiger Hemmung der Atmung auch ein Effekt, wenn auch vermindert, beobachten. Antimycin A wirkt selbst bereits als Entkoppler. Das ließe sich also hiermit erklären. Wir haben mit Dr. Ernster zusammen in DNP-entkoppelten Mitochondrien in Gegenwart von Antimycin A auch eine leichte Reduktion des DPNH und TPNH bei Zugabe von ATP beobachten können.

Im Laboratorium von Slater war durch Purvis aus Analysen von Mitochondrien-Extrakten die Existenz einer dritten DPN-Verbindung DPN-I postuliert worden. Gleichzeitig war postuliert worden, daß DPN-I eine energiereiche Verbindung ist, die ein Zwischenprodukt der oxydativen Phosphorylierung darstellt, wie es in den Theorien von Slater und Lehninger formuliert wird. Es gibt 2 Phasen in den Versuchen von Purvis. In der 1. Phase seiner Versuche wurde unter bestimmten Inkubationsbedingungen in Extrakten ein Anstieg der Summe DPN + DPNH beobachtet, die er auf die Umwandlung der DPN-I-Verbindung in DPN zurückführt. Wir haben diesen Anstieg der DPNH + DPN-Summe nie beobachten können. In einer 2. Phase seiner Versuche behauptet Purvis, daß er im alkalischen Extrakt die Verbindung DPN-I fassen und unter bestimmten Bedingungen testen konnte. Diese 2. Phase der Versuche haben wir nicht nachgemacht. Offenbar handelt es sich bei PURVIS um experimentelle Schwierigkeiten, da er sagt, daß nur die Alkoholdehydrogenase, die er verwendet, für diese Versuche geeignet ist, und andere Alkoholdehydrogenase-Präparationen noch eine DPN-I-spaltende Funktion hätten. Soweit ich informiert bin, konnten diese Versuche auch in anderen Laboratorien bisher nicht bestätigt werden.

HOFMANN (Berlin): Ich möchte zunächst eine Zellart nennen, in denen höchstwahrscheinlich kein Glycerophosphatcyclus vorzuliegen scheint, und zwar sind das die Reticulocyten des Kaninchens, die eine beträchtliche Atmung aufweisen und in denen weder Baranowski-Ferment noch Meyerhof-Enzym nachgewiesen werden konnten. Das zweite, was ich sagen wollte, betrifft die Relation DPN-DPNH in den Geweben. Sie sagten, daß ein großer Teil des DPNH auf die Mitochondrien entfällt. Nun haben wir im Zusammenhang mit Biosynthese-Versuchen an lebender Hefe, das ist an DPN, gefunden, daß zunächst einmal Jodacetat das DPNH völlig zum Verschwinden bringt und daß wir schließlich nur oxydiertes DPN messen bei ungehemmter Atmung. Ich wollte nun fragen, wie man das erklärt. Das würde ja an sich darauf hindeuten, daß der größere Teil des DPNH im extra-mitochondrialen Raum vorkommt. Das andere, das wir finden, ist, daß bei Zugabe von Cyanid die DPN-DPNH-Relation nahezu unverändert ist. Dann wollte ich schließlich noch eine 3. Frage stellen: nämlich die, ob das Differenzspektrum gemessen wurde im extra-mitochondrialen Raum oder nur im mitochondrialen Raum.

KLINGENBERG: Darf ich in umgekehrter Reihenfolge antworten? Das Differenzspektrum wurde an isolierten Mitochondrien gemessen, es bezieht sich also nur auf mitochondriales Pyridinnucleotid. Von CHANCE wurden an Zellsuspensionen Differenzspektren gemessen, aus denen man auch auf den Zustand des Pyridinnucleotids des extra-mitochondrialen Anteils schließen könnte.

HOFMANN (Berlin): Meine Frage stellte ich deshalb, weil man ja daraus den Schluß hätte ziehen können, ob es tatsächlich stimmt, daß das reduzierte DPN im extra-mitochondrialen Raum spezifisch an Dehydrogenasen gebunden ist.

KLINGENBERG: Den Reduktionszustand des DPN betreffend habe ich gesagt, daß ich es für möglich halte, daß der mitochondriale Anteil weitgehend reduziert ist. Wir haben jedoch keine direkten Beweise dafür. Es besteht eine Parallelität zwischen dem mitochondrialen DPN-Anteil und dem Reduktionsgrad des gesamten DPN-Gehaltes. Die Tatsache, daß Jodessigsäure eine Oxydation hervorruft, wäre zunächst sicherlich auf eine Oxydation des cytoplasmatischen Anteiles zurückzuführen.

In Hefe scheinen nun die Bedingungen insofern anders zu sein, als hier bis jetzt nach den Versuchen von CHANCE keine Trennung der Pyridinnucleotidsysteme des mitochondrialen und extramitochondrialen Anteiles anzunehmen ist. CHANCE vermutet, oder kann seine Versuche nur dadurch erklären, daß in Hefezellen ein freier Austausch der Pyridinnucleotide von Mitochondrien zum extra-mitochondrialen Raum stattfindet. Wir können hier also andere Bedingungen haben. Der Mitochondriengehalt in Hefe dürfte, glaube ich, ohnehin ziemlich gering sein.

Pütter (Wuppertal): Mir ist bei der Reduktion des DPN durch Succinat noch folgender Punkt etwas unklar geblieben. Wenn ich Sie richtig verstanden habe, dann haben Sie diese Reaktion als eine Umkehr der oxydativen Phosphorylierung gedeutet. Wenn Sie aber, wie Sie sagten, in entkoppelten Mitochondrien auch den Effekt erreichten, daß durch Zugabe von ATP und bei gleichzeitiger Anwesenheit von Succinat DPN reduziert werden kann, so widerspricht sich das eigentlich; denn man sollte dann annehmen, daß auch die Umkehr gehemmt ist, wenn die oxydative Phosphorylierung selber entkoppelt ist.

Klingenberg: Dieser letzte Effekt ist größenordnungsmäßig schwächer als der Effekt, wenn die Mitochondrien nicht entkoppelt sind. Die Tatsache daß er auch in gekoppelten Mitochondrien beobachtet wird, steht in Übereinstimmung mit einer Theorie, die von Ernster seinerzeit formuliert wurde, nämlich, daß DPN nicht die Schritte, die zwischen der ATP-Bildung und dem Flavoprotein liegen, unterbricht. Dinitrophenol würde nur die Hydrolyse etwa eines besonders phosphorylierten Flavins fördern. Wir bekommen also in Gegenwart von ATP und auch von DNP einen kleinen Spiegel von phosphoryliertem, energiereichem Flavoprotein oder einem reduzierten Flavoprotein mit diesem negativen Redoxpotential.

Rapoport (Berlin): Vorerst eine Bemerkung zu diesen Succinatversuchen. Soweit ich mich besinne, findet man schon solche Versuche an Keilin-Hartree-Präparaten bei Slater, der das System Succinat-Fumarat untersuchte und damit auch eine gewisse Reduktion von DPN bewerkstelligte. Ich glaube, diese dürften Ihnen auch bekannt sein. Sie sind, glaube ich, im Jahre 49 im Biochemical Journal, Band 45 veröffentlicht und sie sind vielleicht der Keim eines Effektes, und es ist sicherlich noch fraglich, wie die letzte Deutung ist. Was den ATP-Effekt betrifft, in der Theorie von Ernster, so glaube ich, daß das sehr viel für sich hat. Wir haben dafür recht gute Beweise an Reticulocyten. — Hier können wir, durch Änderung der Substrate eine Veränderung der intercellulären anorganischen Phosphat- und Adenosinphosphatkonzentration herbeiführen und das ohne Änderung der Atmung. DNP erhöht die Atmung. Wir haben weitergehende Versuche die zeigen, daß also anscheinend die Kontrolle der Atmung auch über die Hydrolyse erfolgen kann. Ich wollte nun eine Frage stellen: Bedeuten nicht Ihre Versuche, bei denen nach Amytal an DPN kein Unterschied mehr zwischen TPN und DPN-Relationen auftritt, daß eigentlich die Hinweise für eine spezifische Bindung nicht sehr viel für sich haben? Das heißt umgekehrt, daß die Versuche eigentlich dagegen sprechen würden, natürlich im Rahmen der übrigen Unsicherheiten; aber ich glaube, man könnte doch dieser Deutung näherkommen. Und was das β-Oxybutyrat betrifft, so glaube ich, liegt doch der Fall hier derart, daß das β-Oxybutyrat, obwohl es ein sessiles Enzym ist, in Mitochondrien gebunden ist, doch für DPN zugänglich ist, auch für extramitochondriales DPN und im Gegensatz zu anderen DPN-Enzymen aktiv ist, ohne daß es abgelöst wird. Natürlich kann man auch hier wieder nicht aus den Modellversuchen sehr viel mehr sagen, als daß die Möglichkeiten, die in Betracht zu ziehen sind, noch größer sind als unsere Möglichkeiten, sie experimentell auszuschließen.

KLINGENBERG: Darf ich zuerst antworten auf die letzte Frage bezüglich des β-Oxybutyrates? Man müßte in diesem Fall annehmen, daß β-Oxybutyrat und auch DPNH wahrscheinlich in die Mitochondrien hineingehen, letzteres aber dort nicht oxydiert wird, weil es dort anderes DPNH vorfindet, was bereits die Oxydationsstellen blockiert. β-Hydroxybutyratdehydrogenase ist wohl in den mitochondrialen Membranen gebunden. Es ist wohl kaum wahrscheinlich, daß sie nur an der Oberfläche sitzt.

Man weiß, daß Dinitrophenol die Bindung der Pyridinnucleotide labilisiert. Es gibt Versuche von KAUFMANN und KAPLAN, in denen gezeigt wurde, daß von entkoppelten Mitochondrien die Pyridinnucleotide leichter in den Mitochondrienüberstand wandern, als von intakten Mitochondrien, in denen sie oxydiert oder auch reduziert gebunden bleiben. Besonders fest sind die reduzierten Pyridinnucleotide gebunden. Man könnte auch hier an eine Lockerung der Pyridinnucleotidbindung allein durch Dinitrophenol denken.

HOLZER (Freiburg): Ich wollte noch etwas sagen zum DPNH/DPN-Quotienten. Als eine Möglichkeit, wie dieser Unterschied zwischen dem DPNH/DPN-Quotienten, den man spektrophotometrisch oder analytisch mißt nach Zerstörung der Zellen und dem, den man indirekt mißt in tierischen Zellen mit Milchsäure-Pyruvat-Messung zu erklären ist, diskutierten Sie die verschiedene Bindungsfestigkeit von DPNH und DPN. Dazu kann ich Ihnen quantitative Angaben machen, die für die Hefezellen gelten. Dort sind ja die gleichen Verhältnisse wie für die Milchsäuredehydrogenase, für die Alkoholdehydrogenase und für das System Acetaldehyd-Alkohol mit dem man den DPNH/DPN-Quotienten messen kann. Wenn man nun mißt, wieviel Alkoholdehydrogenase in Hefezellen vorhanden ist, und die verschiedenen Michaelis-Konstanten mit DPNH und DPN berücksichtigt, die sich etwa um eine Zehnerpotenz unterscheiden um die das DPNH fester gebunden wird, dann kommt heraus, daß man tatsächlich, quantitativ ist übertrieben, aber daß man größenordnungsmäßig schon allein mit dem Alkoholdehydrogenasegehalt der Hefezellen erklären kann, weshalb so wenig freies DPNH neben DPN vorliegt und der Hauptteil von dem DPNH also gebunden ist. Man kann dann damit die Diskrepanz zwischen den Messungen der freien Nucleotide und der Gesamtnucleotide erklären.

RAPOPORT (Berlin): Herr HOLZER, darf ich eine Frage stellen: Ist denn die Alkoholdehydrogenase gesättigt mit DPNH in der Hefe?

HOLZER (Freiburg): Ja, es liegt ja an sich ein Gleichgewicht vor zwischen DPNH und DPN. Die molare Konzentration an Alkoholdehydrogenase und an DPNH + DPN ist etwa gleich groß in Hefezellen. Die Michaelis-Konstante ist, glaube ich, 10^{-5} von DPNH und Alkoholdehydrogenase. Sie ist also zumindest zu einem großen Prozentsatz gesättigt mit DPNH.

HOFMANN (Berlin): Es ist vielleicht interessant, durch Zugabe von Spuren Nicotinsäure oder Nicotinsäureamid kann man die DPN und DPNH-Konzentration in der Hefe steigern, und zwar um mehr als 100%. Man kommt auf etwa 800—1000 γ DPN + DPNH pro Gramm Frischgewicht. Und dann findet man keine Veränderungen des DPN/DPNH-Quotienten. Wenn man nun sagt, daß das Alkoholdehydrogenasesystem an DPNH und DPN gesättigt ist, bei der normalen Konzentration, so müßte man eigentlich bei gesteigerter Konzentration eine Veränderung finden und die findet man nicht. Wir analysierten nach Aufschluß mit Säure und mit Lauge.

Bücher (Marburg): Darf ich hierzu gerade eine Frage stellen? Haben Sie, Herr Dr. Hofmann, jetzt auch wirklich den anderen Versuch gemacht? Haben Sie die Konzentration der Alkoholdehydrogenase gemessen?

Hofmann (Berlin): Nein, die habe ich nicht gemessen.

Bücher (Marburg): Das wäre ja interessant; vielleicht steigt die auch um das Doppelte.

Hofmann (Berlin): Ja, das ist möglich. Wir wissen nur, daß die Gärung und die Atmung nicht verändert sind.

Bücher (Marburg): Der Versuch ist ja außerordentlich interessant und es wäre dieses Experiment dafür von großer Bedeutung.

Rapoport (Berlin): Gärung und Atmung kann man nicht sagen, weil die Alkoholdehydrogenase im Überschuß ist.

Bücher (Marburg): Ich habe mir an sich vorgenommen, noch einmal ganz kurz etwas zum allgemeinen physiologischen Aspekt dieser Dinge, die hier diskutiert werden, zu sagen. Was sich vor unserem geistigen Auge abzeichnet, das ist ja, daß der Weg des Wasserstoffs durch die Zelle, der von elementarer Bedeutung ist, für fast alle Funktionen der Zelle sich außerordentlich differenziert, und wenn man ein Bild wählen will, das natürlich in vielen Teilen hinkt, dann ist die Zelle mit ihrem vielfältig verästelten Weg des Wasserstoffs langsam für uns so etwas wie der Blutkreislauf. Es ist kein Kreislauf, aber es ist ein System, welches unglaublich viele Elemente hat, die koordinativ miteinander verbunden sind. Man kann, und wir haben es hier schon einmal getan vor einigen Jahren, das TPN/TPNH-System mit den Arterien vergleichen, die einen hohen Druck haben, in diesem Fall natürlich einen hohen Wasserstoffdruck und das DPN/DPNH-System mit den Venen, d. h. eine Wasserstoffleitung die nur eine relativ geringe reduzierende Kraft, einen relativ geringen Wasserstoffdruck hat. Zwischen diesen beiden Systemen spannt sich nun das System der Arteriolen und der Capillaren, die arteriovenösen Anastomosen der Transhydrogenasen usw. Wenn man nun einmal fragt, und das betrifft die Physiologen, die sich mit den Warmblütern beschäftigen, was eigentlich der Venendruck ist, dann kommt heraus, daß für den Organismus als Ganzes das System Lactat-Pyruvat einen gewissen Spiegel, einen gewissen Blutdruck oder Wasserstoffdruck festsetzt, der durch die Permeabilität des Systems in alle Zellen und die gegenseitige Unterstützung eine bestimmte Basis setzt, auf die sich nun dieses ganze Gebäude des Wasserstoffstroms oder dieses ganze fließende System des Wasserstoffstroms aufbaut. Das etwa ist, was ich in kurzen Worten sagen wollte.

Weitzel: Ich glaube, damit dürfte die Diskussion abgeschlossen sein.

Flavoproteine
Komplexe, Semichinone und Metalle in Flavoproteinen

Von

Helmut Beinert

*Institute for Enzyme Research, University of Wisconsin,
Madison/Wisconsin, USA*

Mit 38 Textabbildungen

1. Einleitung

Ein Vortrag über Flavoproteine, also über proteingebundene
Flavine, mag auf den ersten Anblick innerhalb eines Colloquiums
über die Bedeutung der freien Nucleotide nicht ganz am Platze
erscheinen. Jedoch, wenn man im Rahmen unseres Themas mehr
als die physikalischen und chemischen Eigenschaften der Flavin-
Nucleotide überhaupt behandeln will, so kann man dies nur sinn-
voll tun, indem man die Flavoproteine bespricht, denn freie Flavin-
Nucleotide spielen — zumindest bei höheren Organismen — keine
Rolle im Stoffwechsel, außer der, zum Einbau in Flavoproteine
bereit zu stehen. Außerdem versucht das Leitwort unseres Themas,
„freie Nucleotide", wohl auch auszudrücken „nicht polymerisierte
Nucleotide" im Vergleich zu denen, die in die Nucleinsäuren eingebaut sind. Im Gegensatz zur Mehrzahl der Nucleotide, aber
analog den Pyridin-Nucleotiden, kommen Flavin-Nucleotide nur
in monomerer Form vor.

Ich möchte die zur Verfügung stehende Zeit heute nicht dazu
benützen, eine Übersicht über das Vorkommen der an die 60 bekannten Flavoproteine zu geben und über die Reaktionen, die sie
katalysieren. Ich möchte vielmehr Eigenschaften der protein-
gebundenen Flavine besprechen, die mit ihrer Wechselwirkung mit
Protein und dem Reaktionsmechanismus der Elektronenüber-
tragung zu tun haben, hauptsächlich also: Komplexbildung und
Semichinonbildung — Eigenschaften, die man im Zusammenhang

betrachten muß — und dann Anhaltspunkte für Metall-Flavo-protein-Beziehungen, wie sie in metallhaltigen Flavoproteinen vor-kommen können.

Die hauptsächlichen experimentellen Methoden auf dem Flavin-Gebiet sind — ähnlich wie auf dem der Pyridin-Nucleotide — Absorptions- und Fluorescenz-Spektroskopie; und neuerdings hat sich hierzu noch Elektronen-paramagnetische Resonanz (EPR) Spektroskopie gesellt, eine Methode, die uns Auskunft über Semichinonbildung und Valenzwechsel von Metallen geben kann.

Leider hat sich die Fluorescenz-Methode im Gegensatz zu ihrer erfolgreichen Anwendung bei Pyridin-Nucleotiden, nicht als von besonderem Nutzen beim Studium der meisten Flavoproteine erwiesen. Bei der Bindung an Protein wird im allgemeinen die Fluorescenz gelöscht. Man kann also Enzym-Coenzym-Bindung studieren in den wenigen Fällen, in welchen die Flavingruppe dissoziiert werden kann, wie dies Nygaard und Theorell[1] erfolgreich beim alten gelben Ferment getan haben. Jedoch bei der Mehrzahl der nicht oder schwer dissoziierbaren Flavoproteine ist die Fluorescenzmethode kaum anzuwenden. Außerdem fluorescieren Flavine im reduzierten Zustand nicht. Es ist also schwierig, Enzym-Substrat-Bindung zu studieren bei den wenigen fluorescierenden Flavoproteinen, da es nicht leicht zu entscheiden ist, ob Reduktion durch Substrat oder seine Bindung an das Flavoprotein die Fluorescenz löscht.

2. Komplexbildung

Abb. 1 zeigt ein Kalotten-Modell von FAD. Der Übersicht halber ist FAD hier in der „offenen" Form gezeigt, in der das Iso-alloxazin-Ringsystem nicht in enge Beziehung zum Adenin tritt. Es ist anzunehmen[2], daß in wäßriger Lösung ein Gleichgewicht besteht zwischen dieser Form und einer inneren Komplex-Form, bei der die beiden Ringsysteme in Wechselwirkung treten und sich vermutlich überlagern. Dies ist in Abb. 2 zum Ausdruck gebracht, die ein Draht-Modell von FAD zeigt. In der inneren Komplex-Form ist die Fluorescenz gelöscht. Da das Gleichgewicht der beiden Formen in wäßriger Lösung zu Gunsten der geschlossenen Form liegt, hat FAD nur etwa 15% von der Fluorescenz von FMN oder Riboflavin.

Die innere Komplex-Bildung drückt sich auch im Absorptionsspektrum aus. Die Veränderung des Flavinspektrums ist ganz analog der, die man findet, wenn Flavine mit einer Reihe von anderen Molekülen Komplexe bilden. Als Beispiel mag der Flavin-Phenol-Komplex dienen (Abb. 3)[3]. Es erfolgt eine allgemeine

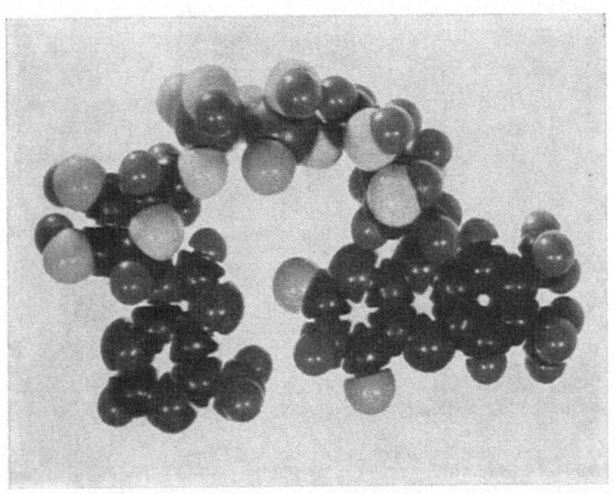

Abb. 1. Kalotten-Modell von FAD, offene Form, konstruiert von Dr. S. SHIMIZU, Tokyo

Abb. 2. Draht-Modell von FAD, innere Komplex-Form, konstruiert von Dr. S. F. VELICK, St. Louis

Schwächung der Absorption, eine Verschiebung des Haupt-Maximums im sichtbaren nach längeren Wellenlängen und eine Ausbuchtung des absteigenden Kurvenastes bei etwa 470 mμ, so daß sich die Kurven des Riboflavins und des Komplexes überschneiden.

Die gezeigten Spektralverschiebungen sind nicht nur ähnlich denen, die im FAD durch innere Komplexbildung erfolgen, sondern auch denen, die bei Bindung von FMN oder FAD an Protein erfol-

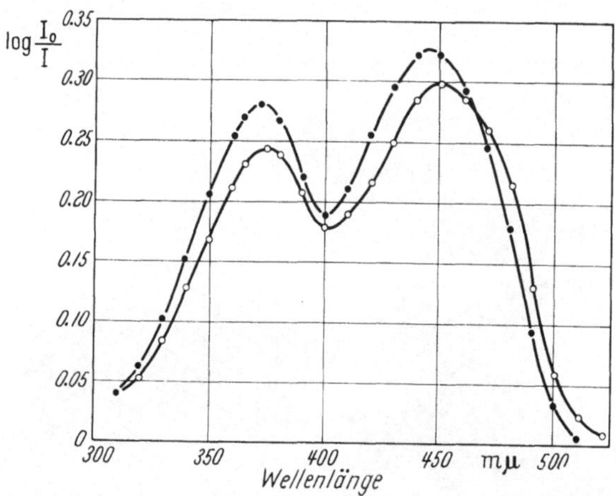

Abb. 3. Veränderung des Absorptionsspektrums von Riboflavin in wäßriger Lösung durch Phenol. Riboflavinkonzentration $2,66 \times 10^{-5}$ Mol; ·—·—·— wäßrige Riboflavinlösung, O-O-O, Riboflavin in 0,58 m Phenollösung. Mit Genehmigung nach YAGI und MATSUOKA[3]

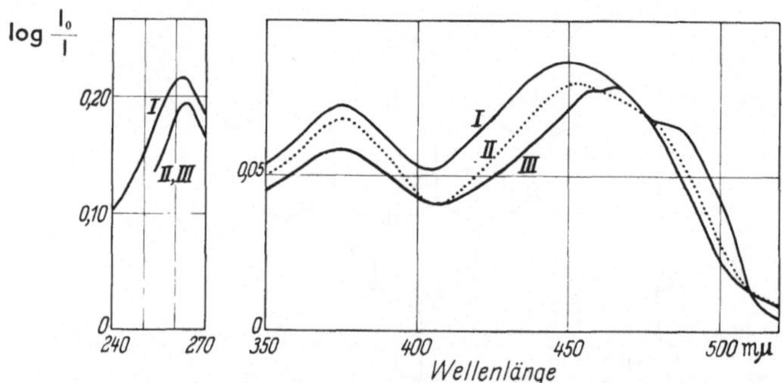

Abb. 4. Veränderungen des Absorptionsspektrums von FAD bei Bindung an das Apoprotein der D-Aminosäure Oxydase und bei Bindung von Benzoat an das rekombinierte Enzym. Kurve *I*: Absorptionsspektrum von FAD $(7,7 \times 10^{-6}$ Mol) in 0,1 m Pyrophosphat vom pH 8,3; Kurve *II*: Differenzspektrum von D-Aminosäure Oxydase Apoprotein $(2,3 \times 10^{-5}$ Mol) vor und nach Zusatz von FAD $(7,7 \times 10^{-6}$ Mol) in Pyrophosphat; Kurve *III*: Differenzspektrum von D-Aminosäure Oxydase Apoprotein vor und nach Zusatz von $7,7 \times 10^{-6}$ Mol FAD und 10^{-4} Mol Benzoat in Pyrophosphat-Puffer. Mit Genehmigung nach YAGI u. Mitarb.[4]

gen. Ein treffendes Beispiel liefert die d-Aminosäureoxydase von Schweinenieren, ein Enzym, bei dem die Flavingruppe mit Leichtigkeit abgespalten werden kann. Abb. 4 zeigt Spektren, die von

YAGI u. Mitarb.[4] aufgenommen wurden: Kurve I, freies FAD, Kurve II das Differenz-Spektrum von FAD und Apoprotein, und Kurve III zeigt dann weitere Veränderungen, die stattfinden, wenn außerdem noch Substrat gebunden wird. Da Substrat selbst gleichzeitig reduzierend wirken und damit tiefgreifende Veränderungen verursachen würde, muß man hier einen Kunstgriff anwenden; man muß nämlich anstatt Substrat ein ähnlich stark gebundenes Molekül, das nicht reduziert, benutzen, wie etwa einen Hemmstoff

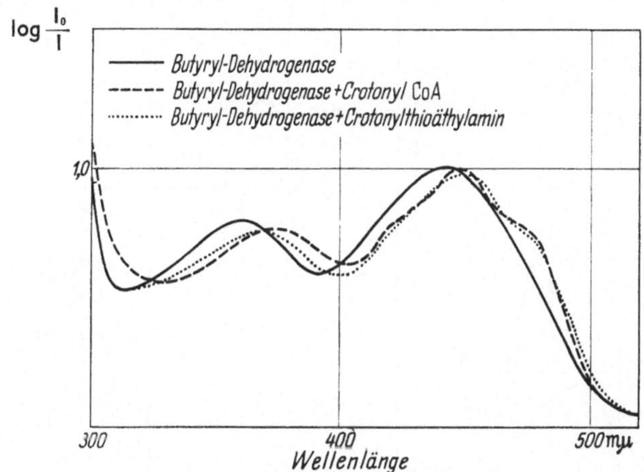

Abb. 5. Butyryl Dehydrogenase (gelbe Form, cf.[6]). entsprechend 0,015 μMol gebundenem Flavin, gelöst in 0,20 cm³ 0,05 m Phosphat (pH 7,4) bei 2°. Ausgezogene Kurve: unbehandeltes Enzym; gestrichelte Kurve: Enzym nach Zusatz von 0,012 μMol Crotonyl CoA; punktierte Kurve: Enzym nach Zusatz von 0,5 μMol Crotonyl-Thioäthylamin

oder das Reaktionsprodukt, d. h., die oxydierte Form des Substrats. Da es bekannt ist, daß aromatische Aminosäuren spektrale Veränderungen in Riboflavinlösungen hervorrufen[5], d. h. also Komplexe bilden, ist es wahrscheinlich, daß die Effekte von Protein auf Flavinspektren hauptsächlich von aromatischen Aminosäuren herrühren.

Ein Beispiel ähnlicher Art finden wir bei Butyryl-dehydrogenase (Abb. 5). Wiederum, um Oxydoreduktion zu vermeiden, benutzen wir nicht das reduzierende Substrat, sondern seine oxydierte Form, das Reaktionsprodukt, Crotonyl-CoA. Die ausgezogene Linie zeigt das unkomplizierte Flavinspektrum der gelben Form der Butyryl-dehydrogenase[6]. Die gestrichelte Kurve gibt das Differenzspektrum nach Zusatz von Crotonyl-CoA. Spektrale Verschiebungen zeigen Komplexbildung an. Ich wähle dieses Beispiel, weil wir in diesem Falle in der Lage sind, sogar etwas auszusagen über den Teil des Substratmoleküls, der die spektralen Veränderungen hervorruft. Wenn nämlich Crotonylthioäthylamin zu Butyryl-dehydrogenase zugesetzt wird, ein Substrat-Analoges, dem der Nucleotid-Anteil von CoA fehlt, so findet die Veränderung bei 470—490 mμ statt, wie bei Crotonyl-CoA-Zusatz, nicht aber die bei 310 mμ. Wir können also schließen, daß der S-Crotonyl-Rest

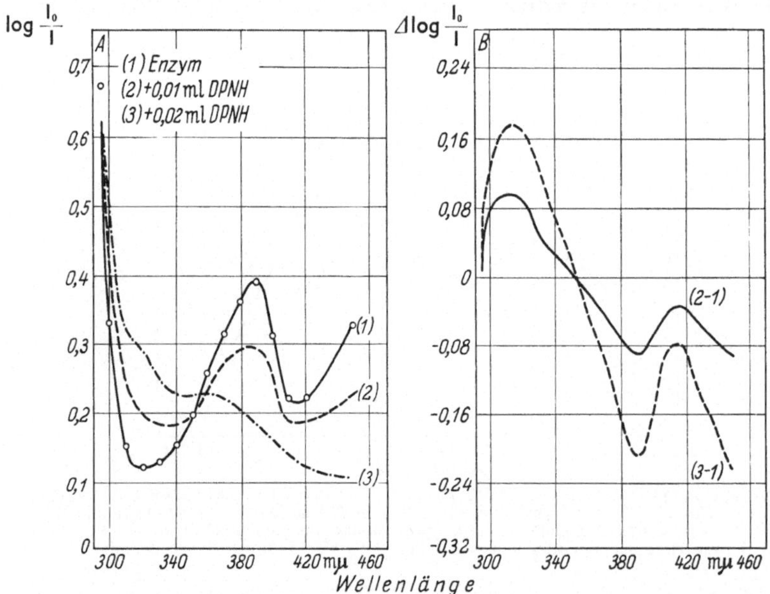

Abb. 6. Absorptions-Spektren von Mikrosomen-Cytochrom Reduktase, anaerob, bei 0—5°. A, Kurve 1: Spektrum von 0,18 cm³ Enzym, enthaltend 0,00638 μMol, in 0,1 m Tris-Puffer und 0,001 Mol EDTA vom pH 8,1. Kurve 2: erhalten nach Zusatz von 0,01 cm³ DPNH (0,00298 μMol); Kurve 3: nach Zusatz von 0,02 cm³ DPNH (0,00596 μMol). Die Ringe an Kurve 1 zeigen das Spektrum an nach Reoxydation. Messungen wurden in Intervallen von 5 mμ gemacht und in allen Fällen auf ein Volumen von 0,20 cm³ korrigiert. B, die Differenzspektren von Kurve 2 minus Kurve 1 und von Kurve 3 minus Kurve 1 von A. Mit Genehmigung nach Strittmatter[7]

die Verschiebung im längerwelligen verursacht, während die Flavoprotein-Nucleotidbindung sich im nahen Ultraviolett ausdrückt. In diesem Zusammenhang ist es interessant, daß Strittmatter[7] bei der mikrosomalen Cytochrom-Reduktase gefunden hat, daß der DPNH-Komplex dieses Ferments ebenfalls eine Bande im nahen Ultraviolet (315 mμ) besitzt (Abb. 6).

Nun möchte ich kurz eine Reihe von Flavoproteinspektren zeigen, die ähnliche spektrale Verschiebungen erkennen lassen, wie wir sie in den Abb. 3—5 gesehen haben. In diesen Fällen jedoch besitzen bereits die reinen Flavoproteine — ohne Zusätze — diese spektralen

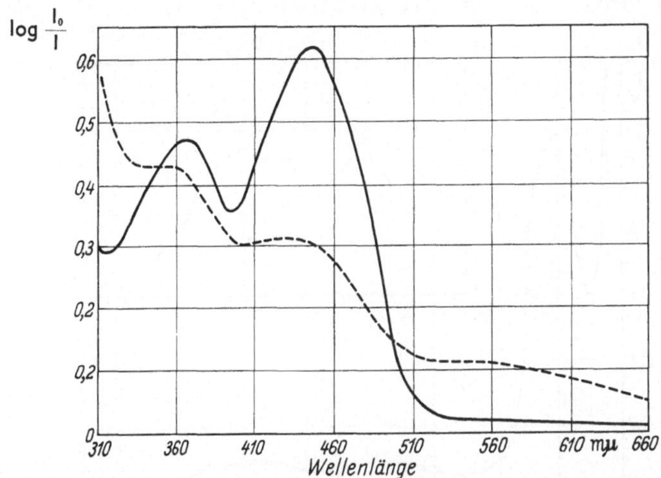

Abb. 7. Absorptionsspektrum von 1,08 mg Acyldehydrogenase (C_4—C_{16}) in 0,36 cm³ 0,2 m Tris Acetat vom pH 8,1. Ausgezogene Kurve: oxydierte Form; gestrichelte Kurve: reduziert mit 0,1 µMol Octanoyl CoA (nicht korrigiert für einen geringfügigen Beitrag von Octanoyl CoA zum Spektrum zwischen 310 und 340 mµ). Mit Genehmigung nach BEINERT und CRANE[8]

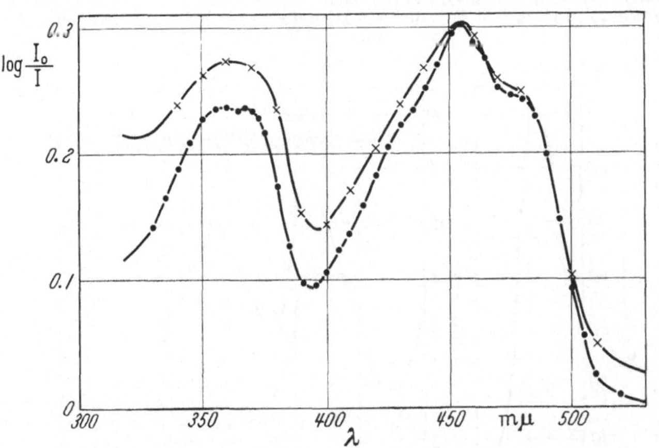

Abb. 8. Absorptionsspektrum von Diaphorese (Liponsäure Dehydrogenase), 2 mg per cm³ dargestellt nach MASSEY[9] und nach SAVAGE[10], · — · nach MASSEY; x — x nach SAVAGE. Mit Genehmigung nach MASSEY[9]

Eigenheiten. Wir müssen daher hier auf Wechselwirkungen zwischen der Proteinkomponente und der prosthetischen Gruppe schließen. Zunächst sei ein einfaches, unkompliziertes Flavoproteinspektrum gezeigt, das der Acyldehydrogenase $(C_4$—$C_{16})$[8] (Abb. 7). STRAUBs Diaphorase oder, wie wir nun wissen, Liponsäuredehydrogenase gibt das Spektrum von Abb. 8[9,10]. Hier

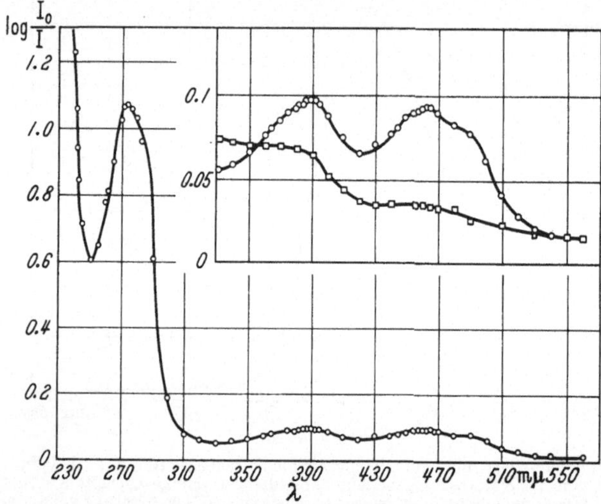

Abb. 9. Absorptionsspektrum von L-Aminosäureoxydase aus Schlangengift. Abszisse: Wellenlänge in mμ; Ordinate: Extinktion in 10 mm-Cuvetten. Ringe: Enzym unbehandelt; Quadrate (untere Kurve im Einsatz), Enzym nach Zugabe von 0,2 cm³ 0,1 m L-Leucin. Temperatur 25°. In ungefähr 5 × 10⁻² Mol Trispuffer vom p$_H$ 7,2. Mit Genehmigung nach SINGER und KEARNEY

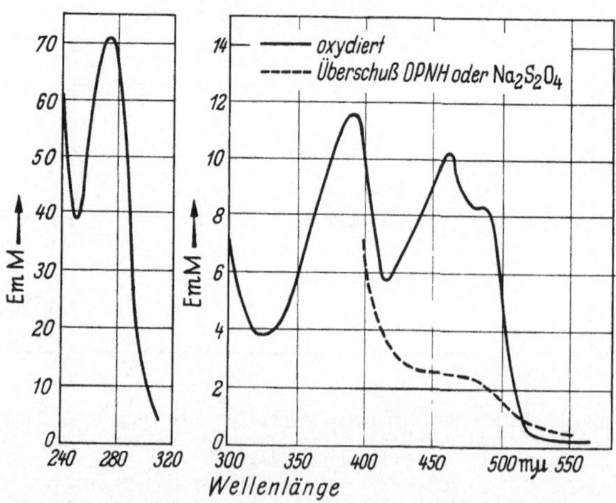

Abb. 10. Absorptionsspektra von oxydierter und reduzierter Mikrosomen-Cytochrom Reduktase in 0,1 Mol Trisacetat und 0,001 Mol EDTA vom p$_H$ 8,10 bei 5°. Zur Reduktion wurde ein Überschuß von Dithionit oder 0,2 μMol DPNH per cm³ zugesetzt. Die Kontrollcuvetten enthielten denselben Puffer und dieselbe Menge Reduktionsmittel. Die E_{mM}-Werte basieren auf Flavin-Analysen. Mit Genehmigung nach STRITTMATTER und VELICK[12]

erkennen wir eine deutliche Schulter zwischen 470 und 490 mμ und außerdem ein Wandern des kurzwelligen Maximums nach dem Ultravioletten. Dies führt zu einer tiefen Einkerbung bei dem Minimum bei etwa 400 mμ. Ein Spektrum ähnlicher Art, jedoch ohne diesen Einschnitt bei 400 mμ erhält man von l-Aminosäure-oxydase von Schlangengift[11] (Abb. 9). Abb. 10 zeigt das Spektrum mikrosomaler Cytochrom-Reduktase[12] und Abb. 11 das des

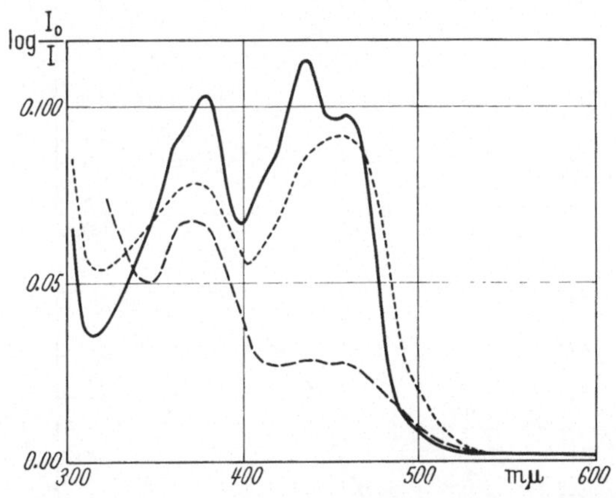

Abb. 11. Absorptionsspektrum des "electron transferring flavoprotein" (ETF). 0,180 mg ETF in 0,4 cm³ 0,025 m Phosphat vom pH 7,0. Ausgezogene Kurve: Oxydierte Form des Enzyms; gestrichelte Kurve: Enzym reduziert mit 0,03 μMol Palmityl CoA und 0,015 mg Acyl-Dehydrogenase (C_4—C_{16}); korrigiert für Absorption der Zusätze. Punktierte Kurve: Spektrum der mit Säure abgespaltenen Flavinkomponente. Mit Genehmigung nach CRANE und BEINERT[13]

"electron transferring flavoprotein"[13]. Hier sehen wir nicht mehr eine Schulter in der 470—490 mμ-Gegend, sondern ein ausgeprägtes, wenn auch schwaches, zusätzliches Maximum.

Die Frage ist nun: Können wir mehr aussagen, als daß diese spektralen Verschiebungen vorkommen? Leider sind wir heute erst in den Anfängen, diese Beobachtungen auf eine rationale Basis zu stellen. HARBURY[14] hat gezeigt, daß Spektralverschiebungen stattfinden, die denen von Abb. 8—11 sehr ähnlich sind, wenn die Polarität des Lösungsmittels geändert wird, in dem ein Flavin gelöst ist. Abb. 12 zeigt die Spektren von 3-Methyllumiflavin in Wasser, Dioxan und Benzol. Wir sehen hier die drei Typen, die wir vorher bei den Flavoproteinspektren erkannten. HARBURY nimmt an, daß die Möglichkeit zur Wasserstoffbindung der entscheidende Faktor ist. In Lösungen, in denen Wasserstoffbindung mit dem

Lösungsmittel ausgeschlossen ist, finden wir den spektralen Typ der Abb. 12c.

Die Wanderung des kürzerwelligen Flavinmaximums nach dem Ultravioletten ist auch zu beachten hier. Dies ist von besonderem

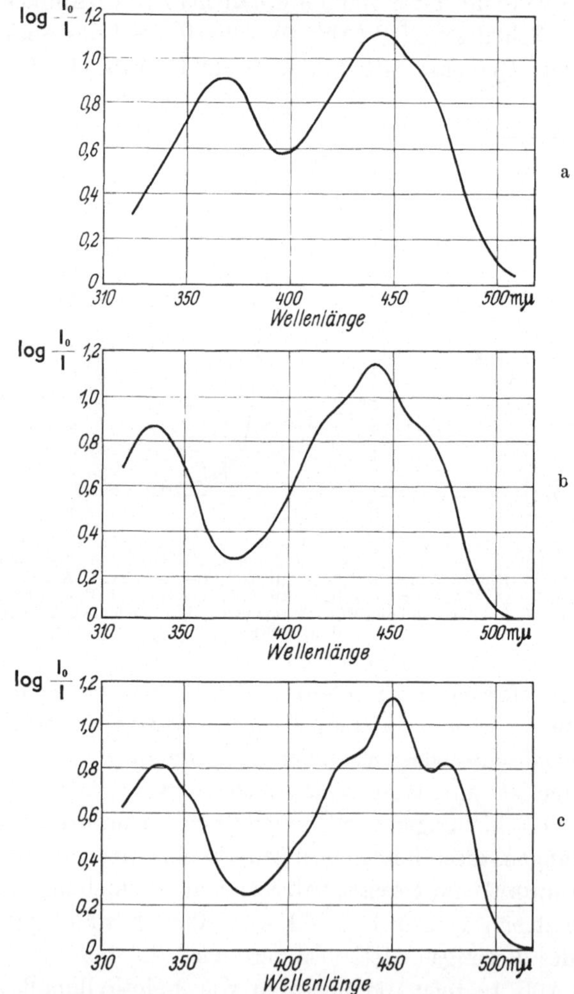

Abb. 12a—c. Absorptionsspektren von 3-Methyllumiflavin, $1,9 \times 10^{-5}$ Mol in 5 cm Cuvette. a: in Wasser bei pH 7,3; b: in Dioxan; c: in Benzol. Nach Harbury u. Mitarb.[14]

Interesse, da Kearney[15] gefunden hat, daß eine solche Verschiebung in der Flavinkomponente der Succinodehydrogenase

vorkommt. Dieses Flavin enthält noch eine gebundene Polypeptidkette, selbst wenn es vom Protein durch den Einfluß von Trypsin
abgespalten ist. Die Bindung zur Polypeptidkette scheint sich also

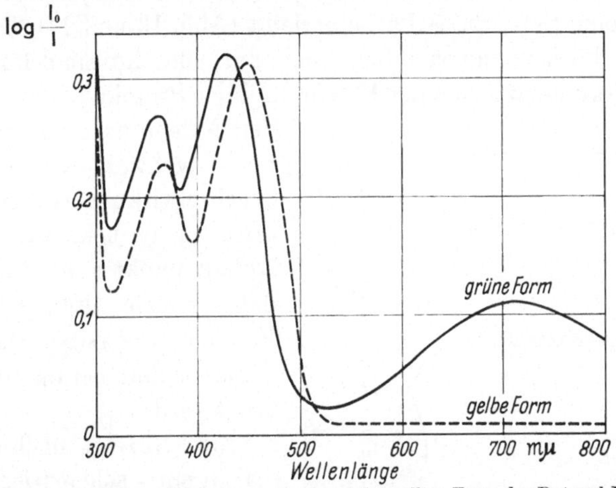

Abb. 13. Absorptionsspektren der grünen und der gelben Form der Butyryl Dehydrogenase.
Ausgezogene Kurve: 292 μg der grünen Form in 0,20 cm³ 0,035 m Phosphat vom pH 7,4.
Gestrichelte Kurve: 217 μg der gelben Form in 0,150 cm³ desselben Puffers. Die verwendeten
Proben stammten von demselben Präparat des ursprünglich grünen Enzyms. Mit
Genehmigung nach STEYN-PARNÉ und BEINERT [6]

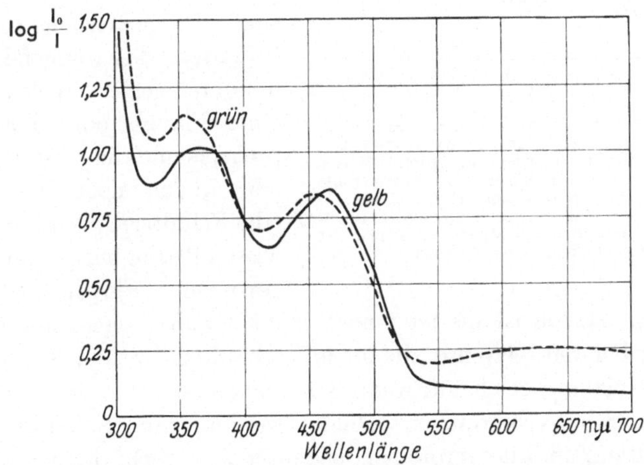

Abb. 14. Absorptionsspektren des alten gelben Fermentes in saurer und alkalischer Ammoniumsulfatlösung. Das Enzym war etwa 80 % rein. Die Spektren wurden aufgenommen in etwa
50 %iger Ammoniumsulfatlösung vom pH 10,2 (durch Zusatz von konzentriertem Ammoniak)
und in derselben Lösung nach Einleiten von Stickstoff. Mit Genehmigung nach RUTTER und
ROLANDER [16]

in einer Wanderung des kurzwelligen Flavinmaximums auszudrücken. Der Kuriosität halber möchte ich noch eine Besonderheit
erwähnen, die bisher nur bei zwei Flavoproteinen gefunden wurde,
nämlich eine Bande im Langwelligen, bei etwa 700 mμ, die diesen
Enzymen eine tiefe, grüne Farbe verleiht (Abb. 13 und 14). Diese
Bande ist höchstwahrscheinlich auch auf eine intramolekulare
Wechselwirkung zwischen der Flavin- und der Proteinkomponente
der Fermente zurückzufüh-
ren[6]; welcher Art diese
Wechselwirkung ist, ist jedoch nicht bekannt. Ein
Anhaltspunkt könnte sein,
daß sie beim alten gelben
Ferment reversibel durch
Ammonsulfat bei p_H 10 er-
zeugt wird[16].

Abb. 15 zeigt noch ein-
mal in einer schematischen
Darstellung, welche Besonderheiten in Flavin- oder
Flavoproteinspektren bis
jetzt beobachtet worden
sind[17]. Die gestrichelte Linie
bedeutet das ungefähre,
unkomplizierte Spektrum
eines Flavins oder Flavo-
proteins und die ausgezoge-
nen Linien neue Banden
oder Schultern, die unter gewissen Bedingungen und bei
gewissen Flavoproteinen

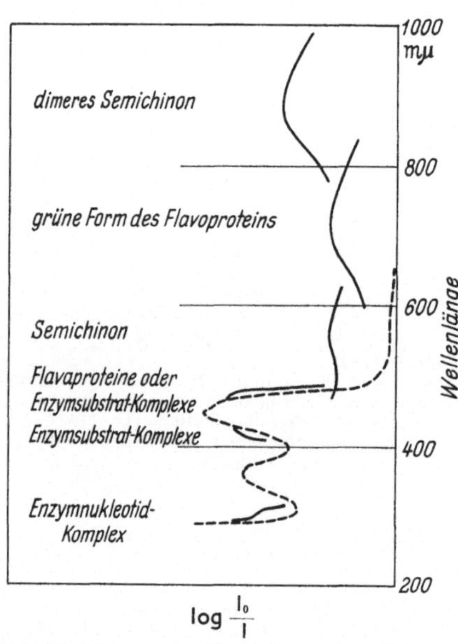

Abb. 15. Schematische Darstellung eines Flavin-
oder Flavoproteinspektrums (gestr. Kurve) und
von Spektralverschiebungen, die unter gewissen
Bedingungen und bei einigen Flavoproteinen beobachtet wurden (ausgezogene Kurven). Die In-
tensitäten der eingezeichneten Absorptionsban-
den stehen ungefähr im richtigen Verhältnis. Mit
Genehmigung nach Beinert[17]

auftreten. Davon ist bis jetzt noch nicht erwähnt eine schwache
Schulter bei 400—420 mμ, die oft in Verbindung mit der Schulter
bei 470—490 mμ erscheint, wenn Komplexe mit Substrat, Protein
oder anderen Verbindungen gebildet werden. Eine Schulter bei
400—420 mμ in Flavoproteinen bedeutet also nicht immer eine
Hämoprotein-Verunreinigung (s. Abb. 5 und 12). Ebenfalls nicht
erwähnt wurden bis jetzt die breiten Banden bei etwa 570 und bei
900 mμ. Die Bedeutung dieser Banden soll uns im nächsten

Abschnitt beschäftigen. Sie ist lange nicht klar gewesen und ist auch heute noch nicht in jeder Beziehung geklärt.

3. Semichinonbildung

Abb. 7 zeigte das Spektrum einer der Acyldehydrogenasen. Wenn dieses Enzym durch Dithionit reduziert wird (Kurve nicht eingezeichnet), dann sinkt die Absorption bei 447 mμ (Maximum) auf etwa 25% ab und im Langwelligen überschreitet sie nicht die der oxydierten Form. Wenn jedoch ein Substrat, etwa Octanoyl-CoA, zu dem Enzym zugesetzt wird, dann wird die Absorption um das Flavinmaximum nur teilweise aufgehoben, und eine neue breite Bande erscheint zwischen 500 und 700 mμ. Nahezu dieselbe Erscheinung wird hervorgerufen, wenn man zum chemisch reduzierten Enzym die oxydierte Form des Substrats, also etwa $\Delta^{2,3}$-Octanoyl-CoA, zusetzt. Oxydiertes Enzym mit oxydierter Form des Substrats versetzt und reduziertes Enzym mit der reduzierten Form des Substrats versetzt, zeigt nicht die Ausbildung der neuen Absorptionsbande. Die Reaktionspartner müssen also in entgegengesetztem Oxydationszustand sein, wenn die Bande erscheinen soll. Dies kann als ein Hinweis darauf betrachtet werden, daß diese Bande einen Komplex von reduziertem Enzym und Reaktionsprodukt oder möglicherweise eine Oxydations-Zwischenstufe, etwa ein semichinoides Zwischenprodukt, anzeigt. Die zweite Vermutung wurde bestärkt durch die Beobachtung, daß eine ähnliche Bande auftritt während einiger Sekunden, während das Enzym von Dithionit reduziert wird[18]. Dies konnte nur überzeugend sichtbar gemacht werden durch schnelle Spektrophotometrie. Für derartige Versuche ist das "Rapid scanning spectrophotometer" der American Optical Company besonders geeignet. Dieses Instrument zeigt das gesamte Spektrum einer Substanz zwischen 400 und 700 mμ auf dem Schirm eines Oscilloskops. Das Spektrum ist allerdings in Licht-Durchlässigkeit, nicht Absorption dargestellt. Daher erscheint das Flavinmaximum bei etwa 450 mμ als Minimum, und der spektrale Bereich bei längeren Wellenlängen hat in dieser Darstellung ein Maximum der Durchlässigkeit. Die spektralen Veränderungen können dann kinematographisch registriert werden. In Abb. 16 sind solche Spektren, die zu verschiedenen Zeiten nach Zusatz von Dithionit zum Enzym photographiert wurden, nachgezeichnet und überlagert. Kurve 1 zeigt das Spektrum des unbehandelten Enzyms. Nach Dithionitzusatz werden dann die Stadien entsprechend den Kurven 2—8 innerhalb kurzer Zeit durchlaufen. Kurve 8 stellt den Zustand völliger Reduktion dar. Wir sehen also, daß eine Zwischenstufe sichtbar wird — maximal ausgebildet in Kurve 5 — mit einem Absorptionsmaximum bei etwa 560 mμ, während das Flavinmaximum bei 450 mμ fortschreitende Reduktion anzeigt. Wenn man dann mit Luft schüttelt, werden diese

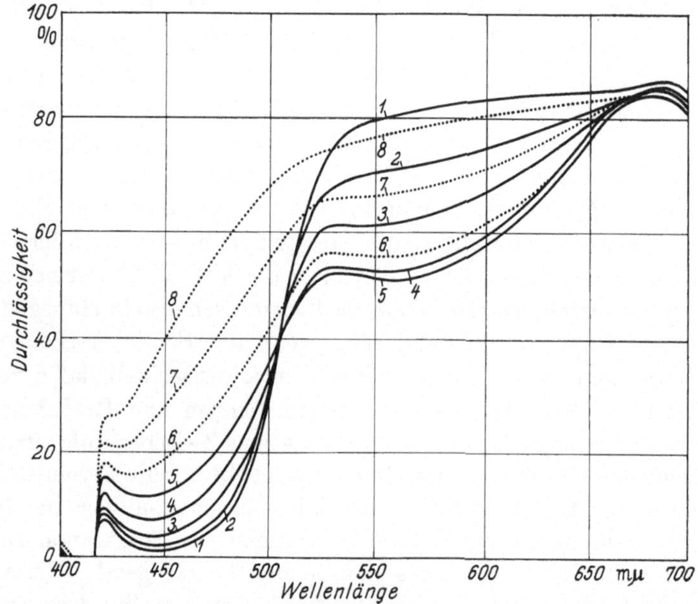

Abb. 16. Oscillogramme des "rapid scanning spectrophotometer" (American Optical Company) auf 16 mm-Film, nachgezeichnet und überlagert. Auf der Ordinate ist aufgetragen 0 (untere Linie) bis 100 % (obere Linie) Durchlässigkeit und auf der Abszisse Wellenlängen von 400 (links) bis 700 (rechts) mμ. 15 mg Acyldehydrogenase (C_4—C_{16}) waren in 1,4 cm³ 0,05 m Phosphat vom p_H 7,8 bei 4° aufgelöst, Schichtdicke 1 cm. 1. Vor Dithionitzusatz, 2—8. Nach Zusatz von 5 cmm 4% Dithionitlösung. 2. 1,5 sec; 3. 4 sec; 4. 11 sec; 5. 20 sec; 6. 31 sec; 7. 70 sec; 8. 300 sec. Mit Genehmigung nach BEINERT[18]

spektralen Veränderungen nochmals in umgekehrter Reihenfolge durchlaufen. Das biphasische Auftreten der Bande bei 560 mμ während eines vollen Reduktions- und Oxydations-Cyclus deutet darauf hin, daß diese Bande eine Zwischenstufe der Oxydation anzeigt. Abb. 17 zeigt nun die Fortsetzung dieses Versuchs, nachdem das Enzym mit Luft reoxydiert ist (Kurve 1). In diesem Fall wird nun mit Substrat, Octanoyl-CoA, reduziert. Nach Substratzusatz wird der Zustand von Kurve 2 innerhalb weniger Sekunden erreicht. Im Gegensatz zu dem vorhergehenden Experiment, in dem mit Dithionit reduziert wurde, scheint die Zwischenstufe nach Substratzusatz stabilisiert zu sein. Das Spektrum von Kurve 2 kann viele Stunden lang beobachtet werden mit nur geringen Veränderungen. Wenn dann Dithionit zugesetzt wird, erscheint sofort

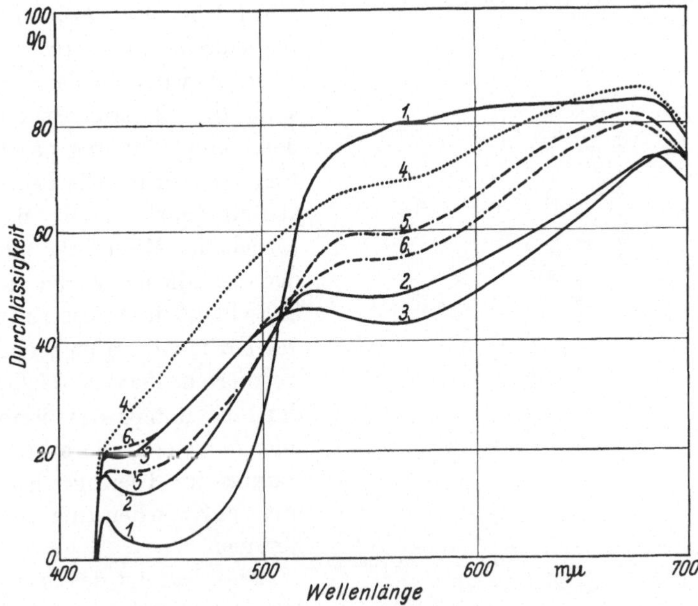

Abb. 17. Oscillogramme wie in Abb. 16. Fortsetzung des Versuchs von Abb. 16. 1. Rückoxydiert mit Luft. 2. 1 min nach Zusatz von 0,2 μMol OctanoylCoA; 3. unmittelbar nach Zusatz von 10 mm³ 4% Dithionit; 4. 30 min nach Dithionitzusatz; 5 und 6. nach Zusatz von 0,4 μ Mol Crotonyl-CoA; 5. nach 2 sec; 6. nach 2 min. Mit Genehmigung nach BEINERT[18]

das Spektrum der Kurve 3, das dann im Laufe von 30 min in das der Kurve 4 übergeht. Dies zeigt weitgehende Reduktion an. Zusatz der oxydierten Form des Substrats, in diesem Falle Crotonyl-CoA, führt dann zu einer Reoxydation unter Rückbildung der Zwischenstufe (Kurven 5 und 6).

Die Beobachtungen, die gerade beschrieben wurden, lassen wenig Zweifel, daß die neue Absorptionsbande um 560 mμ nicht einen Enzym-Substrat-Komplex, sondern eine intermediäre Oxydationsstufe anzeigt, da die Bande nicht nur nach Substratzusatz, sondern auch während der Reduktion mit Dithionit und während der Reoxydation mit Sauerstoff erscheint. Es war nun natürlich von besonderem Interesse, diese Beobachtungen auf freie Flavine auszudehnen. Oxydationszwischenstufen, hauptsächlich von Riboflavin, sind bereits in der früheren Literatur eingehend diskutiert worden[19], aber deren Spektren sind nicht beschrieben. Es finden sich lediglich ungefähre Angaben über die Farbe semichinoider Zwischenprodukte, die bei neutralem p_H als grün und bei saurem p_H als rot bezeichnet wird. In der Tat sind die Zwischenstufen der Acyldehydrogenasen bräunlich grün. Die beobachtete Farbe stellt natürlich eine Mischfarbe aus der eigentlichen Farbe der Zwischenstufe (Violett) und der Farbe des verbliebenen oxydierten Flavins (Gelb) dar, da immer oxydierte und reduzierte Form des Flavins im Gleichgewicht mit der Zwischenstufe vorkommen.

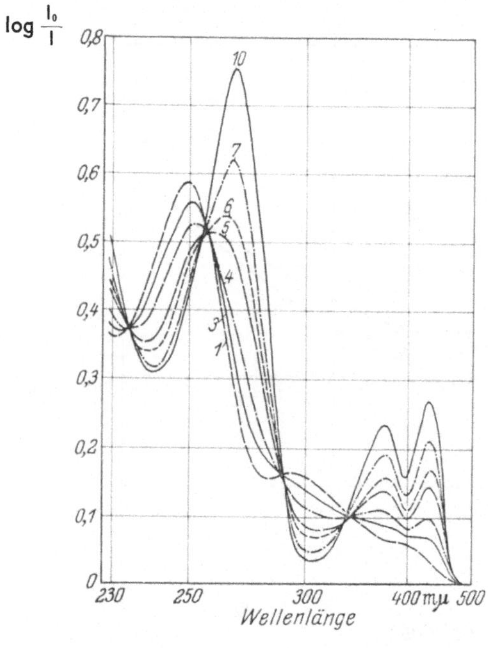

Abb. 18. Absorptionsspektra von 4,2 × 10⁻⁴ Mol FMN in 0,25 Mol Citratpuffer, p_H 6,1, in aufeinanderfolgenden Oxydationszuständen zwischen voller Reduktion (Kurve 1) und voller Oxydation (Kurve 10); Lichtweg 0,05 cm, Temp. 31°, reduziert mit Dithionit. Die Kurven entsprechen denselben Oxydationszuständen wie die Kurven der Abb. 19, die dieselbe Nummer haben. Mit Genehmigung nach BEINERT[20]

Abb. 18 zeigt das Spektrum von FMN im neutralen p_H-Gebiet zwischen 230 und 500 mμ[20]. In diesem Fall ist wieder Absorption aufgetragen. Die Kurven 1—10 zeigen aufeinanderfolgende Oxydationszustände zwischen dem völliger Reduktion und dem völliger Oxydation. In diesen Spektren sind keine Besonderheiten zu erkennen, die auf eine Zwischenstufe schließen lassen. Dies ist jedoch der Fall wenn wir dieselben Spektren zwischen 500 und 1300 mμ verfolgen, wie dies in Abb. 19 dargestellt ist. Die Nummern an den Kurven in dieser Abbildung entsprechen denselben Oxydationszuständen, wie die Nummern der Kurven in Abb. 18, also 1. völlig reduziert, 10. völlig oxydiert und 5. etwa 50% oxydiert. Wir sehen, daß bei 50% Oxydation zwei neue Banden auftreten, eine bei 560 mμ und eine bei etwa 900 mμ. Die erste entspricht der, die wir bereits von den Acyldehydrogenasen her kennen, während die Bande im nahen Infrarot bei den Enzymen nicht beobachtet wurde.

Nach allem Vorangegangenen möchten wir die Bande um 560 mμ einer semichinoiden Zwischenstufe zuordnen. Die Bedeutung der Bande im Langwelligen wurde klar, als ihre starke Konzentrations- und Temperaturabhängigkeit beobachtet wurde. Dies ist in Abb. 20 und 21 gezeigt. Die Bande ist intensiviert bei niedriger Temperatur und bei hoher Flavinkonzentration. Sie zeigt also deutliche Charakteristika einer Assoziationsreaktion. Sie kann daher einem Dimerisationsprodukt der semichinoiden Form vom Typ der Chinhydrone zugeordnet werden. Unter geeigneten Bedingungen läßt sich dieses Dimerisationsprodukt auch isolieren[20-22].

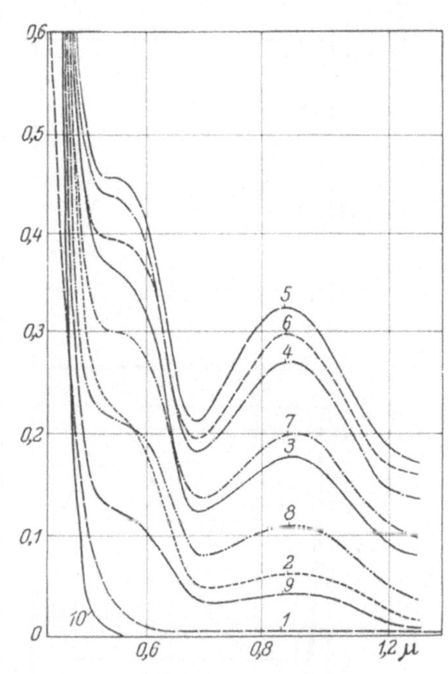

Abb. 19. Absorptionsspektra von FMN wie in Abb. 18, aber mit einem Lichtweg von 10 cm aufgenommen. Die Kurven entsprechen den Kurven der Abb. 18, die dieselbe Nummer haben. Mit Genehmigung nach BEINERT[20]

Diese Resultate der spektrophotometrischen Experimente zusammen mit denen der potentiometrischen Titrationen, wie sie von vielen früheren Autoren ausgeführt worden sind[23], deuten also darauf hin, daß freie Flavine bei der Oxydoreduktion mit Leichtigkeit stabile semichinoide Zwischenstufen bilden. Man ist also geneigt daraus zu schließen, daß man bei allen Flavinen und Flavoproteinen Semichinonbildung sollte beobachten können, wenn geeignete experimentelle Methoden angewandt werden. In der Tat wurden

bei der Oxydoreduktion einer Reihe von Flavoproteinen, die inzwischen untersucht wurden, spektrale Veränderungen beobachtet,
die den oben beschriebenen sehr ähnlich sind. Die Abb. 22—24
zeigen entsprechende Beispiele. In den Abb. 22 und 23 finden wir
dieselbe Darstellungsweise wie in den Abb. 16 und 17, nämlich
Spektren, aufgetragen in Durchlässigkeit, wie sie vom Oscilloskop

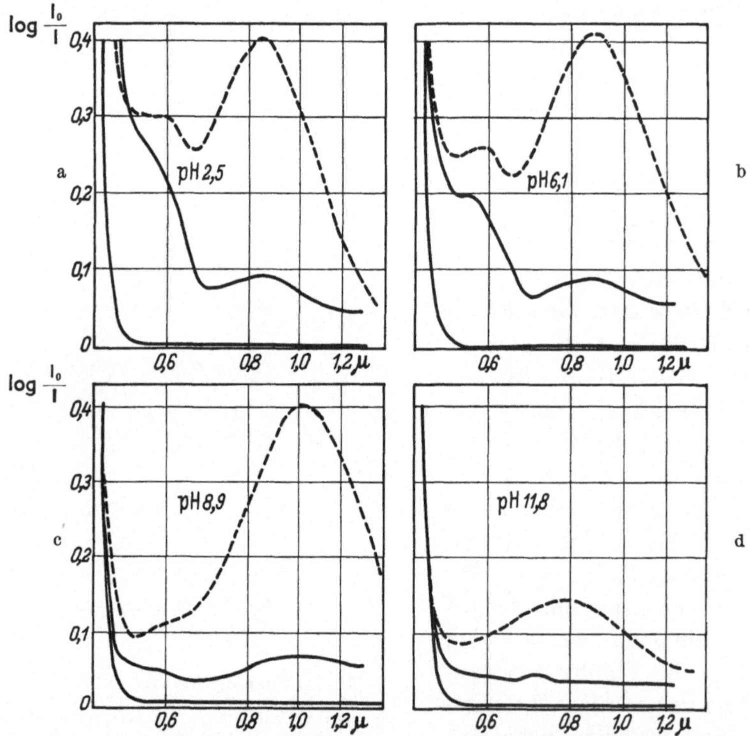

Abb. 20 a—d. Absorptionsspektra von FMN bei 50% Reduktion, reduziert mit Dithionit,
Temp. 28—30°. Obere ausgezogene Kurve: 2 × 10⁻⁴ Mol FMN und 10 cm Lichtweg; gebrochene Kurve: 4 × 10⁻³ Mol FMN und 0,05 cm Lichtweg. Untere ausgezogene Kurve,
volloxydierte Form von FMN; punktierte Kurve: reduzierte Form; a) in 0,085 Mol Phosphat, pH 2,4; b) in 0,17 Mol Citrat, pH 6,1; c) in 0,1 Mol Histidin, pH 8,9; und d) in
0,085 Mol Phosphat, pH 11,8. Mit Genehmigung nach Beinert[20]

des "Rapid scanning spectrophotometer" erhalten werden. Abb. 22
zeigt die Reduktion der D-Aminosäure-Oxydase von Schweineniere
durch D-Alanin[24] und Abb. 23 die Reduktion der L-Aminosäure-
Oxydase von Schlangengift[11] durch L-Leucin[18]. In beiden Fällen
erscheint momentan eine Zwischenstufe während der Reduktion
mit Substrat, gekennzeichnet durch eine breite Bande um 560 mμ,

die dann bei völliger Reduktion wieder verschwindet. Während der Rückoxydation mit Luft — oder im Falle der d-Aminosäureoxydase auch mit Pyruvat — erscheint dann die Bande nochmals. Abb. 24 zeigt — in verschiedener Darstellungsweise — eine ähnliche Zwischenstufe, die während der Reduktion der oxydativen Milchsäure-Decarboxylase von Mykobakterien[25] mit Lactat auftritt[26]. In diesem Fall ist Absorption gegen

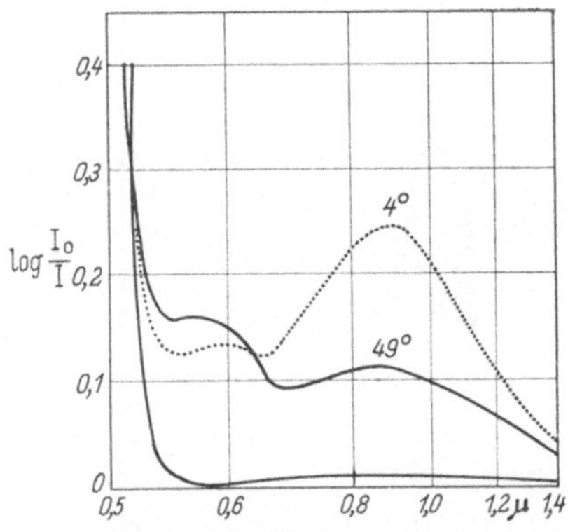

Abb. 21. Absorptionsspektra von $1,1 \times 10^{-3}$ Mol FMN bei 50% Reduktion in 0,17 Mol Citrat, pH 6,1; Lichtweg 1,00 cm, Temp. 4° und 49°, wie angezeigt; reduziert mit Dithionit. Untere ausgezogene Kurve: volloxydierte Form bei 4° und 49°. Mit Genehmigung nach Beinert[20]

Zeit aufgetragen. Die Reduktion der Flavinkomponente wird bei 450 mμ verfolgt und die Bildung des Zwischenprodukts bei 540 mμ.

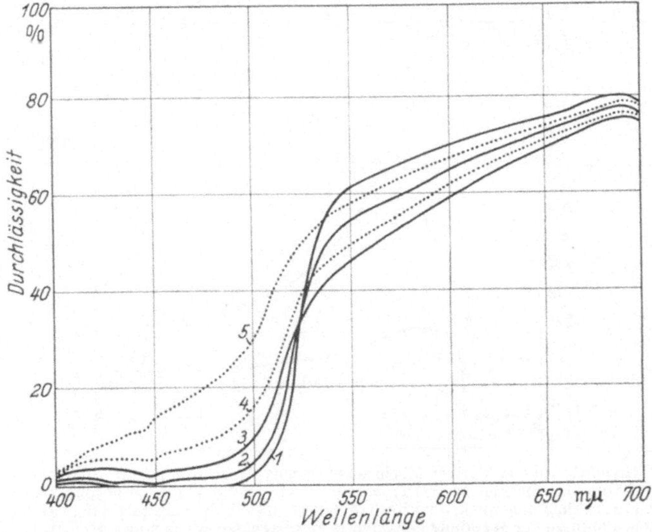

Abb. 22. Oscillogramme des "rapid scanning spectrophotometer" wie in Abb. 16 und 17. 100 mg teilweise gereinigter L-Aminosäure Oxydase aus Schlangengift waren in 1,4 cm³ 0,05 m Tris Acetat vom pH 7,2 gelöst, Temp. 4°. Die Extinktion der Lösung bei 465 mμ betrug 2,6. 1: Enzym vor Zusätzen; 2—5: nach Zusatz von 1 μMol L-Leucin; 2: nach 2 sec; 3: nach 4 sec; 4: nach 8 sec; 5: nach 24 sec; 1: Rückoxydiert durch Luftsauerstoff. Mit Genehmigung nach Beinert[18]

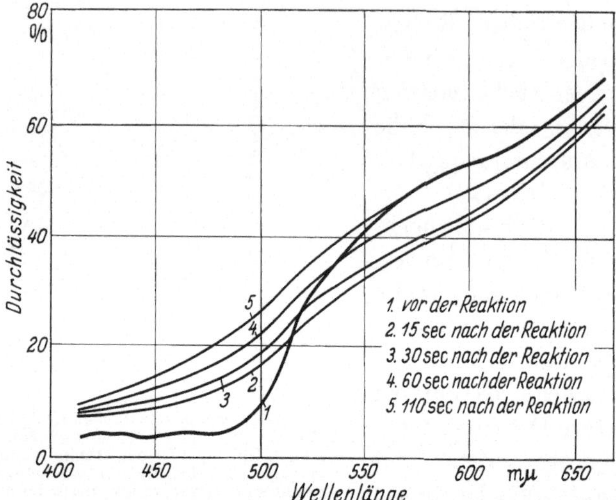

Abb. 23. Oscillogramme wie in Abb. 22. 24 mg krist. D-Aminosäureoxydase von Schweine-niere wurden in 5,7 cm³ 0,068 m Pyrophosphatpuffer von pн 8,3 aufgelöst, vermutlich bei Zimmertemperatur. 1: Enzym vor Zusätzen; 2—5: nach Zusatz von 150 µ Mol von D-Alanin in 0,3 cm³; 2: nach 15 sec; 3: nach 30 sec; 4: nach 60 sec; 5: nach 110 sec. Mit Genehmigung nach Kubo et al.[24]

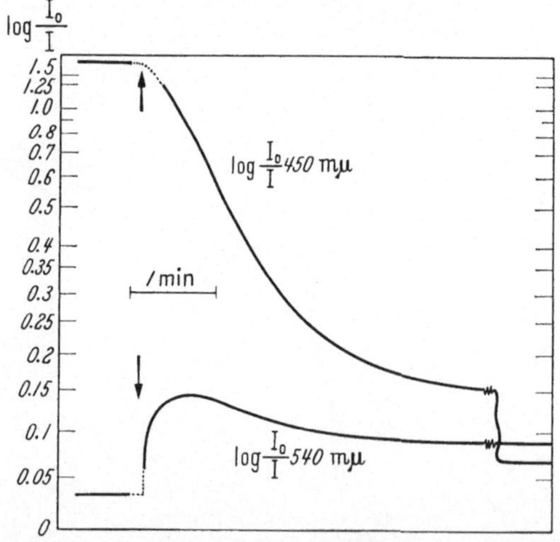

Abb. 24. Reduktion der oxydativen Milchsäuredecarboxylase durch Lactat. Enzymäquivalent 0,29 µMol von prosthetischem FMN, waren in 0,9 cm³ 0,07 Mol Phosphatpuffer vom pн 7,4 gelöst, in einer anaeroben Cuvette. Tröpfchen einer Lithiumlactatlösung, die 2,5 µMol enthielten, waren an der Wandung der Cuvette eingetrocknet worden und die Cuvette wurde mit Helium gespült und gefüllt. Absorption bei 450 mµ wurde gegen eine Vergleichslösung von einer Extinktion von 0,400 (bei 450 mµ) gemessen, die Absorption bei 540 mµ wurde gegen Wasser gemessen. Zum Zeitpunkt, der durch den Pfeil angezeigt ist, wurden 2,5 µMol Lactat durch die Enzymlösung von der Wand heruntergespült. Die beiden Kurven wurden in verschiedenen Experimenten aufgenommen, die jedoch unter identischen Bedingungen durchgeführt wurden. Temp. 6°; aufgenommen mit einem Beckman Modell DUR Spektro-photometer. Mit Genehmigung nach Beinert und Sands[23]

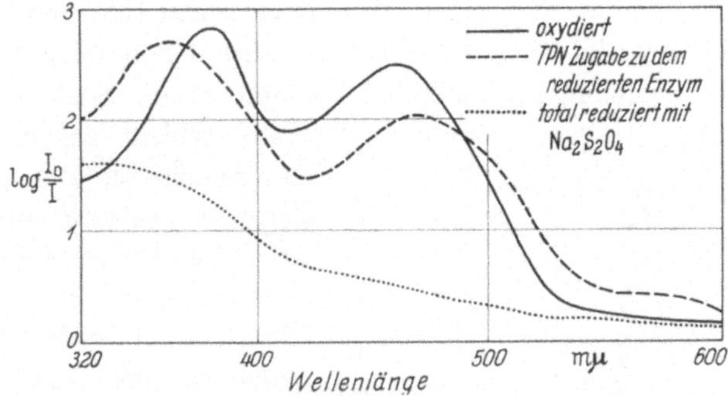

Abb. 25. Absorptionsspektra von 0,264 μ Mol von „altem gelben Ferment" in 13,2 cm³ 0,05 m Pyrophosphatpuffer vom pH 7,8 bei 1° unter anaeroben Bedingungen; Lichtweg 2,91 cm; ——— oxydierte Form; ...... völlig reduziert mit 0,12 mg Dithionit; - - - - - rote Zwischenstufe nach Zusatz von 5,3 μMol TPN zum reduzierten (mit Dithionit) Ferment. Mit Genehmigung nach unveröffentlichten Arbeiten von E. Haas

Man sieht, daß während der ersten Minute aktiver Reduktion ein Zwischenprodukt erscheint, bevor die Absorption bei 540 mμ sich auf den Wert der völlig reduzierten Form einstellt.

Neben diesen Beispielen, in denen die charakteristische Absorptionsbande bei etwa 560 mμ nur für kurze Zeit während fortschreitender Reduktion oder Oxydation erscheint, ist auch noch eine Anzahl von Fällen bekannt, in denen, ähnlich wie bei den Acyldehydrogenasen, dieselbe oder eine ähnliche Absorptionsbande lange Zeit nach Substratzusatz noch sichtbar ist. Hierzu gehören Diaphorase oder, Liponsäuredehydrogenase[27], DPNH-peroxydase von Streptococcus faecalis[28] und das alte gelbe Ferment[29, 30].

Es ist von historischem Interesse, daß eine rote

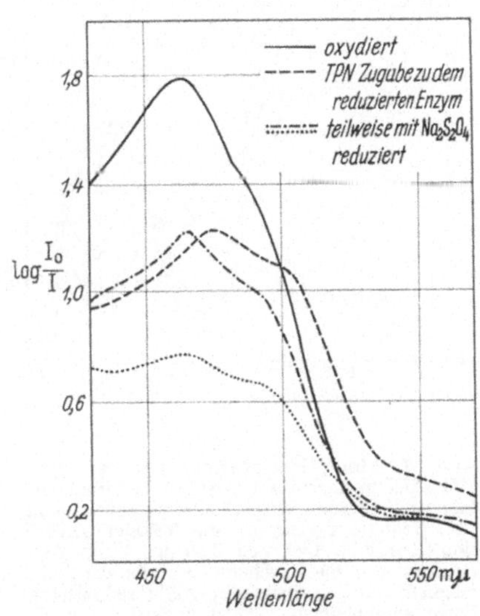

Abb. 26. Absorptionsspektra von „altem gelben Ferment" wie in Abb. 25. ——— oxydierte Form; -·-·-·-. nach Zusatz von 0,03 mg Dithionit; ...... nach Zusatz von 0,045 mg Dithionit; - - - - - rote Zwischenstufe entstanden nach Zusatz eines zwanzigfachen Überschusses (mit Bezug auf Enzymkonzentration) von TPN zum (mit Dithionit) reduzierten Ferment. Mit Genehmigung nach unveröffentlichten Arbeiten von E. Haas

Zwischenstufe des alten gelben Fermentes schon 1937 von Haas[29] beobachtet wurde. Viele Jahre lang war dies der erste Hinweis für mögliche Semichinonbildung bei Flavoproteinen. Spektren, die Haas erhielt, als er TPN zum reduzierten alten gelben Ferment zusetzte, sind in Abb. 25 und 26 gezeigt. Diese Spektren sind bisher unveröffentlicht. Die spektrale Verschiebung, die Haas beobachtete, ist der am ähnlichsten, die man während der Reduktion freier Flavine bei saurem pH findet. Dieser roten Zwischenstufe freier Flavine kommt wiederum historische Bedeutung zu, da sie von Kuhn und Wagner-Jauregg[31] bereits 1934 als Semichinon erkannt wurde. Die Spektren von FMN in verschiedenen Oxydationszuständen und bei saurem pH sind in Abb. 27 gezeigt. Hier (Kurve 3 und 4) wie bei der Haasschen Zwischenstufe sieht man eine Verschiebung der bei etwa 500 mμ absteigenden Absorptionskurve zum Langwelligen, die die Rotfärbung in beiden Fällen verursacht.

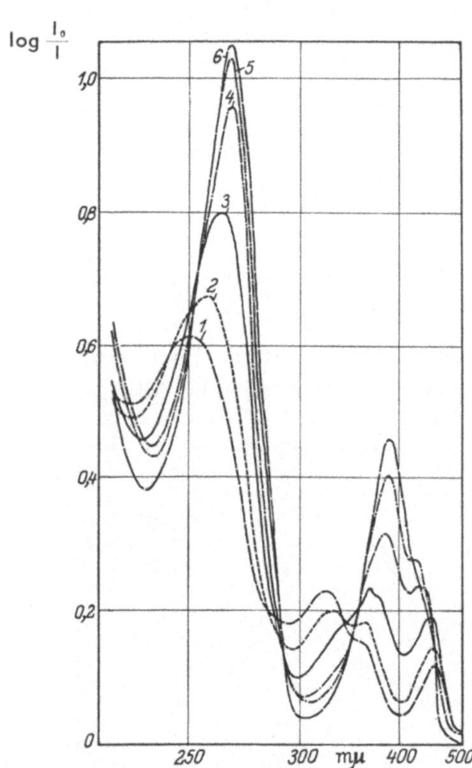

Abb. 27. Absorptionsspektren von 6,4 × 10⁻⁵ Mol FMN in ungefähr 1 n-HCl in aufeinanderfolgenden Oxydationszuständen zwischen etwa 75% Reduktion (Kurve 1) und völliger Oxydation (Kurve 5); Lichtweg 0,50 cm; Temp. 28°; reduziert mit metallischem Zink. Es war nicht möglich, das Spektrum der völlig reduzierten Form aufzunehmen. Es ist außerdem zu beachten, daß das Spektrum der ursprünglichen Lösung im oxydierten Zustand (Kurve 6) nicht mit dem Spektrum, das nach Rückoxydation der reduzierten Lösung erhalten wurde, identisch ist. Mit Genehmigung nach Beinert[20]

Die beschriebenen Versuche haben es sehr wahrscheinlich gemacht, daß die beobachteten Zwischenstufen mit der breiten Absorptionsbande bei etwa 560 mμ Semichinone sind und daß also Flavine und Flavoproteine mit großer Leichtigkeit relativ stabile Zwischenstufen dieser Art bilden. Aber es ist damit nicht erwiesen, daß diese Zwischenstufen als tatsächliche Intermediärprodukte auf den jeweiligen Reaktionswegen vorkommen. Dies kann nur durch kinetische Messungen entschieden werden.

Wir haben derartige Versuche an den Acyldehydrogenasen durchgeführt. Da diese Enzyme eine verhältnismäßig niedrige Wechselzahl haben, können dazu konventionelle Instrumente verwendet werden. Bei der Versuchstemperatur von 6° und mit dem Acceptor Ferricyanid beträgt die Wechselzahl der benutzten

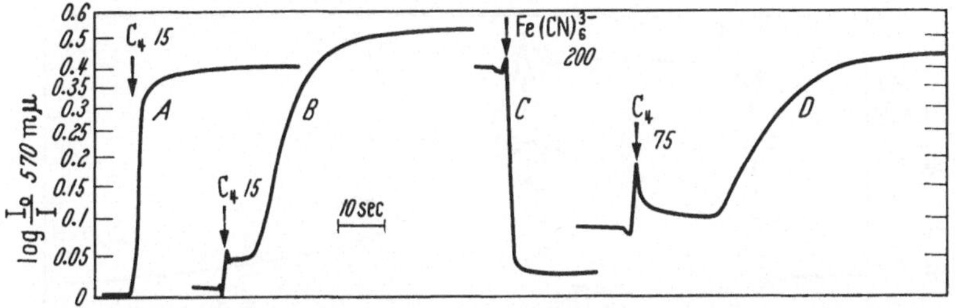

Abb. 28. Kinetische Messungen zur Bildung und zum Zerfall der Zwischenstufe (λ_{max}: 565 mμ) von Butyryldehydrogenase (gelbe Form), registriert mit Beckman Spektrophotometer Modell DU.R. Eine Menge des Enzyms äquivalent 0,031 μMol prosthetischen Flavins wurde in 0,21 cm³ 0,02 m Phosphat vom pH 7,4 gelöst, Temp. 6°. Die Extinktion der Enzymlösung bei 570 mμ wurde gegen eine Vergleichslösung der Extinktion 0,06 gemessen in A und gegen eine Vergleichslösung der Extinktion 0,13 in B—D. A: 0,015 μMol ButyrylCoA wurde zugesetzt wie angezeigt; B: nach Rückoxydation durch Zusatz von ETF (äquivalent 0,03 μMol prosthetischen Flavins) wurden weitere 0,015 μMol ButyrylCoA zugesetzt. C: 0,2 μMol Ferricyanid wurden zugesetzt; D: Nach Zusatz von weiteren 0,025 μMol von ButyrylCoA (nicht gezeigt in der Abb.) wurden noch 0,075 μMol ButyrylCoA zugegeben. Mit Genehmigung nach BEINERT und SANDS[23]

Butyryldehydrogenase (gelbe Form[6]) 13 in Gegenwart des "electron transferring flavoprotein"[13] und 0,6 in dessen Abwesenheit. Im Falle der Acyldehydrogenasen ist ja dieses eigenartige Flavoprotein notwendig, um den Elektronentransport zu Acceptoren zu vermitteln. Wir sehen in den Abb. 28 und 29 einen Vergleich der Bildungs- und Zerfallgeschwindigkeiten der grünbraunen Zwischenstufe (λ_{max} 565 mμ) nach Substratzusatz in Gegenwart und in Abwesenheit des "electron transferring flavoprotein" (ETF). Wie die Kurven zeigen, sind diese Geschwindigkeiten in beiden Fällen durchaus vereinbar mit der Annahme, daß die beobachtete Zwischenstufe ein Zwischenprodukt auf dem Hauptreaktionsweg darstellt. Abb. 28 A zeigt das unmittelbare Erscheinen der Zwischenstufe bei Butyryl-CoA Zusatz. Die Zwischenstufe verschwindet darauf wieder allmählich (nicht gezeigt), da ETF eine langsame

Autoxydation katalysiert. Ein zweiter Substratzusatz führt wiederum zur Bildung der Zwischenstufe, jedoch nur nach einer Verzögerung und mit geringerer Geschwindigkeit (Abb. 28 B). Wir glauben, daß die Verzögerung und die verringerte Geschwindigkeit daherrühren, daß die Butyryldehydrogenase einen starken Enzym-Produkt-Komplex bildet[32], der erst dissoziiert werden muß. Zusatz eines Überschusses von Ferricyanid führt darauf zum unmittelbaren Verschwinden der Zwischenstufe (Abb. 28 C). Wenn dann eine Menge Butyryl-CoA zugesetzt wird, welche die des vorhandenen

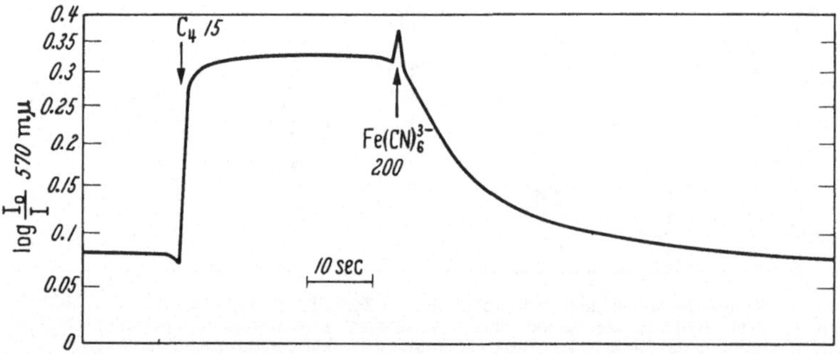

Abb. 29. Kinetische Messungen zum Erscheinen und Zerfall der Zwischenstufe wie in Abb. 28, mit dem Unterschied, daß hier eine Enzymmenge äquivalent 0,013 μMol prosthetischen Flavins im gleichen Volumen benutzt wurde und Wasser als Vergleichslösung. 0,015 μMol ButyrylCoA wurden zugegeben und danach 0,2 μMol Ferricyanid wie angezeigt. ETF war in diesem Versuch weggelassen. Mit Genehmigung nach Beinert und Sands[23]

Ferricyanids ein wenig übertrifft, so beobachtet man einen anfänglichen Anstieg der Absorption bei 570 mμ, darauf für einige Sekunden einen stationären Zustand und dann ein langsames Erscheinen der Zwischenstufe nach Aufbrauch des vorhandenen Ferricyanid (Abb. 28 D); der Versuch der Abb. 29 ist sehr ähnlich, nur daß in diesem Fall kein ETF zugesetzt war. Die Zerfallsgeschwindigkeit der Zwischenstufe ist hier erheblich langsamer entsprechend dem langsameren Abtransport der Elektronen zum Acceptor in Abwesenheit von ETF.

Dr. Vincent Massey hat kürzlich ähnliche Resultate von Versuchen an Liponsäuredehydrogenase[27] und D-Aminosäureoxydase berichtet. Diese Enzyme haben erheblich höhere Wechselzahlen. Dr. Massey hat in eleganten Versuchen mit schnellen kinetischen Methoden zeigen können, daß die Zwischenstufen auch in diesen Fällen schnell genug gebildet werden und zerfallen, so daß sie als echte Zwischenprodukte auf dem Hauptreaktionsweg dieser Enzym betrachtet werden können.

In allen diesen Fällen steht nun aber der endgültige Beweis noch aus, daß die optische Erscheinung, nämlich das Auftreten einer neuen Absorptionsbande, zwischen 500 und 650 mμ, wirklich Semichinonbildung bedeutet. Wir können diese Frage im Falle der freien Flavine positiv beantworten auf Grund der potentiometrischen Messungen, die schon von früheren Autoren gemacht worden sind. Jedoch im Falle der Enzym-Substratreaktionen haben wir bis jetzt nur auf Grund spektraler Analogien schließen können.

Wir haben daher versucht, die Frage mit einer unabhängigen physikalischen Methode zu beantworten, mit der man Semichinone, also freie Radikale, direkt messen kann. Eine solche Methode, die genügend Empfindlichkeit besitzt, ist die in den letzten Jahren entwickelte paramagnetische (oder Elektronen-) Resonanzspektroskopie (EPR)*. Ich hatte das Glück, daß der Physiker Dr. RICHARD H. SANDS von der Universität von Michigan bei diesen Versuchen mit mir zusammen arbeitete. Zunächst haben wir einen einfachen Versuch gemacht: FMN in saurer Lösung, in etwa 1 N HCl, wurde langsam reduziert mit einem kleinen Stückchen Zink. Wir froren die Lösung ein in verschiedenen Zeitabständen, maßen Bildung freier Radikale mit EPR und beobachteten die Farbänderungen. Es ist nun bekannt von potentiometrischen Messungen, daß in diesem Falle bei partieller Reduktion freie Radikale auftreten und eine tiefrote Zwischenstufe, zuerst beobachtet bei Riboflavin von KUHN und WAGNER-JAUREGG[31], ist als das Semichinon angesehen worden. Die Resultate der EPR-Messungen stimmten in der Tat mit diesen Annahmen überein: während die gelbe FMN-

* Die experimentellen Arbeiten, über die hier berichtet wird, wurden zu verschiedenen Zeiten von den National Institutes of Health, der National S⁻⁻⁻⁻⁻ Foundation, der Atomic Energy Commission und vom Fakultäts-Forschungs-Fonds der Horace H. Rackham School of Graduate Studies der Universität von Michigan unterstützt. Ich möchte hier meinem Kollegen Dr. R. H. SANDS, Universität von Michigan, für sein Interesse und seine Mitarbeit bei den EPR-Arbeiten danken und meinen Kollegen D. E. GREEN, J. G. HAUGE, D. M. ZIEGLER und Y. HATEFI (Universität von Wisconsin) für fördernde Diskussionen und Enzympräparate. Meine Teilnahme am Mosbacher Kolloquium 1960 wurde durch die großzügige Unterstützung des Research Committee der Graduate School der Universität von Wisconsin, des Deutschen Akademischen Austauschdienstes und der Gesellschaft für Physiologische Chemie möglich gemacht.

Lösung bei fortschreitender Reduktion tief rot wurde, stieg die
Konzentration der freien Radikale an, um dann langsam abzu-
fallen, als die Lösung bei weiterer Reduktion blaß rosa wurde. Bei
Rückoxydation mit Luftsauerstoff wurde wiederum ein Maximum
der Rotfärbung durchlaufen, das mit maximaler Radikalbildung
zusammenfiel, und nach vollkommener Oxydation waren keine
Radikale mehr nachzuweisen. In diesem Falle schienen also die
angewandten Methoden vereinbare Resultate zu liefern.

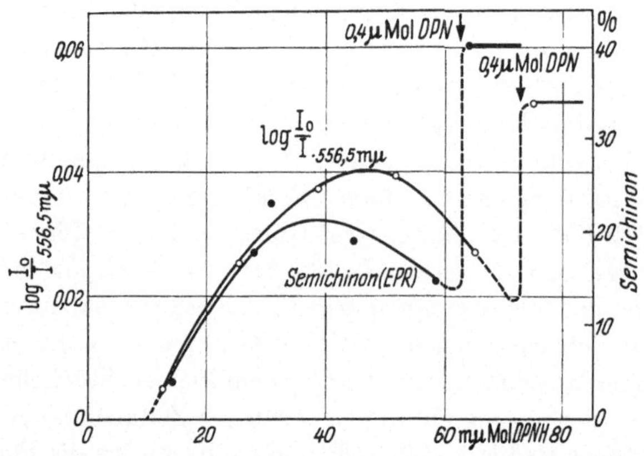

Abb. 30. Vergleich von spektrophotometrischen und EPR-Messungen über die Semichinonbildung bei DPNH-Cytochrom c-Reduktase von Rinderherz. Zu den EPR-Messungen wurden 39 mg Enzym (0,115 μMol gebundenes Flavin) in 0,3 cm³ 0,1 m Tris-Acetat vom pH 8,1
aufgelöst und anaerob mit DPNH titriert. Zu spektrophotometrischen Messungen wurden
10 mg in 0,2 cm³ desselben Puffers gelöst und in einer anaeroben Cuvette im geschlossenen
System titriert (1 cm Lichtweg). Die Resultate sind dargestellt als mμMol Pyridinnucleotid
zugesetzt per 10 mg Enzym, wie sie für die optischen Messungen gebraucht wurden, Temp. 2°.
Die rechte Ordinate gibt Semichinonbildung an in Prozent des gesamten vorhandenen Flavins.
Mit Genehmigung nach BEINERT und SANDS[23]

Ein ähnliches Resultat erhielten wir, als wir DPNH-Cytochrom-
c-Reduktase aus Rinderherz[33] anaerob mit DPNH titriierten.
Dieser Versuch ist in Abb. 30 gezeigt. Die Kreise zeigen den Verlauf
der Absorption bei 556,5 mμ an (linke Ordinate), während die
ausgefüllten Punkte die Radikalbildung nach EPR-Messungen darstellen (rechte Ordinate). Es ist zu beachten, daß der Kurven-
verlaufsursprung nicht im Nullpunkt liegt. Dies ist darauf zurückzuführen — wie wir später zeigen werden —, daß dieses Enzym
Eisen enthält, das zunächst von DPNH titriert wird. Danach wird
Flavin reduziert. Die maximale Entwicklung der gefärbten Zwischenstufe fällt nicht genau mit maximaler Radikalbildung

zusammen, jedoch möchten wir die Übereinstimmung hier als hinreichend ansehen in Anbetracht der Schwierigkeit derartiger Versuche. Die Hauptfehlerquelle ist in der Gegenwart von Sauerstoffspuren zu suchen, die leicht die Lage des Maximums etwas verschieben könnten. Die Abbildung zeigt ebenfalls, daß, wenn die Konzentration der Zwischenstufe mit fortschreitender Reduktion bereits abgefallen ist, Rückoxydation durch die oxydierte Form des Substrats, das Reaktionsprodukt DPN, dann erneut Radikal und gefärbtes Zwischenprodukt erscheinen läßt.

Wenn wir die Acyldehydrogenasen mit Dithionit reduzieren und dann mit Luftsauerstoff zurückoxydieren, erhalten wir eine ähnliche Übereinstimmung der optischen und EPR-Messungen. Dies ist jedoch nicht der Fall, wenn wir die Acyldehydrogenasen mit Substrat reduzieren. Obwohl bei Substratzusatz die gefärbte Zwischenstufe ebenfalls sofort gebildet wird [s. Abb. 28 und 29), ist keine Spur von Radikalbildung mit EPR nachzuweisen. Dies trifft zu, wenn ein Überschuß von Substrat zugesetzt wird, der theoretisch in der Lage wäre, das gesamte Flavin des Enzyms zu reduzieren, und auch, wenn nur soviel Substrat zugesetzt wird, daß nicht mehr als ein Teil des Flavins reduziert werden kann — ein Fall, in dem Semichinonbildung begünstigt sein sollte, da völlige Reduktion ausgeschlossen ist. Wenn man jedoch nach Substratzusatz einige Zeit inkubiert und dann EPR-Messungen macht, so zeigt es sich, daß langsam freie Radikale gebildet werden, die dann wieder verschwinden. Je mehr Substrat anfänglich zugesetzt wurde, um so mehr dehnt sich die Zeitskala aus, über die Bildung und Verschwinden von Radikalen beobachtet wird. Man kann die Erscheinung daher am einfachsten verfolgen, wenn man eine Substratmenge zusetzt, die — Mol für Mol — geringer ist als die Menge des vorhandenen Enzym-gebundenen Flavins. Abb. 31 zeigt einen derartigen Versuch. Reduktion des Flavins, gemessen bei 445 mμ ist auf der linken Ordinate aufgetragen, Bildung und Zerfall der Zwischenstufe, gemessen bei 570 mμ, auf der rechten Ordinate. Radikalbildung, gemessen mit EPR, ist in willkürlichen Einheiten angegeben. Maximal beträgt die Radikalkonzentration in diesem Falle nur etwa 1—5% der des insgesamt vorhandenen Flavins. Nur die optischen Daten des aeroben Versuchs sind aufgetragen, nicht die des anaeroben. Anaerob finden keine spektralen Veränderungen mehr statt nach dem anfänglichen Abfall bei

445 mμ und dem Anstieg bei 570 mμ, der dem aeroben und dem
anaeroben Versuch gemeinsam ist. Wir sehen also, daß in diesem
Falle maximale Radikalproduktion nicht mit maximaler Absorption zusammenfällt. Vielmehr werden erst dann Radikale gefunden,
wenn die gefärbte Zwischenstufe verschwindet, und die maximale

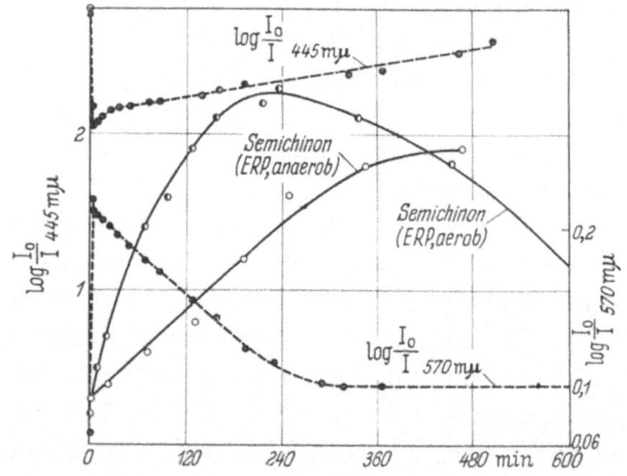

Abb. 31. Vergleich von spektrophotometrischen und EPR-Messungen über die Semichinonbildung bei Butyryldehydrogenase (gelbe Form). Zu den EPR-Messungen wurden 0,6 μMol
des Enzyms in 0,3 cm³ 0,1 m Phosphat vom pH 7,4 gelöst. 0,2 μMol ButyrylCoA wurden
zugesetzt anaerob oder aerob wie angezeigt. Die Proben wurden in Eiswasser inkubiert und
wurden nur während der EPR-Messungen gefroren. Zu spektrophotometrischen Messungen
wurde nur ¹/₁₀ der Enzym- und Substratmenge benutzt in Cuvetten von 1 mm Lichtweg.
Temp. 2°. Mit Genehmigung nach Beinert und Sands[23]

Radikalbildung fällt etwa mit 50%iger Rückoxydation des Flavins
zusammen. Der anaerobe Versuch macht es wahrscheinlich, daß in
der Tat Rückoxydation hier für Radikalbildung verantwortlich ist.
Daß sogar anaerob nach Stunden Radikale auftreten, mag lediglich
daher rühren, daß für diese Zeitdauer Sauerstoff nicht wirksam
ausgeschlossen werden konnte.

Auf jeden Fall ist es bemerkenswert, daß in diesem Versuch nur
ein kleiner Teil des vorhandenen Flavins je als Semichinon auftritt
und daß bei partieller Reduktion desselben Enzyms mit Dithionit
ein erheblich größerer Teil des Flavins (bis zu 40%) als Semichinon
vorliegt, während in beiden Fällen doch die Absorptionsbande bei
570 mμ anfänglich in gleicher Intensität auftritt.

Es ist auch erwähnenswert, daß Semichinon sofort gebildet
wird, wenn das chemisch reduzierte Enzym mit der oxydierten

Form des Substrats, dem Reaktionsprodukt, partiell rückoxydiert
wird, oder wenn Dithionit nach Zugabe von Butyryl-CoA zugesetzt
wird. Rückoxydation des partiell mit Butyryl-CoA reduzierten
Ferments mit Produkt (Crotonyl-CoA) gibt jedoch kein mit EPR
meßbares Radikal.

Wir haben prinzipiell zwei Möglichkeiten, diese Resultate zu
erklären: entweder wir müssen annehmen, daß die Absorptionsbande bei 565 mμ unter verschiedenen Bedingungen eine verschiedene Bedeutung hat, d. h. nicht unter allen Umständen Semichinon

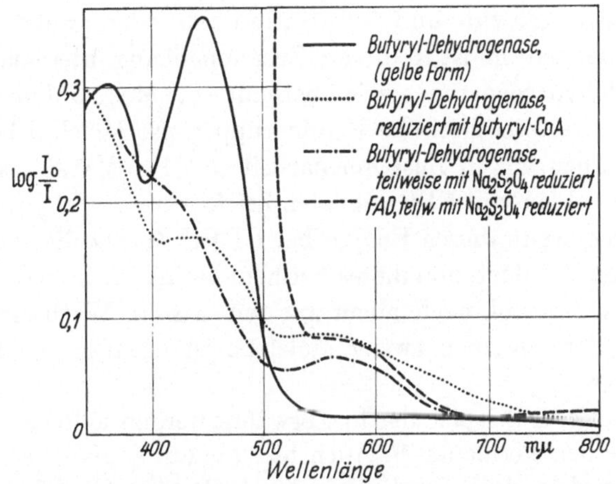

Abb. 32. Vergleich der Absorptionsspektren der Zwischenstufe wie sie bei Reduktion von
Butyryldehydrogenase (gelbe Form) mit Substrat bei partieller Reduktion des Enzyms mit
Dithionit und bei partieller Reduktion von freiem FAD mit Dithionit erhalten wird. 0,24 mg
Enzym wurden in 0,15 cm³ 0,035 m Phosphat vom pH 7,4 gelöst, Lichtweg 1 cm. 10⁻⁴ Mol FAD
war in 0,17 Mol Citrat vom pH 6,1 gelöst, Lichtweg 10 cm. ——— Oxydierte Form des Enzyms; ..... Enzym reduziert mit 0,02 μMol Butyryl CoA; -.-.-.- Enzym partiell reduziert
mit Dithionit (anaerob); - - - - FAD partiell reduziert mit Dithionit. Mit Genehmigung
nach Beinert und Sands[23]

anzeigt, oder wir müssen schließen, daß EPR nicht unter allen
Umständen Radikale zu erkennen gibt. Wir können zur Zeit nicht
zwischen den beiden Möglichkeiten entscheiden. Es sind Argumente
für und gegen beide vorhanden. Die Absorptionsbande bei 565 mμ,
die man nach Substratzusatz beobachtet, ist nicht in allem identisch
mit der, die man bei partieller chemischer Reduktion von freien
Flavinen oder Flavoproteinen beobachtet. Obwohl die maximale
Intensität die gleiche ist, so ist in der durch Substrat hervorgerufenen
Bande ein geringerer Intensitätsabfall zwischen 600 und 700 mμ
(Abb. 32), der sich auch dem Auge in einem etwas verschiedenen

Farbton zu erkennen gibt. Auf der anderen Seite darf man annehmen, daß einer im Grunde doch so ähnlichen Absorptionsbande ein ähnlicher elektronischer Zustand des Moleküls zugrunde liegt und daß es sich in beiden Fällen nicht um ganz verschiedene Phänomene handeln kann.

In der Tat besteht aber auch die Möglichkeit, daß EPR nicht unter allen Umständen freie Radikale anzeigen muß. Falls zwei Radikale innerhalb weniger Å benachbart vorkommen, so können sie in eine Wechselwirkung treten, die ihre EPR-Signale bis zur Unkenntlichkeit verbreitert. Wir können hier an das Vorkommen benachbarter Flavin- und Substratradikale oder zweier Flavinradikale denken. Es ist in diesem Zusammenhang interessant, daß die Acyldehydrogenasen, sowie überhaupt die Mehrzahl der Flavoproteine, zwei prosthetische Flavingruppen pro Molekül besitzen. Jedoch haben wir in Zusammenarbeit mit Dr. MASSEY kürzlich auch das Fehlen von EPR-Signalen bei Liponsäuredehydrogenase beobachtet, wenn dieses Enzym bei DPNH-Zusatz die rotbraune Zwischenstufe bildet, und dieses Ferment hat nur ein prosthetisches Flavin pro Molekül, nach allem was wir wissen. Wechselwirkung zwischen den Flavinen zweier Moleküle ist natürlich auch nicht undenkbar.

Ein weiteres Beispiel, das hier erwähnt werden sollte, ist das des „Alten gelben Ferments"[29]. Auch hier konnte keine Übereinstimmung zwischen dem Erscheinen der EPR-Signale und dem der roten Zwischenstufe von HAAS beobachtet werden. Jedoch wurde bei diesem Ferment auch die grünbraune Zwischenstufe gesehen[18], und das Erscheinen der beiden Zwischenstufen und das der EPR-Signale bedarf noch weiterer Aufklärung. In allen diesen komplizierten Fällen können vielleicht Versuche mit der magnetischen Waage eine Entscheidung bringen, da die Wechselwirkung zwischen benachbarten Radikalen die Messungen mit der Waage nicht in dem Sinne beeinflußt wie die Messung mit der Resonanzmethode.

Es ist auch vorgeschlagen worden, daß die farbigen Zwischenstufen "charge transfer"-Komplexe sein könnten. Hierfür sind aber keine klaren Anhaltspunkte vorhanden. Experimentell eine Entscheidung zwischen den erwähnten Möglichkeiten zu treffen, ist in allen Fällen sehr schwierig. Auf der andern Seite drängt sich hier der Gedanke auf, daß es nicht einzig und allein an experimenteller Geschicklichkeit liegt, eine Entscheidung herbeizuführen, sondern daß vielleicht unsere gegenwärtigen Vorstellungen und unsere Terminologie noch nicht genügend entwickelt sind, um die Art von Zwischenstufen und Enzym-Substrat-Wechselwirkungen befriedigend zu beschreiben, mit denen wir es in den genannten Fällen zu tun haben.

Obwohl also das Vorkommen von Semichinonen bei freien Flavinen und bei einer Reihe von Flavoproteinen einwandfrei erwiesen erscheint[23,26], so ist doch nicht in allen Fällen bewiesen, daß die gefärbten Zwischenstufen mit semichinoiden Formen identisch sind. Es ist ebenfalls nicht bewiesen, daß die gefärbten Zwischenstufen — ob semichinoid oder nicht — die ersten Produkte sind, die gebildet werden, wenn Substrat von einem Flavoprotein dehydrogeniert wird. Vieles spricht dafür, daß z. B. die Dehydrogenierung von Substraten wie DPNH, Succinat oder Butyryl-CoA nicht über einen Radikalmechanismus verläuft. Semichinone können mit Leichtigkeit gebildet werden, sobald reduziertes und oxydiertes Flavin gleichzeitig vorhanden sind. Es hängt von den relativen Geschwindigkeiten der beiden in Frage kommenden Reaktionen ab — nämlich der der völligen "two step"-Reduktion zur reduzierten Form und der der Oxydoreduktion zwischen oxydierter und reduzierter Form—, ob wir werden feststellen können, welches die primäre Reaktion ist. Auf jeden Fall werden wir schnelle Meßmethoden brauchen, um eine Entscheidung treffen zu können. Entsprechende Versuche sind meines Wissens noch nicht durchgeführt worden. Semichinone können selbstverständlich wichtige Zwischenprodukte sein, gleichgültig ob sie als Primärprodukte oder in sekundärer Oxydoreduktion entstehen, im weiteren Elektronentransport zu den Cytochromen, die ja in einem Wechsel jeweils nur ein Elektron aufnehmen können. Es ist sicher, daß in dem Bereich des Elektronentransportsystems, wo die Flavoproteine eingeordnet sind, die Übersetzung von einem Zwei-Elektronen- zu einem Ein-Elektronen-Transport stattfindet. Der genaue Mechanismus ist nicht bekannt, aber die Flavine scheinen auf jeden Fall sehr geeignete Katalysatoren für eine solche Übersetzung zu sein, da sie, wie wir sahen, mit großer Leichtigkeit und unter einer Reihe von Bedingungen Ein-Elektron-Stufen bilden können.

4. Metalle in Flavoproteinen

Vor etwa sieben Jahren wurden die ersten sogenannten „Metallflavoproteine" gefunden, die Molybdän und Eisen enthielten. Das

Vorkommen von Metallen in Flavoproteinen ist nicht ohne Zusammenhang mit den Problemen des Elektronentransports, die wir gerade erörtert haben. Die Idee wurde wiederholt vertreten, daß die Metallkomponenten in Flavoproteinen nötig seien, um den Zwei-Elektronen- in Ein-Elektron-Transport zu übersetzen. Wie wir jedoch am Beispiel einer Reihe metallfreier Flavoproteine gesehen haben, werden auch in Abwesenheit von Metallkomponenten stabile Ein-Elektron-Stufen leicht gebildet. Die wahre Bedeutung der Metalle in Flavoproteinen ist also noch zu erforschen.

Chemische Methoden haben sich bis jetzt als wenig geeignet erwiesen, darüber Auskunft zu geben, ob die Metalle in Flavoproteinen tatsächlich an Oxydoreduktionen teilnehmen, da die chemische Analyse Zerstörung voraussetzt. Während der Zerstörung des Enzyms können sekundäre Valenzänderungen der Metallkomponente stattfinden, wie Massey am Beispiel der Succinodehydrogenase gezeigt hat[34]. Die Resultate chemischer Analyse bedürfen also noch der Bestätigung durch unabhängige Methoden. Wir haben versucht, auch dieses Problem mit Hilfe von paramagnetischer Resonanzspektroskopie anzugreifen. Wir hofften schließlich, komplexe Systeme wie etwa Mitochondrien selbst untersuchen zu können, aber zogen es zunächst vor, mit einfacheren, besser definierten Fermentsystemen zu beginnen und uns dann zu komplexeren Systemen vorzuarbeiten. Wir wählten zunächst das eisenhaltige Flavoprotein DPNH-Cytochrom c-Reduktase von Rinderherz[33] als Gegenstand unserer Untersuchungen. Wir hatten dieses Enzym bereits oben im Zusammenhang mit Semichinonbildung erwähnt (s. Abb. 30). Das EPR-Spektrum dieses Ferments (Abb. 33)[35] zeigt ein Signal bei $g = 4{,}26^*$, das von Fe^{III}-Komplexen her bekannt ist. Wenn dieses Ferment anaerob mit DPNH titriiert wird, so verschwindet dieses Signal, d. h. Fe^{III} wird reduziert. Sobald das Eisen reduziert ist, erscheint ein Signal charakteristisch für freie Radikale ($g = 2.003$). Dieses Signal wächst an und nimmt dann wieder ab, wenn weitgehende Reduktion erreicht wird (Abb. 30). Ich möchte hier erwähnen, daß wir es außerordentlich schwierig fanden bei den meisten Flavoproteinen und auch bei Flavinen, völlige Reduktion zu erreichen; wir können völlige

---

* Über paramagnetische Resonanzspektroskopie siehe z. B. J. E. Wertz. Chem. Rev. **55**, 829 (1955).

Reduktion am Verschwinden des EPR-Signals für Radikale erkennen. Wenn nun Cytochrom c-Reduktase mit Sauerstoff oder mit Ferricyanid reoxydiert wird, so gehen dieselben Veränderungen in umgekehrter Folge vor sich, d. h. das Radikalsignal wächst zunächst an, verschwindet dann bei weitgehender Oxydation, und im Augenblick, wenn alles Radikal verschwunden ist, dann wird auch das Eisen wieder oxydiert, wie wir am Erscheinen des Signals bei $g = 4{,}26$ feststellen können. Diese Resultate der Titration

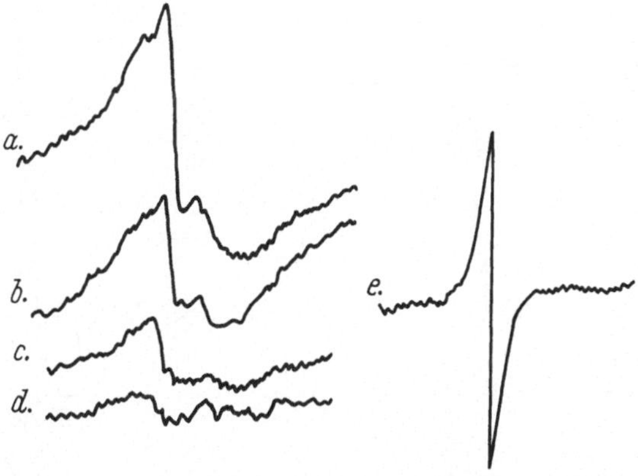

Abb. 33 EPR-Signale von 39 mg DPNH-Cytochrom c-Reduktase[33] in 0,3 ml 0,1 m Tris Acetat vom pH 8,1; Anaerob bei —100°; a) ohne Zusatz ($g = 4{,}26$), b)—d) enzymatisch reduziertes DPNH zugesetzt. Gesamtzusatz in b): 13 mμMol, c) 26 mμMol, d) > 39 mμMol e) Radikalsignal ($g = 2{,}0031$, peak zu peak — Weite 20,9 Gauss) nach Zusatz von 123 mμMol von DPNH. Mit Genehmigung nach BEINERT und SANDS[35]

lassen jedoch nicht den Schluß zu, daß DPNH zuerst mit dem Eisen des Enzyms reagiert. Falls die Oxydation des Flavins durch das Eisen eine schnellere Reaktion wäre als die Reduktion des Flavins durch DPNH, würde man ebenfalls das Resultat erhalten, das wir beobachtet haben.

Nachdem wir mit Erfolg die Oxydoreduktion der Metallkomponente in einem verhältnismäßig einfachen Molekül verfolgen konnten, haben wir uns weiter zu einem komplizierteren Mitochondrien-Fragment vorgewagt, nämlich zu einer DPNH-Cytochrom c-Reduktase, die noch die Cytochrome b und c_1 enthält und außerdem noch Eisen, das nicht in Porphyrinbindung vorliegt[36]. Im EPR-Spektrum dieses Ferments (Abb. 34)[37] sehen wir wiederum Fe^{III} wie in Abb. 33. Bei Zugabe von DPNH wird Radikal gebildet und gleichzeitig Fe^{III} reduziert. Bei weitgehender

Reduktion dieses Ferments fanden wir jedoch ein neuartiges asymmetrisches Signal mit zwei Komponenten ($g_{||} = 2{,}00$, $g_{\perp} = 1{,}94$). Dieses Signal erreicht maximale Intensität bei völliger Reduktion des Ferments. Aus diesem Grunde und auch wegen seiner Form und wegen seines Verhaltens bei wechselnder Mikrowellenenergie ist dieses Signal nicht einem Zwischenprodukt, wie etwa einem Semichinon, zuzuschreiben, sondern einem Stoff, der

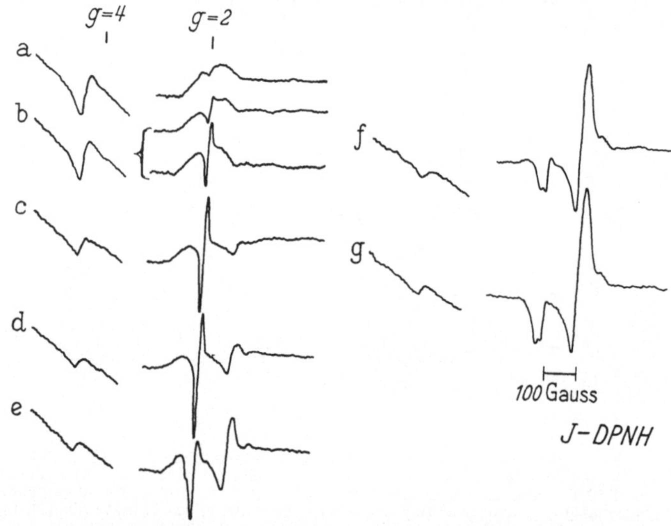

Abb. 34. EPR-Signale erhalten bei der anaeroben Titration von 27 mg DPNH-Cytochrom C-Reduktase[36] in 0,3 ml 15% Rohrzuckerlösung, 0,05 m bezüglich Tris Chlorid vom pH 7,8. Gesamtzusatz von DPNH in mμMol a) 0; b) 57; c) 114; d) 171; e) 228; f) 2000; g) Überschuß von Dithionit. Signal von a) und obere Kurve in b) bei $g = 2$ aufgenommen bei —9 db; Andere Kurven bei —15 db. Die Proben wurden 20 sec nach dem Zusetzen eingefroren. Mit Genehmigung nach Beinert und Sands[37]

vom oxydierten Zustand (nicht erkennbar im EPR-Spektrum) in den völlig reduzierten Zustand übergeht. Mit EPR erkennbare Stoffe dieser Art sind Schwermetallionen. Es fehlen bis jetzt noch Analogien zu Modellkomplexen; aber die Vermutung liegt nahe, daß das Signal Fe^{II} in einer spezifischen Bindung anzeigt. Die Substanz die durch das neue Signal angezeigt wird, kann jedenfalls nicht dieselbe sein, die im oxydierten Zustand das Signal bei $g = 4{,}26$ gibt. Dies ist aus der Kinetik des Erscheinens und des Verschwindens der Signale zu erkennen. Es wird besonders deutlich in Versuchen mit Succinodehydrogenasepräparaten[37] (Abb. 35). In diesem Falle wird das Eisen bei $g = 4.26$ kaum reduziert, während das neue Signal bei $g_{||} = 2{,}00$, $g_\perp = 1{,}94$ sofort erscheint. Es ist von Interesse, daß die Substanz, die durch das neue Signal angezeigt wird, durch Fumarat partiell reoxydiert werden kann und vollkommen reoxydiert wird durch „Coenzym Q_2"[38] oder Ferricyanid. Freie Radikale, vermutlich Flavin-Semichinone, werden ebenfalls mit Leichtigkeit gebildet, wenn Succinodehydrogenase von Succinat reduziert wird.

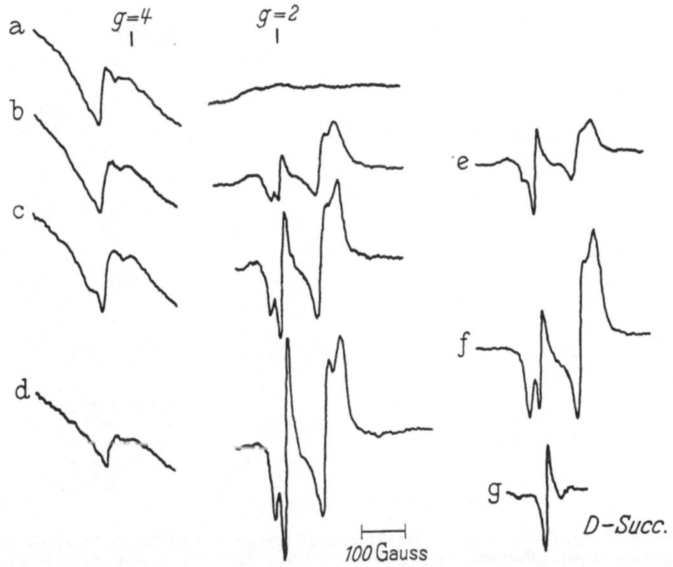

Abb. 35. EPR-Signale erhalten bei der anaeroben Titration von 24,5 mg Succinat-Coenzym Q-Reduktase (cf.[37]) in 10% Rohrzucker, 0,1 Mol bezüglich Phosphat vom pH 7,4. Gesamtzusatz von Succinat in μMol: a) 0; b) 0,4; c) 0,8; d) 2; e) 2 und dazu 15 Fumarat; f) Überschuß von Dithionit. Die Proben wurden 20 sec nach den Zusätzen eingefroren; g) 16,5 mg des Enzyms in 0,2 cm³ Rohrzuckerphosphat gelöst und mit 10 μMol Succinat versetzt. Meßtemperatur für g) 25°. Mit Genehmigung nach BEINERT und SANDS[37]

Der nächste Schritt war die Untersuchung einer Partikel, die auch Cytochrom b und c_1 enthält, aber gleichzeitig Cytochrom c-Reduktaseaktivität mit Succinat und DPNH als Substrat besitzt[37, 39] (Abb. 36). Die Reduktion mit DPNH ist links in der Abbildung, die mit Succinat rechts dargestellt. Man sieht, daß DPNH spezifisch das Eisen bei $g = 4{,}26$ reduziert, während dieses Eisen erst nach längerer Inkubation mit einem Überschuß von Succinat langsam und nur teilweise reduziert wird. Freie Radikale werden mit beiden Substraten gebildet und das neue Signal bei $g_{||} = 2{,}00$,

$g_\perp = 1,94$ wird mit größerer Leichtigkeit von Succinat hervorgebracht.

Wir haben schließlich auch kompliziertere Mitochondrienfragmente, wie sie bei Beschallung von Mitochondrien erhalten werden, und Mitochondrien selbst untersucht[40]. In der Tat fanden wir bei diesen Partikeln dieselben Phänomene, die wir bereits bei

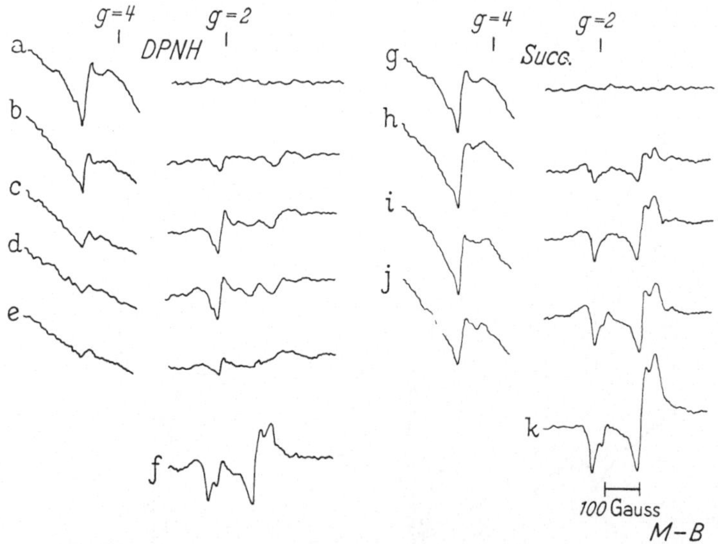

Abb. 36. EPR-Signale erhalten bei der anaeroben Titration von DPNH und Succinat-Cytochrom c-Reduktase (Partikel, nach[39]) in 0,3 cm³ 5% Rohrzuckerlösung, 0,025 m bezügl. Phosphat vom pH 7,4. Gesamtzusatz von DPNH in mμMol: a) 0; b) 69; c) 345; d) und e) 3480; f) 3480 und dazu 2,5 μMol Succinat. Gesamtzusatz von Succinat in mμMol; g) 0; h—j) 3; k) Überschuß von Dithionit. b), c) und h) eingefroren 20 sec. e), f) und i) 15 min, und j) 60 min nach Zusätzen. Inkubationen vor dem Einfrieren bei 0°. Mit Genehmigung nach BEINERT und SANDS[37]

den Präparaten isolierter Mitochondrienfermente beobachtet hatten. Dies mag eine gewisse Versicherung bedeuten, daß wir es nicht mit Artefakten zu tun haben. Wir fanden bei den Mitochondrien-Fragmenten (Abb. 37) wie auch bei den Rinderherzmitochondrien selbst (Abb. 38) das Signal, das das Cu^{II} der Cytochromoxydase anzeigt. Wir hatten dies und die Reduktion des Cu^{II} durch Substrat bereits bei isolierter Cytochromoxydase beobachtet[41]. Wir fanden außerdem das Signal bei $g = 4,26$. Da in frischen Mitochondrien die Elektronentransportkomponenten teilweise schon in reduzierter Form vorliegen (durch endogene Substrate) konnten wir allerdings Cu^{II} und Fe^{III} in Mitochondrien selbst erst nach Oxydation mit Ferricyanid beobachten. Aus demselben Grund waren dagegen freie Radikale in Mitochondrien selbst schon vor Zusatz von Substrat festzustellen. Das neue Signal bei $g_{||} = 2,00$, $g_{\perp} = 1,94$ wurde ebenfalls in Mitochondrien und deren Fragmenten beobachtet, wenn diese mit DPNH oder Succinat reduziert

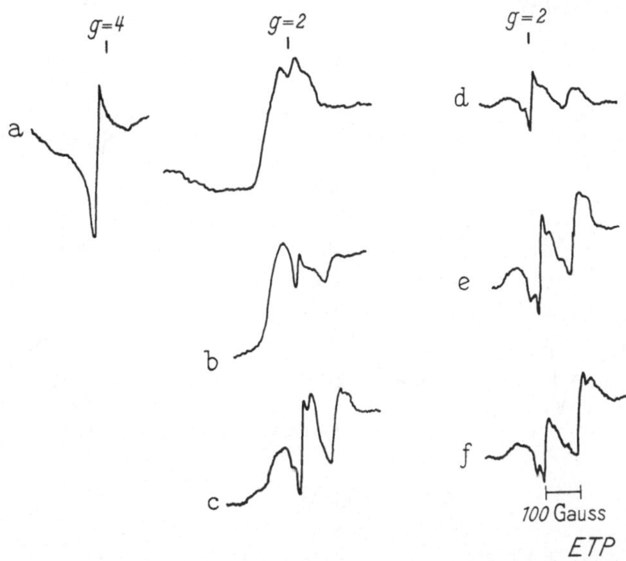

Abb. 37. EPR-Signale erhalten von 25 mg submitochondrialen Partikeln (durch Beschallung von Mitochondrien hergestellt), die in 0,3 cm³ 0,5 m Rohrzuckerlösung suspendiert waren, welche außerdem 10^{-3} Mol EDTA und 0,02 Mol Tris Acetat vom pH 7,4 enthielt, aerob, Meßtemperatur —100°. a) ohne Zusatz; b) nach Zuatz von 2,85 μMol DPNH; c) nach Zusatz von 1,42 μMol DPNH und 6 μMol KCN zu b); d) wie c) aber bei —15 db aufgenommen anstatt bei —9 db, wie es zur Aufnahme aller anderen Spektren der Abb. 37 und 38 benutzt wurde; e) nach Zusatz von 10 μMol Succinat zu c); f) nach Zusatz eines Überschusses von Dithionit zu e). Alle Proben wurden 30 sec nach den Zusätzen eingefroren mit Ausnahme von c). diese Probe wurde nach den 10 min eingefroren. Mit Genehmigung nach SANDS und BEINERT[41]

wurden*. Wir nehmen also an, daß es sich hier um eine natürliche Elektronentransportkomponente handelt, die mit anderen Methoden nicht zu erkennen ist. Da Präparate, die keine Cytochrome enthalten, dieses Signal bei der Reduktion geben, kann es sich nicht um das reduzierte Eisen von Cytochromkomponenten handeln.

---

* Die Mitochondrien wurden bei —100° untersucht. Nach Einfrieren reagiert extramitochondriales DPNH mit den Mitochondrien.

Zum Schluß dieses Kapitels über Metalle möchte ich noch darauf hinweisen, daß unsere Versuche bisher nur gestatten auszusagen, daß diese neuen Bestandteile des Elektronentransportsystems an Oxydoreduktionen teilnehmen können. Ob ihre Reduktion und Reoxydation schnell genug ist, so daß sie wirklich obligatorische Zwischenstufen auf den Hauptreaktionswegen sein können,

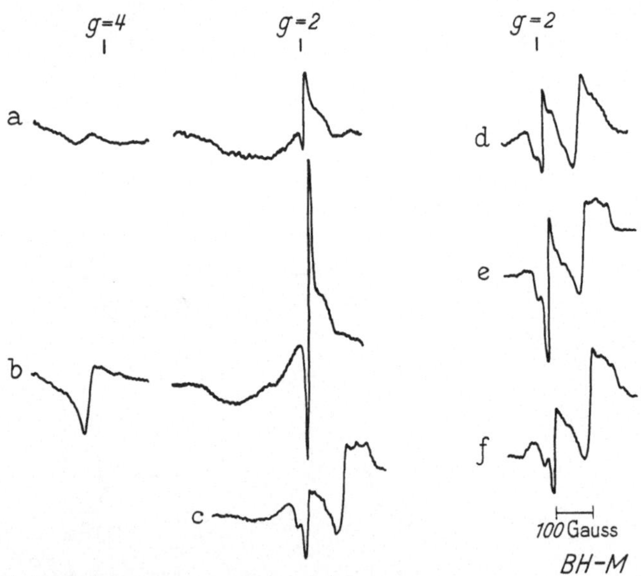

Abb. 38. EPR-Signale erhalten von 24 mg Rinderherzmitochondrien, die in 0,3 cm³ 0,25 m Rohrzuckerlösung suspendiert waren, welche außerdem noch 10^{-4} Mol EDTA und etwa 10^{-2} Mol Tris Chlorid vom p_H 7,5 enthielt; Aerob, Meßtemperatur —100°. a) ohne Zusatz; b) nach Zusatz von 10 µMol Ferricyanid; c) andere Probe gleicher Zusammensetzung nach Zusatz von 10 µMol Succinat; d) andere Probe nach Zusatz von 2,85 µMol DPNH; e) Überschuß von Dithionit zu c); f) Überschuß von Dithionit zu d). Alle Proben wurden 30 sec nach den Zusätzen eingefroren außer c). Diese Probe wurde nach 30 min gefroren. Mit Genehmigung nach Sands und Beinert[41]

das werden nur kinetische Experimente entscheiden können, die heute noch technisch außerordentlich schwierig sind. Auf jeden Fall können diese Stoffe Reduktions- und Oxydationsäquivalente aufnehmen und können zumindest Gabelpunkte für Nebenreaktionen sein, wenn sie nicht auf dem Hauptreaktionsweg liegen.

Bibliographie

[1] Nygaard, A. P., and H. Theorell: Acta Chem. Scand. **9**, 1587 (1955).
[2] Weber, G.: Biochem. J. **47**, 114 (1950).
[3] Yagi, K., u. Y. Matsuoka: Biochem. Z. **328**, 138 (1956).

[4] YAGI, K., T. OZAWA and M. HARADA: Nature (London) 184, 1938 (1959).

[5] ISENBERG, I., and A. SZENT-GYÖRGYI: Proc. Natl. Acad. Sci. U.S. 9, 857 (1958).

[6] STEYN-PARVÉ, E. P., and H. BEINERT: J. Biol. Chem. 233, 853 (1958).

[7] STRITTMATTER, P.: J. Biol. Chem. 233, 748 (1958); 234, 2665 (1959).

[8] BEINERT, H., u. F. L. CRANE: In "Inorganic nitrogen metabolism" herausgegeben von W. D. MCILROY u. B. GLASS. 601—627 (1956). Baltimore: Johns Hopkins Press 1956, siehe auch: F. L. CRANE, J. G. HAUGE, S. MII, D. E. GREEN and H. BEINERT: J. Biol. Chem. 218, 701 (1956).

[9] MASSEY, V.: Biochim. et Biophys. Acta 37, 314 (1960).

[10] SAVAGE, N.: Biochem. J. 67, 146 (1957).

[11] SINGER, T. P., and E. B. KEARNEY: Arch. Biochem. 29, 190 (1950).

[12] STRITTMATTER, P., and S. F. VELICK: J. Biol. Chem. 228, 785 (1957).

[13] CRANE, F. L., and H. BEINERT: J. Biol. Chem. 218, 717 (1956).

[14] HARBURY, H. A., K. F. LA NOUE, P. A. LOACH and R. M. AMICK: Proc. Natl. Acad. Sci. U.S. 45, 1708 (1959).

[15] KEARNEY, E. B.: J. Biol. Chem. 235, 865 (1960).

[16] RUTTER, W. J., u. B. ROLANDER: Acta Chem. Scand. 11, 1663 (1957).

[17] BEINERT, H.: In "Life and light". Herausgegeben von W. D. McElroy and B. GLASS, im Druck (1960). Baltimore: Johns Hopkins Press.

[18] BEINERT, H.: J. Biol. Chem. 225, 465 (1957).

[19] MICHAELIS, L.: Chem. Res. 16, 243 (1935); Cold Spring Harbor Symposia Quant. Biol. 7, 33 (1939); in "The Enzymes". Herausgegeben von J. B. SUMNER and K. MYRBÄCK, Band 2, Teil 1, 1—54 (1951). New York Academic Press.

[20] BEINERT, H.: J. Am. Chem. Soc. 18, 5323 (1956).

[21] BURN, G. P., and J. R. P. O'BRIEN: Biochem. et Biophys. Acta 31, 328 (1959).

[22] LOWE, H. J., and W. M. CLARK: J. Biol. Chem. 221, 983 (1956).

[23] BEINERT, H.: In "The Enzymes". Herausgegeben von P. D. BOYER, H. A. LARDY u. K. MYRBÄCK, Bd. 2, 339—416 (1960). New York: Academic Press.

[24] KUBO, H., H. WATARI and T. SHIGA: Bull. Soc. Chim. Biol. 41, 981 (1959).

[25] SUTTON, W. B.: J. Biol. Chem. 226, 395 (1957).

[26] BEINERT, H., and R. H. SANDS: In "Free radicals in biological Systems". Herausgegeben von M. S. BLOIS, Im Druck (1960). New York: Academic Press.

[27] MASSEY, V.: In "Free radicals in biological systems". Herausgegeben von M. S. BLOIS, Im Druck (1960). New York: Academic Press.

[28] DOLIN, M. I.: J. Biol. Chem. 225, 557 (1957); 235, 544 (1960).

[29] HAAS, E.: Biochem. Z. 290, 291 (1937).

[30] EHRENBERG, A., and G. D. LUDWIG: Science 127, 1177 (1958).

[31] KUHN, R., u. TH. WAGNER-JAUREGG: Ber. dtsch. Chem. Ges. 67, 361 (1934).

[32] HAUGE, J. G.: J. Am. Chem. Soc. 78, 5266 (1956).

[33] DEBERNHARD, B.: Biochim. et Biophys. Acta 23, 510 (1957).

[34] MASSEY, V.: J. Biol. Chem. 229, 763 (1957).

[35] Beinert, H., and R. H. Sands: Biochem. Biophys. Res. Communs. 1, 171 (1959).

[36] Hatefi, Y., A. Haavik, P. Jurtshuk and B. Bovee: Federation Proc. 19, 31 (1960).

[37] Beinert, H., and R. H. Sands: Biochem. Biophys. Res. Communs. Ref. 3, 41 (1960).

[38] Lester, R. L., Y. Hatefi, C. Widmer and F. L. Crane: Biochim. et Biophys. Acta 33, 169 (1959).

[39] Rabinowitz, M., and B. De Bernard: Biochim. et Biophys. Acta 26, 22 (1957).

[40] Sands, R. H., and H. Beinert: Biochem. Biophys. Res. Communs. 3, 47 (1960).

[41] Sands, R. H., and H. Beinert: Biochem. Biophys. Res. Communs. 1, 175 (1959).

Diskussion

Diskussionsleiter: Bücher, *Marburg*

Bücher (Marburg): Herr Professor Beinert, wir dürfen Ihnen zu diesen glänzenden Experimenten gratulieren und Ihnen gleichzeitig dafür danken, in welch klarer und gut verständlicher Weise Sie uns in dieses schwierige Gebiet ein geführt haben. Es ist ja ein faszinierendes Gebiet, wenn man bedenkt, wie die Theorie der Oxydation wie ein roter Faden eigentlich seit dem Beginn der Beschäftigung mit dem chemischen Problem des Lebendigen geht. Nun, vielleicht kann man auch noch sagen, daß während sich Ihre Frau in Amerika mit dem Problem des "canning" auseinandergesetzt hat, Sie sich mit sehr großem Erfolg des "scanning" bedient haben. Ich darf jetzt die Diskussion eröffnen:

Bielig (Heidelberg): Herr Beinert, zunächst möchte ich Ihnen herzlich danken. Wir kennen uns ja von früher. Ich bin beeindruckt, von dem was Sie drüben gemacht haben, vor allen Dingen von den Methoden, die Sie uns vorgeführt haben. Was die Frage des Metalls angeht, würde ich Sie gerne noch einiges fragen, und zwar 1. kann man das Metall in irgendeiner Weise entfernen, entweder durch Blockierung durch einen Komplexbildner oder ähnliches, und auf diese Weise Aufschluß erreichen, in welcher Weise es eingreift und ob es irgendwo sitzt; 2. wissen wir, ob das Metall. das Sie links im Bilde hatten, bzw. die Effekte, die dann rechts auftraten, in diesen Bildern auch durch verschiedenartige Bindungszustände des Metalls erklärt werden können. Sie haben gar nichts darüber verlauten lassen, in welcher Form das Metall eventuell hier vorliegt. Man hat ja versucht, bei Flavinen Komplexbildung zu erreichen. Wenn Sie uns natürlich zeigen, daß Sie Wasserstoff als Zentralatome haben — durch Überlagerung der Komponenten natürlich semichinoide Zustände —, dann kann man noch erwarten, daß Flavine durch ein Metall verknüpft werden und auch so noch ein ziemlich chinoides Bild entstehen kann.

Beinert: Sie sagten, Herr Bielig, ich habe darüber nicht sehr viel verlauten lassen. Der Grund dafür ist Zeitmangel. Denn über diese Metallbeziehungen und meine Experimente mit paramagnetischer Resonanzspektroskopie (EPR) zu sprechen, wäre eine andere Vorlesung, die auch noch einmal 1—2 Std. dauern würde. Zu Ihrer Frage: es ist ja der Vorteil der EPR-Spektroskopie, daß man über den Bindungszustand des Metalls etwas aussagen kann. Ich sagte anfangs, daß Sie nur einen Teil des Eisens sehen, der andere Teil des Eisens ist so gebunden, daß Sie ihn einfach nicht sehen können. Es ist natürlich bedauerlich, daß man bei diesem Eisen EPR nicht anwenden kann; was Sie nicht sehen, können Sie mit EPR nicht untersuchen. Andererseits ist es von Vorteil, daß EPR ganz spezifisch gewisse Dinge herausstellt, z. B. in den Mitochondrien, die für optische Spektroskopie ein hoffnungsloses Gemisch sind (außer vielleicht für CHANCE oder einige wenige Begnadete, die das auflösen können, wenn auch nur unter großen Schwierigkeiten), sehen wir Kupfer, Eisen und, wenn es dazu kommt, Flavinradikale, und das ist alles. Wir sehen vier Sachen in diesem Gemisch, und die können wir untersuchen, was natürlich ein großer Vorteil ist.

Wir haben nun folgende Versuche gemacht: Wenn man z. B. Citrat zu DPNH Cytochromreduktase zusetzt, verschwindet das Eisensignal nach einer Weile. Das zeigt also, daß dieses Eisen mit Citrat reagiert, gebunden wird, und daß der Eisencitratkomplex nicht dasselbe EPR-Spektrum gibt wie das Eisen in der ursprünglichen Bindung. Freies Eisen in wäßriger Lösung, z. B. auch wenn gefroren, gibt überhaupt nichts. Man sieht, es sind ganz bestimmte Bedingungen einzuhalten, damit man diese Substanzen sehen kann. Die meisten unserer Versuche machten wir bei —100°, da man im flüssigen Zustand vieles nicht sehen kann. Die zweite Frage führt zu etwas ähnlichem: Nehmen wir als Beispiel das Eisen III. Wenn Sie Eisen-III-chlorid in wäßriger Lösung haben, natürlich etwas sauer, damit es in Lösung bleibt, sehen Sie nichts, weder gefroren noch nicht gefroren. Wenn Sie Phosphat zusetzen, bekommen Sie ein Signal. Dieses Signal ist ganz verschieden von dem, das Sie erhalten, wenn Sie Citrat zusetzen; es ist auch wieder anders als das, das Sie erhalten, wenn Sie Dihydroxyäthylglycin zusetzen, und es ist schließlich wieder anders von dem Eisenhydroxamatkomplex, den wir untersucht haben. Er gibt ein ähnliches Spektrum wie das, das ich hier zeigte. Diese Methode kann uns also, wenn wir eines Tages mehr darüber wissen, Anhaltspunkte geben, wie das Eisen im Fermentmolekül gebunden ist, und das möchten wir natürlich wissen.

BIELIG (Heidelberg): Könnte es dann sein, daß das Metall der Mittler ist zwischen dem Substrat und der Fermentoberfläche oder auch der prosthetischen Gruppe; daß es noch einmal dazwischen geschaltet ist ?

BEINERT: Ich kann nur sagen, das könnte natürlich sein. In Amerika sagt man: one guess is as good as the other. Andererseits glaube ich, daß die Entscheidung hier nur bei kinetischen Experimenten liegen kann. Man müßte zeigen, ob das Eisen nun in der anfänglichen Reaktion schneller reduziert wird als das Flavin. Das ist sehr schwer zu zeigen, da die Versuche in gefrorenem Zustand gemacht werden müssen. Schnelle kinetische Experimente in gefrorenem Zustand, das ist unser Problem.

MARTIUS (Zürich): Herr BEINERT, ich möchte Sie folgendes fragen: wie würden Sie heute rein chemisch, formelmäßig die Reaktion eines Substrates mit einem nicht-metallhaltigen Flavoprotein formulieren ? Ich glaube, daß die Aminosäureoxydasen ein Beispiel sind. In dem Falle kann ich mir die Reaktion kaum anders vorstellen als die Reaktion zwischen einem Alkohol etwa und dem DPN; nämlich als zweielektronischen Prozeß mit einem Hydridwasserstoffatom. In Analogie dazu, wenn man es ebenso formulierte, könnte man ein Semichinon nicht formulieren, es sei denn durch Reaktion des total hydrierten Flavoproteins mit einem oxydierten Flavoprotein. Ich möchte nur wissen, wie stellen Sie sich formelmäßig die Reaktion Substrat ohne Metall durch Flavoprotein vor?

BEINERT: Sie erinnern sich, daß ich sagte, daß die meisten Anhaltspunkte dafür sprechen, daß DPNH, Succinat, Butyryl-CoA und derartige Substrate in einem Zwei-Elektronenschritt reduzieren. Das ist im wesentlichen das, was Herr MARTIUS eben sagte. Man kann es sich nicht so leicht vorstellen, wie es anders gehen sollte. Auf der anderen Seite darf man nicht vergessen, daß viele Flavoproteine zwei Flavine haben; deshalb könnten zwei Reduktions-äquivalente auf einmal abgegeben werden, wenn die Anordnung der Flavine im Ferment genügend günstig hierfür wäre. Aber nun gibt es auch eine Reihe von Flavoproteinen, die nur ein Flavin enthalten, wie die Diaphorase und die L-Aminosäureoxydase. Da kann man also diese Erklärung nicht anwenden. Ich bin kein theoretisch-organischer Chemiker, sonst würden Sie jetzt Punkte und Striche an der Tafel erscheinen sehen; das muß ich meinen Kollegen überlassen. Ich habe aber mit ihnen darüber gesprochen. Ich habe mit Herrn WESTHEIMER gesprochen und verschiedenen anderen Kollegen in Amerika und im allgemeinen stellen sie sich das auch als Zwei-Elektronenschritt vor, in dem ein Hydrid-ion und ein Proton übertragen werden. Ich für meine Person kann nun nur sagen, ich muß das Herrn WESTHEIMER und den übrigen Organikern glauben. Sie haben Versuche gemacht, und wenn es nach ihrer Meinung und den Modellversuchen so aussieht, so kann ich nicht sagen, das stimmt nicht; denn ich habe ja keine Versuche in der Richtung gemacht. Ich kann nur sagen, was wir gesehen haben. Wir haben die Zwischenstufen gefunden, und irgendwie müssen wir die Beobachtungen und Theorien eines Tages auf eine gemeinsame Basis bringen. Herr WESTHEIMER hat vorgeschlagen, daß z. B. im Falle des Succinats eine Enolisation der Carboxylgruppe im Succinat stattfindet und daß dann ein Hydridion abgelöst wird und ein Proton übergeht; aber ich muß hier wiederholen: one guess is a good as the other, solange es nicht bewiesen ist. Ich muß Herrn MARTIUS durchaus recht geben: das Wahrscheinlichere ist ein Zwei-Elektronen-Transport, wie die organischen Chemiker es annehmen. Auf der anderen Seite haben es die theo-retischen Betrachtungen an sich, daß, wenn nach einer Weile der experi-mentelle Gegenbeweis erbracht wird, von irgend jemand die Theorie bestimmt in der Weise abgeändert wird, daß sie zu den experimentellen Befunden paßt.

RAPOPORT (Berlin): Die Frage, welche Rolle die Metalle spielen, inter-essiert uns natürlich alle. Soweit ich aus Ihren Darlegungen die Situation übersehe, haben Sie einen guten Beweis für eine Reduzierung für das Mahler-sche Ferment, für die Mitwirkung eines Metalls und da ist eine Art Gegen-beweis bei der Succinatdehydrogenase, wo das Eisen anscheinend nicht so schnell reagiert. Es erhebt sich nun die Frage, wie gut diese beiden Fermente als Modelle für das Mitochondrium dienen. Es ist für uns alle sehr beruhigend zu hören, daß das Mitochondrium selbst sich so verhält wie das Mahlersche Enzym; allerdings ist das Mahlersche Enzym sicher ein Artefakt, wie es von Wang und Ling und auch in unseren Versuchen zwar indirekt aber doch recht wahrscheinlich gemacht worden ist. Damit würde sich die Möglichkeit ergeben, daß auch das isolierte Succinatenzym in dieser Hinsicht eine Art Artefakt ist, das heißt, daß sowohl das Mahlersche- als auch das isolierte Succinat-Enzym einmal ein aktives und einmal ein nichtaktives Eisen darstellen könnten. Ich hätte von Ihnen gerne gehört, wie Sie selbst die Bedeutung der isolierten Enzyme und ihre Anwendung auf Mitochondrien beurteilen.

Beinert: Herr Rapoport schneidet hier ein Problem an, das natürlich sehr schwer zu lösen ist, nämlich, was ist ein Artefakt und was ist keiner. Wenn man so will, ist jedes isolierte Ferment ein Artefakt, und es ist das Problem der Fermentchemiker, da einen Ausweg zu finden. Wir können nur sagen, wir müssen von beiden Enden kommen; wir müssen die isolierten Fermente studieren, die vielleicht Artefakte sind, und wir müssen das integrierte System studieren und schließlich sehen, ob das, was wir in einem sehen im anderen auch stattfindet; dann können wir vielleicht zufrieden sein. Ich muß aber eins hier deutlich machen, wozu ich mir im Vortrag nicht die Zeit nahm, und das wird wahrscheinlich manches erklären: z. B. Sie sagen, daß in der Succinodehydrogenase das Eisen nicht reduziert wird; dazu ist aber zu sagen, daß dieses Eisen bei $g = 4$ in der Succinodehydrogenase nur 1% des gesamten Nicht-Häm-Eisens darstellt. Wenn die andere Bande, die Sie sahen, die wir nicht identifiziert haben, die aber möglicherwiese zweiwertiges Eisen darstellt, wenn diese Bande wirklich zweiwertiges Eisen darstellt, dann haben Sie Eisenreduktion in der Succinodehydrogenase. Dieses Eisen, das bei $g = 2$ erscheint, ist vorhanden in einer Menge ungefähr äquivalent zum Flavin. Ich habe das gezeigt, weil es ein schönes Beispiel dafür ist, daß die Reduktion von Metall nicht unspezifisch ist. DPNH reduziert das Eisen, das bei $g = 4$ sichtbar ist, TPNH tut es nicht, oder nur wesentlich langsamer. Dieses Ferment, die DPNH-Cytochromreduktase, hat eine gewisse Affinität zu TPNH, aber nur eine geringe. Deshalb wird dieses Eisen nur sehr langsam, bei großem Überschuß von TPNH reduziert. In der Succinodehydrogenase fanden wir auch Eisen bei $g = 4$ (es mag eine Verunreinigung sein), es wurde aber kaum reduziert, während diese andere Bande bei $g = 2$ erschien. Wir fanden in Mitochondrien und in Partikeln die man von Mitochondrien herstellen kann durch Beschallung), daß dieses Eisen von DPNH reduziert wird, nicht aber von Succinat. Ich glaube, daß das der beste Beweis dafür ist, daß diese Metallreduktionen verhältnismäßig spezifisch sind. Es könnte aber immer noch sein, daß dieses Eisen nur eine Verunreinigung in Mitochondrien und überall sonst ist. Aber damit kommen wir zu dem Problem der signifikanten und nichtsignifikanten Verunreinigungen, und das möchte ich nicht angehen.

Bielig (Heidelberg): Herr Beinert, es könnte bei dem Eisen aber auch so sein: Sie haben Eisen, welches leicht abdissoziierbar ist und Eisen, welches spezifisch bleibt (das findet man immer wieder, Herr Weitzel hat es ja auch demonstriert, und man findet es auch bei der Kupferbindung). Das ist sozusagen eine Schutzfunktion, und wenn Sie das spezifisch gegen verschiedene Komplexbildner untersuchen würden, müßte das ja herauskommen; d. h. das eine geht weg, die Funktion wird im Endeffekt gar nicht beeinträchtigt, und dann geht schließlich das andere weg, welches die Funktion formt; so etwas wäre natürlich auch noch möglich.

Beinert: Ja, wir haben das auch untersucht. In den Fermenten und den Mitochondrien bleibt dieses Eisen erhalten, wenn wir dialysieren gegen Komplexbildner wie Dihydroxyäthylglycin, das ja eines der besten Eisen-III-Komplexbildner ist, oder gegen EDTA (für zweiwertiges Eisen). Dieses Eisen ist nicht zu entfernen. Wir haben es auf verschiedene Weise versucht. Außerdem haben wir Versuche mit radioaktivem Eisen gemacht. Wir haben radioaktives Eisen zugesetzt und gefunden, daß es von diesen Partikeln und von Mitochondrien sehr stark aufgenommen wird, daß aber dieses radioaktive Eisen auch wieder schnell mit Komplexbildnern zu entfernen ist. Wir glauben also, daß dieses "Non-heme-iron" wie es in USA heißt, dieses „Nicht-Häm-Eisen" doch wohl kein Artefakt ist und eine Rolle spielt. Es kann natürlich sein, daß die Mitochondrien bessere Komplexbildner sind als alles andere. Aber man muß dann wohl sagen: dann wird es wahrscheinlich auch in vivo vorkommen, und irgend etwas tut es möglicherweise schon, wenn es so leicht reduziert und oxydiert wird.

Pfleiderer (Frankfurt): Ich wollte fragen, ob Sie neue Vorstellungen über die Bindung des FADs haben? Mich hat das immer interessiert. Ich habe mich auch hoffnungsvoll vor einem Jahr auf die gelben Fermente gestürzt, weil man hier scheinbar ein ideales Objekt hat; Sie haben es angedeutet: einerseits feste Bindung, sehr kleine Dissoziationskonstanten, andererseits in manchen Fällen doch eine reversible Abspaltung. Ich hatte gehofft, mit Proteasen Bruchstücke zu bekommen wie Singer von der Bernsteinsäuredehydrase. — Man kann es eigentlich nur eine homöopolare Bindung nennen. — Wir haben in der Hochspannungselektrophorese stundenlang an einer Membran Diaphorase aufgefangen, und das FAD bleibt quantitativ darin. Wir konnten es übrigens nicht abspalten nach der Warburgschen Technik im Sauren. Wie soll man diese Bindung erklären? Hängt sie vielleicht auch mit dieser interessanten Strukturerhaltung zusammen, die mich immer mehr interessiert, daß man z. B. den Harnstoff durch die Diaphorase kaum inaktivieren kann? Wir haben an verschiedenen Enzymen folgende Beobachtungen gemacht: sowie man eine Wirkgruppe entfernt, dann scheint sie sehr labil zu sein. Können Sie da irgendwelche Anhaltspunkte geben? Ob es irgendwelche S-Acylbindungen, S-Phosphatbindungen oder derartige Bindungen sind?

Beinert: Ich glaube, ich kann Herrn Pfleiderer darauf keine Antwort geben. Wir möchten das nämlich gerne selber wissen. Wenn er uns das eines Tages sagen kann, sind wir froh. Man kann nur sagen, daß bei Flavoproteinen eine ganze Reihe, eine große Skala von Bindungen vorkommt; z. B. die stärkste ist die der Succinodehydrogenase, wo man die Wirkgruppe mit Trypsin abspalten muß; dennoch erhält man nicht die freie Wirkgruppe, sondern ein Flavin-Polypeptid-Fragment. Die nächste Stufe ist die, die man bei den meisten Flavoproteinen findet. Das Flavin wird in saurem Milieu abgespalten aber unter Denaturierung des Proteins. Das Flavin kommt nur heraus, wenn man das Protein ruiniert. So verhält sich die Mehrzahl der Flavoproteine. Das klassische Beispiel, das WARBURG untersuchte, die reversible Dissoziation, ist ein Beispiel für ganz, ganz seltene Fälle, leider. Das macht das Studium etwas schwieriger. Bei Bakterien und Pflanzen kommt es häufiger vor, daß die Flavine leichter abgespalten werden können. Aber wie sie da gebunden sind, das ist die Frage. Man würde natürlich gerne den Adenin-Anteil für eine Bindung, die nicht die stärkste ist, verantwortlich machen. Für eine starke Bindung, wie für die in der Succinodehydrogenase, hat ja Dr. KEARNEY in einer wirklich schweren Arbeit, die ich über die Jahre in mancher Diskussionen „miterlebt" habe, gezeigt, daß da ein Polypeptidfragment irgendwo am Flavin hängt. Es wird immer wieder der Stickstoff in der 3-Stellung als Bindungsstelle für Protein vermutet. Aber ob das wirklich die Stelle ist, das ist auch noch nicht ganz klar. Jedenfalls hat es Frau KEARNEY doch wohl über alle Zweifel wahrscheinlich gemacht, daß Peptidfragmente in direkter Bindung an dem Flavin hängen. Das ist aber wahrscheinlich nicht so bei den Bindungen, die durch Säure gelöst werden können. Man könnte annehmen, daß vielleicht da der Flavinkern selbst überhaupt nicht gebunden ist. Eine interessante Sache möchte ich in diesem Zusammenhang erwähnen, nämlich ein Protein aus Hühnereiweiß, das Dr. FENNEY in Nebraska gefunden hat und das Riboflavin bindet. Er konnte zeigen, daß die obengenannte 3-Stellung hier keine große Rolle spielt. Er fand vielmehr, daß die Zuckerseitenkette einen erheblichen Einfluß hatte. Er hat damit also die als schon ziemlich sicher angenommenen Theorien erschüttert, daß der Stickstoff in der 3-Stellung für Bindung verantwortlich ist. Dieses Protein aus Eiweiß ist zum Studium von Flavinbindungen ideal, da man es in großen Mengen herstellen kann, während die meisten Flavoproteine ja nicht leicht rein zu erhalten sind. Das ist ein großer Nachteil. Frau KEARNEY z. B. mußte zuerst reine Succinodehydrogenase herstellen, und wenn sie dann ein paar Milligramm hatte, dann sollte sie die prosthetische Gruppe abbauen und dann noch studieren, wie alles gebunden ist. Das sind sehr schwere Arbeiten. Ich hoffe, ich habe Herrn PFLEIDERER nicht entmutigt.

SEUBERT (München): Ich glaube, Herr BEINERT, Sie haben sicher die Rolle des Kupfers in der Butyryl-CoA-Dehydrogenase genau untersucht. Vielleicht könnten Sie damit eine Antwort auf die verschiedenen gestellten Fragen zur Beteiligung der Metalle in dem Flavoprotein geben?

BEINERT: Ich glaube, es ist immer leicht etwas in die Literatur hineinzubringen, und es ist immer schwer, es wieder herauszubringen, wenn es sich als falsch erwiesen hat. Ein Beispiel dafür ist die grüne Butyryl-CoA-Dehydrogenase, die noch in vielen Lehrbüchern und Übersichtsartikeln als Kupferflavoprotein bezeichnet wird. Diese Annahme stammte von Experimenten, die MAHLER 1952 und 1953 gemacht hat. Die grüne Komponente sah natürlich sehr nach Kupfer aus, und MAHLER hat tatsächlich in dem Ferment Kupfer gefunden. Dann wurden Versuche gemacht, das Kupfer evtl. zu entfernen. Es wurde aber nicht chemisch, sondern nur durch die Spektralbande geprüft, und das gab natürlich Schwierigkeiten. Es schien, als ob das Kupfer entfernt werden könne, d. h. die Spektralbande verschwand mit Cyanid, und das sah so aus, als ob das Kupfer entfernt worden wäre. Wir haben mit diesem Ferment Versuche ähnlicher Art gemacht, und wir haben gefunden, daß man das Kupfer aus dem Ferment ganz einfach mit EDTA entfernen kann und daß sich das Spektrum dann überhaupt nicht verändert. Auch die Aktivität wird dabei nicht verändert. Man muß also sagen, daß dieses Ferment zwar Kupfer enthält, so wie es unter den üblichen Routine-Laborbedingungen mit kupferhaltigem Ammoniumsulfat und den üblichen Labormitteln hergestellt wird, aber daß man dieses Kupfer leicht entfernen kann. Dieses Ferment enthält nach der Entfernung des Kupfers ungefähr 1 Kupferatom pro 50 Flavinmoleküle. Daher haben wir aufgehört, uns Sorgen zu machen über das Kupfer, und was es darin tut. Es ist natürlich möglich, daß dieses Kupfer zwar mit EDTA entfernt werden kann, aber daß es trotzdem etwas mit dem Ferment zu tun hat. Ich glaube, das meint Herr SEUBERT. Man sieht Kupfer in dem Ferment, wenn es nicht besonders gereinigt worden ist, aber soweit ich mich erinnere, zeigten unsere EPR-Versuche keine Reduktion dieses Kupfers, während wir in der Cytochromoxydase ganz deutlich Reduktion des Kupfers, das zur Oxydase gehört, erhalten können. Ich hoffe, daß das die Frage beantwortet.

BÜCHER (Marburg): Sie haben uns ja wirklich stimuliert, Ihre wissenschaftliche Weltanschauung tief zu ergründen, und ich glaube, daß Sie jetzt doch in einen Bereich der Artefakte gekommen sind, die wir alle als Artefakte bezeichnen können, mit dieser Kupferverbindung. Es ist die Frage, ob wir Ihre Geduld noch beanspruchen können und Sie bitten dürfen, uns doch noch etwas zu sagen über diese hochinteressanten Komplexe der Flavoproteine mit den CoA-Acylverbindungen; denn das ist ja nun eigentlich angesprochen worden durch die Frage von Herrn SEUBERT.

BEINERT: Wenn man schon über den Ozean kommt, dann ist man sicher bereit, auch noch weitere Fragen zu beantworten. Denn das ist die kleinere Mühe. Wir haben gefunden, daß die Acyl-dehydrogenasen ungewöhnlich starke Komplexe mit dem Substrat bilden. In diesem Fall ist das Substrat ein Acyl-CoA, sagen wir Butyryl-CoA oder Octanoyl-CoA. Diese Komplexe sind, glaube ich, die stärksten, die bisher von Enzymen und niedermolekularen Substanzen beschrieben worden sind. Man kann solche Komplexe allerdings mit höher molekularen Substanzen eher finden. Und zwar sind sie so stark, daß man das Ferment mit Ammonsulfat fällen kann, und das Substrat hängt an dem Ferment. Man kann das Ferment dialysieren, man kann es mit Holzkohle behandeln und mit Dowex II und Dowex I, das normalerweise ohne weiteres diese CoA-Derivate aufnimmt, aber das CoA kommt einfach nicht von dem Ferment los; d. h. wenn das Ferment einmal Substrat gesehen hat, wird es immer welches haben. *Eine* Möglichkeit besteht, es wegzubringen, nämlich indem man anderes Substrat zusetzt. Wir haben das mit radioaktiven Substraten gezeigt. Wenn sie radioaktives Substrat binden und dann nichtradioaktives zusetzen, findet ein Austausch statt. Man kann also dadurch eine Dissoziation zeigen. Interessant ist auch in diesem Zusammenhang folgendes: wenn wir das Substrat nun wirklich mit Gewalt entfernen wollen, z. B. durch Säurezusatz, dann geht das Substrat nur weg, wenn auch das prosthetische Flavin weggeht. Sie gehen beide zugleich weg. Man muß also annehmen, daß beide etwas miteinander zu tun haben. Das Spektrum zeigt ja auch, daß wenn man die CoA-Derivate zusetzt, spektrale Verschiebungen im Flavin stattfinden. Man hat also Protein und daran gebunden das Flavin und auf dem Flavin liegt irgendwie noch die CoA-Verbindung. Da findet sicher eine Wechselwirkung zwischen Flavin und der CoA-Verbindung statt, sonst könnte man keine Spektralverschiebungen im Flavin sehen. Ein weiterer interessanter Punkt ist folgender: wenn wir mit Säure versetzen und das Substrat geht weg, so geht es nicht als unzerstörtes Butyryl-CoA oder Crotonyl-CoA oder Octanoyl-CoA weg, sondern es wird dann gespalten in freie Säure und CoA. Das bedeutet also, daß das Ferment dieses Substrat in solcher Weise hält, daß es dieses nur in Form der Fragmente abgeben kann bei der Denaturierung. Was da stattfindet, wissen wir natürlich nicht. Man sollte daher sagen, daß diese Art von Substraten eine Sonderklasse darstellt. Diese CoA-Derivate sind Hybride zwischen Substrat und Co-Enzym; das muß man im Auge behalten. Diese Art von Substrat hat anscheinend die Möglichkeit, an die Fermente wie ein Co-Ferment gebunden zu sein. Das ist wohl der Grund dafür, daß die Fettsäuren an dem CoA hängen müssen, um den Fettsäure-Cyclus durchzumachen. Dadurch bekommen sie eine starke Affinität für die Fermente, die sie als freie Säure nie haben. Freie Säuren werden gar nicht gebunden. Das mag der Grund für die schnelle Wanderung der CoA-Derivate zwischen den Fermenten des Cyclus sein.

Bücher (Marburg): Sie haben drei verschiedene solcher Flavofermente?

Beinert: Ja, es sind drei Flavoproteine mit verschiedener Kettenlängen-spezifität; eins für Butyryl-CoA, eins für Octanoyl-CoA und eins spezifisch für Palmityl-CoA. Wenn man nun drei Fermente hat, so kann man damit recht nette Versuche machen. Wenn man z. B. dem Butyryl-CoA-Ferment Octanoyl-CoA gibt, so wird dieses Substrat nicht gebunden, auch Palmityl-CoA wird nicht gebunden. Umgekehrt, wenn Sie dem Palmityl-CoA-Ferment Butyryl-CoA anbieten, geschieht nichts, es wird nicht gebunden. Die Fermente wissen also ganz genau, was sie brauchen und was sie machen wollen. Wir würden natürlich gerne herausbekommen: woher weiß das Ferment, was ist Palmityl und was ist Buturyl, d. h. wie drückt sich die Spezifität für die Fettsäurekette in der Konstitution der Fermente aus? Aber leider ist es nicht so leicht, genügend von den Fermenten herzustellen, um sie abbauen zu können, um dann zu sehen, ob etwa eine größere Zahl von aliphatischen Aminosäuren oder aliphatischen Stellen in den Fermentmolekülen vorhanden sind, die die Bindung z. B. von Palmityl-CoA verursachen.

Bielig (Heidelberg): Kann man das Ferment betrügen, indem man ihm eben nicht C_{16} sondern C_{14}-Fettsäure anbietet?

Beinert: Die Spezifität ist natürlich darstellbar durch eine der üblichen glockenförmigen Kurven. Zwei Kohlenstoffe weniger, das geht schon. Am meisten wird aber das gebunden, das eben genau die richtige Kettenlänge hat. Man kann das Ferment auch nicht betrügen, wenn man Crotonylthioäthyl-amin also ein CoA-Fragment zusetzt. Das wird zwar etwas, aber nicht in dem Maße wie die CoA-Verbindung gebunden. Es wäre ideal, hier den Substratbindungsmechanismus zu studieren. Aber leider erfordert es zur Zeit noch zu viel Arbeit, die reinen Fermente in genügender Menge herzustellen.

Bücher (Marburg): Mir bleibt nun nur noch, Herrn Beinert und den Diskussionsrednern noch einmal für diese wirklich sehr fruchtbare Diskussion zu danken. Ich darf noch einmal erwähnen, daß die Gesellschaft dazu beitragen konnte, die Reise von Herrn Dr. Beinert zu finanzieren. Wir sind so stolz, da es, glaube ich, das erste Mal, nein — das zweite Mal ist, daß wir Deutschen finanziell etwas mitgeholfen haben einen amerikanischen Wissenschaftler nach Deutschland zu bringen. Ich sage das nur, weil wir darauf hin arbeiten sollten, daß das nun öfter und vollkommener geschehen kann.

Metabolic interrelations between free and polymerized nucleotides

By

ULF LAGERKVIST

Göteborgs Barnsjukhus, Göteborg/Schweden

The synthesis of polynucleotides from mononucleotides is a central problem in biochemistry and considerable progress has been made in this field during the last years. The short review presented here is only intended to indicate some recent results that are though to be of special interest.

The polymerization of deoxynucleotides

The first demonstration of an enzymatic net synthesis of a polydeoxynucleotide came through the brilliant work of KORNBERG and his group[1-5]. With an enzyme purified more than 2000-fold from E. coli they could demonstrate the synthesis of a polydeoxynucleotide chemically and physically undistinguishable from DNA*. This reaction required the presence of all four deoxynucleotides in DNA as triphosphates together with Mg++ and a small amount of DNA as primer. Under these conditions the enzyme

---

* The following abbreviations are used: ADP, adenosine-5′-diphosphate; AMP, adenosine-5′-phosphate; dAT,deoxyadenylic-thymidylicATP, adenosine-5′-triphosphate; CMP, cytidine-5′-phosphate; CT, cytidylic-thymidylic; dCT, deoxycytidylic-thymidylic; CTP, cytidine-5′-triphosphate; DAMP, deoxyadenosine-5′-phosphate; DATP deoxyadenosine-5′-triphosphate; DCMP, deoxycytidine-5′-phosphate; DGMP deocxyguanosine-5′-phosphate; DGTP, deoxyguanosine-5′-triphosphate: DNA, deoxyribonucleic acid; GDP, guanosine-5′-diphosphate; GMP,guanosine-5′-phosphate, HMC, 5-hydroxymethyldeoxycytidine; PP, inorganic pyrophosphate; poly A, polyadenylic acid; poly AC, polyadenylic-cytidyicl acid; poly AUGC, polyadenylic-uridylic-guanylic-cytidylic acid; poly C, polycytidilyc acid; poly U, polyuridylic acid; RNA, ribonucleic acid; TMP, thymidine-5′-phosphate; TT, thymidylic-thymidylic; TTP, thymidine-5′-triphosphate; UDP, uridine-5′-diphosphate; UDPG, uridine-5′-diphosphoglucose.

These abbreviations confirm to the system described in "Instructions to authors" in J. Biol. Chem. **233**, September (1958).

catalyzed the formation of up to 20 times the amount of DNA that had originally been present as primer and for every deoxynucleotide residue incorporated into the DNA-structure one molecule of inorganic pyrophosphate was formed.

Omission of any of the four deoxynucleoside triphosphates resulted in a sharp decrease of the reaction rate and with only one triphosphate it was reduced to 0.1 % of that observed with the complete system. Reversebility of the reaction could be demonstrated by the incorporation of $P^{32}P^{32}$ into deoxynucleoside triphosphates. This exchange of PP with the triphosphates required the presence of DNA and at least one of the triphosphates. With all four triphosphates the exchange reaction proceeded at maximal rate, but with only one triphosphate present it was still 40% of that observed with the complete system. This is in contrast to the forward reaction which was 99.9% inhibited under these conditions. The role of the triphosphates in the exchange reaction is not completely understood.

The presence of normal 3'-5'-phosphodiesterbridges in the synthesized DNA was demonstrated by the isolation of dinucleotide fragments of the composition dCT and TT after digestion with pancreatic DNAse. No phosphate was liberated from these dinucleotides by phosphodiesterase or bull semen 5'-nucleotidase but all of it was liberated by the combined action of these two enzymes. Phosphodiesterase liberated equivalent amounts of DCMP and TMP from the dCT-fragment but only TMP from the TT fragment. Furthermore when a single triphosphate labeled with P^{32} in the inner phosphate was reacted in the absence of the other three triphosphates a small but significant incorporation of radioactivity into DNA took place. After degradation of DNA to deoxynucleoside-3'-phosphates by the combined action of micrococcal DNAse and spleen phosphodiesterase radioactivity was found in all four deoxynucleoside-3'-phosphates. This is what should be expected if the labeled deoxynucleoside triphosphate transferred its monophosphate residue to the free 3'-OH of the nucleoside terminal of DNA.

The available evidence is thus consistent with the formulation of this reaction as a nucleophilic attack by the 3'-OH group of the nucleoside terminal of DNA on the innermost phosphorous atom of a deoxynucleoside triphosphate.

Incorporation of a ribonucleotide into DNA. An interesting parallel to the reaction discussed above is the demonstration by HURWITZ[6] of the incorporation of CTP into DNA in the presence of DATP, DGTP and TTP. The enzyme catalyzing this reaction was purified 100-fold from E. coli and required both Mg^{++} and Mn^{++} for full activity. The requirement for primer DNA could not be replaced by RNA. The incorporation of the ribonucleotide as such was established in the following way:

1. Degradation of DNA to 5′-mononucleotides after incubation with C^{14}-CTP and chromatographic separation of ribonucleotides and deoxyribonucleotides revealed all of the radioactivity in the CMP-fraction, the deoxynucleotides being unlabeled.

2. Degradation of DNA synthesized in the presence of CTP labeled in the innermost phosphate with P^{32} to 3′-nucleotides. This was achieved by the combined action of micrococcal DNAse and spleen phosphodiesterase and it was found that all of the 3′nucleotides isolated containe P^{32}.

3. A dinucleotide of CT-composition containing a 3′-5′-phosphodiesterlinkage was isolated and characterized by the same methods employed by KORNBERG et al.[2].

The biological significance of this reaction is of course doubtful. It is fascinating to speculate on the possibility of introducing all four ribonucleotides into DNA in order to produce an RNA chain attached to DNA. It is equally clear, however, that the enzyme described by HURWITZ does not catalyze this reaction and we will probably have to wait before this interesting hybride makes its appearance on the stage.

Primer-DNA. When polymerase was incubated with primer DNA from various sources the synthesized DNA was always found to have the base composition characteristic of the primer DNA used[7]. This indicates that the primer DNA might act as a template for the enzymatic replication of DNA.

Interesting results have been obtained regarding the degree of polymerization of the primer DNA required to support the reaction. Although it had originally been shown that extensive degradation of DNA by DNAse or acid destroyed the priming capacity it appears from recent work by the KORNBERG's group[7] that heating DNA in a manner known to give a collaps of its macromolecular structure, produced an increase in its priming capacity by a factor 2. The same results were obtained by using a nonviscous DNA isolated by SINSHEIMER from a small phage $\emptyset \times 174$ and believed to have a single-stranded structure. The resulting DNA had a high viscosity in contrast to the primers used.

These results are of considerable interest when compared with the results obtained by BOLLUM using a polymerase partially purified from thymus[8]. This purified enzyme was almost inactive with native high polymeric DNA from thymus but showed an almost 50-fold increase in activity with heat depolymerized DNA as primer. On the other hand SINSHEIMER's single-stranded phage DNA was found to prime without previous heat treatment. It is interesting to speculate on the possibility that single-stranded DNA or DNA containing single-stranded regions is the actual primer.

Finally it should be mentioned that E. coli polymerase has been found to catalyze the polymerization of DATP and TTP to a co-polymer in the absence of a primer[9]. The reaction has a lag period of 3 hours and this can be overcome by the addition of co-polymer dAT. The resulting co-polymer has physical characteristics similar to doublestranded DNA. The biological significance of these findings remains doubtful but they are nevertheless of considerable interest because of the similarity to the polynucleotide phosphorylase in microorganisms.

The synthesis of DNA in phage infected E. coli. It is well known that phage infected E. coli ceases to produce its own DNA and instead after a short lag synthesizes DNA characteristic of the infecting phage. In the case of the T-even phage the DNA contains 5-hydroxymethylcytosine instead of cytosine. FLAKS and COHEN[10] have recently shown the appearance after phage infection of a new enzyme in the infected host cell which hydroxymethylates DCMP. Furthermore it has been demonstrated by SINSHEIMER and VOLKIN[11–13] that the hydroxymethylgroup in HMC is linked to glucose to a certain extent. KORNBERG et al.[14] have recently investigated the enzymes responsible for the incorporation of HMC-nucleotides into DNA instead of cytosine nucleotides and the introduction of a glucosylgroup on HMC. They have arrived at results that throw considerable light on the mechanism of phage infection and replication.

1. They could demonstrate the appearance about 4 minutes after infection of a new enzyme in the host cell. This enzyme cata-

lyzed the phosphorylation of HMC-5'-P to HMC-5' triphosphate in the presence of ATP. This enzyme appeared only after infection with T-even phage.

2. The kinase levels for some other deoxynucleotides were also affected by phage infection. The levels of TMP and DGMP-kinase were increased 20—40 times, thereby reaching about the same level as that of HMC-5'-P kinase. On the other hand DAMP-kinase that has a comparatively high level in the uninfected cell was essentially unaltered, the net result being that the kinases for these four nucleotides have about the same activity after phage infection.

3. An especially interesting observation was made concerning the activity of DCMP-kinase after infection with T 2 phage. This activity actually disappeared when assayed in the usual way. It could be demonstrated, however, that this was not due to a disappearance of the enzyme. Instead it was found that a new enzyme, DCTPase, could be detected after T 2 infection. When DCMP-kinase was assayed under conditions that almost completely inhibited DCTPase the kinase was found to have essentially the same activity as before infection. Infection with T 5 phage resulted in a considerable increase in DCMP-kinase.

4. An enzyme that transfers glucosyl from UDPG to DNA containing HMC was demonstrated in T 2-infected but not in T 5-infected E. coli. This transfer occurred only with DNA containing HMC with unsubstituted hydroxymethyl groups synthesized enzymatically from DATP, DGTP, TTP and HMC-5'-triphosphate. The enzyme was inactive with normal glucosylated T 2 DNA as well as with HMC-5'-P or HMC-5'-triphosphate. The transfer of glucosyl to acceptor DNA reached a limiting value of 60% of the available hydroxymethyl groups.

The polymerization of ribonucleotides

The synthesis of polynucleotides in microorganisms. The earlier pioneering work of OCHOA et al. on the synthesis of polyribonucleotides with enzymes from Azotobacter has been extensively reviewed and will not be considered in all details here. It will be recalled that the enzyme catalyzes a reversible formation of a polyribonucleotide from nucleosidediphosphates in the presence of Mg^{++}. The incorporation of one nucleotide unit into the polymeric structure is accompanied by the release of one inorganic phosphate. The polymers formed may be composed of only one type of nucleotide (poly A, poly C etc.) or they may contain two or more nucleotides (poly AC, poly AUGC). The polymers formed have all the structural characteristics of natural RNA and are attacked in a similar way by hydrolytic enzymes. The experimental evidence for these important findings regarding the characterization of the synthetic polymer will not be reviewed here.

When measuring the forward reaction with less highly purified enzyme fractions from Azotobacter or with enzyme preparations from Micrococcus lysodeikticus no requirement for a primer could be demonstrated. However, using a highly purified enzyme from Azotobacter MII and OCHOA[15] could demonstrate a lag phase in the polymerization of nucleoside diphosphates. This lag could be overcome by the addition of RNA or synthetic polymers. Certain specificity requirements are revealed by the enzyme in as much as the polymerization of CDP requires poly-C as primer and is actually inhibited by RNA, poly-A or poly-U. On the other hand poly-C primes the polymerization of ADP and UDP as well as the formation of poly-AUGC. Of considerable interest is the demonstration by HEPPEL et al.[16, 17], of the priming effect of oligonucleotides such as pApApA* or pApA. The priming effect of these compounds can be explained by the presence of a free 3'-OH on the nucleoside terminal. On the other hand they could demonstrate a priming of ADP and UDP polymerization by oligonucleotides such as ApApUp that can clearly not be incorporated into a polynucleotide structure owing to the absence of a free 3'-OH. The priming effect of these compounds remains unexplained but is of considerable theoretical interest since they may represent a mechanism by which polynucleotide molecules might influence the synthesis of another polymer without being incorporated into its structure.

The incorporation of GMP into polynucleotide structure represents a special problem since it has been shown that GDP cannot be polymerized to a polymer containing only this nucleotide[18]. On the other hand it is readily incorporated when mixed with other diphosphates. This can now be explained by the demonstration of an absolute requirement for a primer in the polymerization of GDP[19].

---

* These abbreviations confirm to the system described in "Instructions to authors" in J. Biol. Chem. **233**, September (1958).

The primer must possess a free 3'-OH, compounds such as ApApUp have no priming effect with GDP.

SINGER has studied the phosphorolysis of oligonucleotides[19] and has found that oligonucleotides terminated by a 5'-phosphomonoester are readily phosphorolysed until the molecule is reduced to a compound with only 2 nucleoside residues. On the other hand oligonucleotides with a 3'-phosphomonoester terminal are not phosphorolysed and do actually inhibit the phosphorolysis of "5'-ended" oligonucleotides when they occur together. This, however, is only true for "3'-ended" oligonucleotides not larger than pentanucleotides.

The results that we have so far discussed have been obtained with polynucleotide phosphorylase from Azotobacter. BEERS[20] and OLMSTEAD et al.[21] using a partially purified enzyme from Micrococcus lysodeikticus have obtained results that differ in some respects from those discussed above. No lag phase has been demonstrated with the micrococcal enzyme. If this is due to a contamination of the purified phosphorylase with a separate enzyme catalyzing the formation of a primer compound cannot yet be decided. Futhermore OLMSTEAD has succeeded in preparing an enzyme fraction that catalyzes the polymerization of ADP but is inactive with the other diphosphates. He suggests the existence of separate enzymes for every nucleoside diphosphate. This is in sharp contrast to the findings with Azotobacter preparations where all the available evidence points to a single enzyme.

Synthesis of polynucleotides in mammalian systems. The numerous investigations of DNA synthesis in mammalian tissues have revealed only minor differences compared to the known pattern in microorganisms. Regarding RNA synthesis, however, the picture is far more complicated. The synthesis of polyribonucleotides mammalian tissues has been the subject of investigations in many laboratories[22, 23, 24, 25, 26, 27]. From these investigations emerges a picture that is still very far from complete but that has some rather interesting aspects. It seems to be established beyond doubt that the soluble fraction from liver and several other tissues contains an enzyme that incorporates the monophosphate moiety of ATP and CTP into terminal and subterminal positions in S-RNA with the liberation of PP. ZAMECNIK et al.[28] have studied the incorporation of AMP into RNA of the p_H 5 enzyme, an enzyme fraction that cata-

lyzes the transfer of aminoacid acyls to RNA. The incorporation of
AMP was dependent upon the presence of a CMP terminal in
RNA. If RNA was incubated at 37° C it lost most of its CMP ter-
minals and at the same time its ability to incorporate AMP. Incubation with CTP, however, restored the capacity for AMP incorporation. It was furthermore found that the ability of the
p_H 5 enzyme to incorporate amino acid acyls was dependent on the
presence of the terminal sequence CMP-AMP in RNA.

In this connection I would like to refer briefly to some interesting results recently obtained by HERBERT[29]. By Am_2SO_4-fractio-
nation and chromatography on hydroxylapatite he has purified
two enzyme fractions from the soluble fraction of liver.

The first enzyme fraction (enzyme I), contained RNA and
catalyzed the incorporation of CTP and ATP into RNA in equi-
molar proportions with the liberation of pyrophosphate. When C^{14}-
CTP was incubated with the enzyme fraction treated with Norite to
remove ATP it was incorporated into a terminal position since 90%
of it was liberated as cytidine upon alkaline hydrolysis. On the
other hand addition of ATP to the incubating medium caused a
shift from 90% cytidine after alkaline hydrolysis to 84% cytidylic
acid showing that CMP was now predominantly in a non-terminal
position. C^{14}-ATP whether incubated alone or with CTP always
occupied a terminal position in RNA. These results are consistent
with the concept that enzyme I incorporated CMP and AMP from
their triphosphates into RNA to give a terminal sequence of CMP-
AMP. Once AMP has been added to the CMP terminal no further
addition of nucleotide can take place.

The second enzyme fraction (enzyme II) was free from RNA and
catalyzed the activation of several amino acids as judged by the
exchange of $P^{32}P^{32}$ with ATP in the presence of the amino acids
tested. It was found that enzyme I or II alone did not catalyze the
incorporation of amino acid acyls into RNA but when incubated
together a considerable incorporation took place. Under these
conditions RNA of enzyme fraction I was found to be a much better
acceptor of amino acids than RNA isolated by phenol extraction
from p_H 5-enzyme of rat liver. On the other hand if p_H 5-RNA was
incubated with enzyme I in the presence of CTP it became as good
an acceptor as the RNA of enzyme I.

These results were interpreted to mean that the incorporation of amino acid acyls into RNA required at least 3 components. Two of them were enzymes, one that activated the amino acids and another that attached the proper terminal sequence to the acceptor RNA. The so modified RNA was the third component.

References

1 LEHMAN, I. R., M. J. BESSMAN, E. S. SIMMS and A. KORNBERG: J. Biol. Chem. **233**, 163 (1958).
2 BESSMAN, M. J., I. R. LEHMAN, E. S. SIMMS and A. KORNBERG: J. Biol. Chem. **233**, 171 (1958).
3 SCHACHTMAN, H. K., I. R. LEHMAN, M. J. BESSMAN, J. ADLER, E. S. SIMMS and A. KORNBERG: Fed. Proc. **17**, 304 (1958).
4 ADLER, J., I. R. LEHMAN, M. J. BESSMAN, E. S. SIMMS and A. KORNBERG: Proc. Nat. Acad. Sci U. S. **44**, 641 (1958).
5 BESSMAN, M. J., I. R. LEHMAN, J. ADLER, S. B. ZIMMERMAN, E. S. SIMMS and A. KORNBERG: Proc. Nat. Acad. Sci. U. S. **44**, 633 (1958).
6 HURWITZ, J.: J. Biol. Chem. **234**, 2351 (1959).
7 LEHMAN, I. R.: Ann. N. Y. Acad. Sci. **81**, 745 (1959).
8 BOLLUM, F. J.: Fed Proc. **19**, 305 (1960).
9 RADDING, C. M., J. ADLER and H. K. SCHACHMAN: Fed. Proc. **19**, 307 (1960).
10 FLAKS, J. G., and S. S. COHEN: J. Biol. Chem. **234**, 1501 (1959).
11 SINSHEIMER, R. L.: Science **120**, 551 (1954).
12 SINSHEIMER, R. L.: Proc. Nat. Acad. Sci. U. S. **42**, 502 (1956).
13 VOLKIN, E.: J. Am. Chem. Soc. **76**, 5892 (1954).
14 KORNBERG, A., S. B. ZIMMERMAN, S. R. KORNBERG and J. JOSSE: Proc. Nat. Acad. Sci. U. S. **45**, 772 (1959).
15 MII, S., and S. OCHOA: Biochim. Biophys. Acta **26**, 445 (1957).
16 HEPPEL, L. A., M. F. SINGER and R. J. HILMOE: Ann. N. Y. Acad. Sci. **81**, 635 (1959).
17 SINGER, M. F., L. A. HEPPEL and R. J. HILMOE: J. Biol. Chem. **235**, 738 (1960).
18 GRUNBERG-MANAGO, M., P. J. ORTIZ and S. OCHOA: Biochem. Biophys. Acta **20**, 269 (1956).
19 SINGER, M. F., R. J. HILMOE and L. A. HEPPEL: J. Biol. Chem. **235**, 751 (1960).
20 BEERS, R. F., JR.: Biochem. J. **66**, 686 (1957).
21 OLMSTEAD, P. S., and G. L. LOWE: J. Biol. Chem. **234**, 2965, 2971 (1959).
22 CANELLAKIS, E. S.: Biochem. Biophys. Acta **23**, 217 (1957).
23 CANELLAKIS, E. S.: Ann. N. Y. Acad. Sci. **81**, 675 (1959).
24 HECHT, L. I., P. C. ZAMECNIK, M. L. STEPHENSON and J. F. SCOTT: J. Biol. Chem. **233**, 954 (1958).
25 HERBERT, E.: J. Biol. Chem. **231**, 975 (1958).
26 EDMONDS, M., and R. ABRAMS: Fed. Proc. **19**, 317 (1960).
27 PATERSON, A. R. P., and G. A. LE PAGE: Cancer Res. **17**, 409 (1957).

[28] Hecht, L. I., M. L. Stephenson and P. C. Zamecnik: Biochem. Biophys. Acta (in press).

[29] Herbert, E.: Ann. N. Y. Acad. Sci. 81, 679 (1959).

[30] Singer, M. F.: J. Biol. Chem. 232, 211 (1958).

Diskussion

Diskussionsleiter: Lohmann, *Berlin*

Ich danke Ihnen für den schönen Vortrag, in dem Sie uns unter einem anderen Aspekt die Reaktionsfähigkeit der Nucleotide zeigten und hierbei auch in das Lebendige eindrangen durch die Untersuchungen des Wirkungsmechanismus. Ich eröffne die Diskussion und bitte um Wortmeldungen.

Pfleiderer (Frankfurt): Ihren letzten Ausführungen muß ich widersprechen. Ich habe gestern noch mit Herrn Zacher darüber gesprochen. Wir arbeiten alle mit angereicherten, aktivierten Enzymen und auf der anderen Seite mit Rohpräparaten von RNS, entweder aus der pH 5-Fraktion oder aus Rohextrakten von Cytoplasma und bekommen ohne weiteres eine Übertragung von aktivierten Aminosäuren auf die RNS. Ich glaube man kann sagen, daß die natürliche RNS, wie wir sie isolieren zum größten Teil wahrscheinlich schon die CMP-CMP-AMP Sequenz enthält. Weil Sie sagten, wenn ich Sie recht verstanden habe, ohne dieses Enzym könnte man aus der pH 5-RNS keinen Einbau erzielen. Das geht ohne weiteres.

Lagerkvist: Well, perhaps I may have expressed myself badly. What I meant was, that under Herbert's conditions this was true. In order to get maximal incorporation of amino acid residues he had to incubate with both enzyme preparations. That of course doesn't mean that there should not exist in a preparation from the soluble fraction of a cell RNA having the proper sequence. You realize of course that his enzyme preparations had been considerably purified by ammonium sulfate fractionation and hydroxyl apatite fractionation and that might explain the difference between your results and those obtained by him.

Pfleiderer (Frankfurt): Vielleicht darf ich hier auch noch sagen, daß Zillig bei Prof. Butenandt in München bei Bakterien einen noch weit höheren Einbau in einem Gemisch von RNS aus dem Cytoplasma bekommen hat. Man rechnet ja etwa mit 25 Aminosäuren, die eingebaut werden können. Er bekommt beinahe $1/_{25}$ Einbau für jede Aminosäure. Also auch hier in Bakterien scheint ohne weiteres schon die fertige Struktur der RNS vorzuliegen. Es muß also nicht erst durch eine Enzymfraktion die CMP-CMP-AMP-Sequenz eingebaut werden. Bei Bakterien scheint es noch günstiger zu sein. Die RNS, die er roh gewinnt, liegt da schon in Acceptoreigenschaften vor.

Lagerkvist: The reason why I elaborated on Herbert's work was not that I wanted to impress you with the thought, that these enzymes were so to speak always necessary in order to incorporate amino acids. It was just that his work was a very nice demonstration of the necessity of a proper sequence in RNA. Of course I did not mean that there would not exist a natural RNA with a proper sequence.

Mandel (Straßburg): Ich möchte einige Bemerkungen machen: erstens was das Kornberg-Enzym und die exakte Reproduktion von dem Primer

DNA anbelangt. Ich glaube, ja bin sogar sicher, daß man mit den analytischen Methoden, die wir jetzt haben, um die verschiedenen Nucleotide oder die verschiedenen Pyrine und Pyrimidine von Desoxyribonucleic acid zu analysieren, das Vorkommen von Mutanten nicht ausschließen kann. Wir wissen ganz genau, wenn wir nur mit zwei Mutanten in unserer analytischen Methode arbeiten, und nach unserer Anschauung darf eine Differenz in der DNA der zwei Mutanten sein — finden wir keine Differenz. Ich habe sogar darüber mit KORNBERG gesprochen; er war derselben Meinung. Die analytischen Methoden, welche wir heute haben, erlauben uns nicht, sichere Aussagen darüber zu machen, ob ganz sicher derselbe Primer reproduziert wird und daß kein Fehler dabei möglich ist. Das gibt keine absolute Kontrolle, so wie die Genetiker das sehen wollen. Das ist die eine Sache. Die zweite: Wie sie wissen, wird während KORNBERGs Reaktion ein Polymer Adenylic-Thymidylic produziert und sogar ohne Primer. Das ist ein Polymer, das vorher nicht existierte. Manchmal bekam er, wenn die Reaktion weitergeht, sogar mehr von dem Polymer als von der Desoxyribonucleinsäure. Das zeigt uns deutlich, daß alles auf diesem Gebiet noch im Fluß ist, und daß noch viel Arbeit zu leisten ist, bis man eine klare Vorstellung darüber hat. Was die RNS-Ribonucleinsäuresynthese anbelangt: wir haben bei höheren Tieren die Ochoa-Enzyme gesucht und nicht gefunden. Jedoch nach einer Notiz von HEBBEL hat er so ein Enzym in den Nuclei von Meerschweinchen gefunden. Wir haben sie auch in den Nuclei gefunden, ebenso wie HEBBEL; das heißt, wir fanden einen exchange. Aber bei einer solchen Preparation kann man nichts über den exchange aussagen. Wenn man zu reinigen beginnt, hat man den exchange nicht mehr. Ich glaube, das ist wahrscheinlich die Ursache dafür, daß nach der Notiz von HEBBEL nichts weiter veröffentlicht wurde, auch nichts über ein reineres Präparat. Deshalb haben wir uns folgendes gedacht: möglicherweise sind die Nucleosid-diphosphate nicht die Vorstufen der Ribonucleinsäuren, bei höheren Tieren. Schon vor zwei Jahren fanden wir eine Akkumulation von Nucleosid-Triphosphat unter zwei verschiedenen Bedingungen, bei denen die Ribonucleinsäuresynthese gehemmt wird, z. B. bei einer proteinfreien Diät oder bei Röntgenbestrahlung. Deshalb suchten wir nach einem Enzym, welches eine Ribonucleinsäure mit Nucleosid-Triphosphat fabriziert. Damit Sie sehen, daß das keine große Häresie ist, habe ich mit OCHOA darüber gesprochen. Er lud mich ein, in seinem Laboratorium über Enzyme zu arbeiten. So glaube ich jetzt annehmen zu können, daß bei höheren Tieren nicht die Nucleosid-Diphosphate, sondern die Nucleosid-Triphosphate die Vorstufen sind. Wir haben jetzt ein zwar noch nicht ganz reines Präparat, welches aber radioaktives Nucleosid-Triphosphat in RNA inkorporiert und welches dem Konberg-Enzym sehr ähnlich ist. Allerdings muß man Ribonucleinsäure haben — nach Behandlung mit Ribonucleasen bekommt man keine Inkorporation mehr — . Wir müssen also einen „Primer" haben, nicht nur *ein* Nucleosid-Triphosphat, sondern alle vier, die zu den entsprechenden Ribonucleinsäuren gehören.

LAGERKVIST: I take it that the first question was about the primer DNA and the replication of the primer DNA. I quite agree with you, that the

analytical methods that we now have, are not sensitive enough to permit us
to say that the primer DNA is replicated in the sense, that the enzymatically
synthesized DNA is in every respect identical with the primer. But you will
realize that I did not say that, I said that it had the same base composition
as analyzed by the methods we have. In fact there are some experimental
evidence to suggest that the polymerase might catalyze the formation of a
DNA that is in some respects different from the primer DNA. When heat
depolymerized DNA or single stranded phage DNA were used as primers the
enzymatically formed DNA had all the characteristics of a high polymeric
DNA. That is the DNA formed was not identical with the primer DNA. So I
quite agree with you there and I don't think there were any divergencies of
opinion from the beginning. Regarding the formation of the Adenylic-
Thymidylic polymer, it is a very interesting parallel to the formation of
polyribonucleotides demonstrated by Ochoa. There seems to be a lag phase
in the enzymatic synthesis of the adenylic-thymidylic polymer and this lag
phase can be overcome by the addition of the polymer that evidently func-
tions as a primer. Finally I of course agree with you that all the experimental
evidence seems to indicate that it is the triphosphates, that are the actual
building stones in the synthesis of polyribonucleotides in mammalian tissues
and I think that view is generally accepted.

Jaenicke (München): In Ihrem ersten Bild haben Sie die Reaktion von
Uridylsäure oder Uridindesoxynucleotid gezeigt. Sie haben für Thymidyl-
säure angegeben, daß es mit ATP und N-10 Formyltetrahydrofolsäure geht.
Das ist, glaube ich, nicht so ganz richtig. Soviel ich weiß, ist das die Hydroxy-
methyltetrahydrofolsäure und ob ATP beteiligt ist, würde ich in diesem
Fall nicht mit Sicherheit annehmen. Der Mechanismus ist doch sehr merkwürdig bei dieser Reaktion. Man hat zunächst einmal angenommen, daß die
Reaktion so abläuft, daß die Hydroxymethylgruppe aus der N-10-Hydroxy-
methylverbindung an eine reduzierte Uridinverbindung angehängt wird
und daß eine Umlagerung von einer solchen Exo-Doppelbindung entsteht.
Jetzt aber hat Fretgen nachgewiesen, daß tatsächlich die Wasserstoffe,
die in der Methylgruppe des Thymidins sind, nicht aus dem Pyrimidinring
stammen, sondern viel eher aus entweder TPN oder aus der Folsäure. Prinzipiell genau das Gleiche ist auch der Fall bei der Methioninsynthese, wie
wir gefunden haben. Man kann nämlich mit der Formyltetrahydrofolsäure
in katalytischen Mengen nur soviel Methionin herstellen, wie man Formyltetrahydrofolsäure hat oder überhaupt Tetrahydrofolsäure zugegen ist.
Nur, wenn dann wieder ein reduzierendes System zugesetzt wird, kann man
quantitativ Substratmengen umsetzen. Ich glaube also, daß das auch in
der Thymidylsäuresynthese genau so ist. Sie bekommen die Hydroxy-
methylverbindung noch an Tetrahydrofolsäure gebunden und nun wandern
zwei Wasserstoffe von der Tetrahydrofolsäure herüber in die zukünftige
Methylgruppe und sie erhalten Dihydrofolsäure.

Lagerkvist: Yes, I agree with you. I didn't want to go into these things
in any detail. The figure was only intended to give a general outline of
nucleotide synthesis in order to provide a background for the discussion of
the polymerization reactions.

JAENICKE (München): Für Methionin ist das ziemlich sicher im Augenblick. — Ist irgend etwas Genaueres über den Sitz der Aminosäuren an diesem endständigen Adenosin bekannt; ist dies die 2- oder die 3-Hydroxylgruppe. Nach einer ganzen Anzahl von Reaktionen ist es wahrscheinlich doch die 2-gruppe. Die Röntgenleute und auch die Mathematiker schreiben der 2-Hydroxylgruppe eine größere Säurestärke zu und ich glaube, Herr Dr. WITZEL könnte, wenn er da ist, darüber auch einiges sagen, wie das mit der Aktivität dieser Gruppe ist. Die dritte Frage, die ich habe: Herr BRESSLER hat vor zwei Jahren in der Biochemie geschrieben, daß die Ribonucleinsäure, die an der Proteinsynthese beteiligt ist, durch ATP aktiviert wird. Wenn man dann also eine phosphorylierte Ribonucleinsäure bekommt, die zusätzliche labile Phosphorsäuren enthält, ist das noch irgendwie begründet? Ich erinnere mich auch, daß Frau GRÜNBERG-MANAGO dasselbe vor kürzerer Zeit gesagt hat; ich habe nie wieder etwas davon gehört.

LAGERKVIST: I must ask you to repeat the last question a litle slower, I didn't get it.

JAENICKE (München): Die Ribonucleinsäure soll angeblich durch ATP aktiviert werden, so daß irgendwelche zusätzlichen labilen oder energiereichen Phosphatgruppen dort gefunden werden und die sollen dann erst in die Proteinsynthese hineingehen.

LAGERKVIST: I am not quite sure, that I am qualified to enter into a discussion of just this aspect of it. I have not been personally involved in such research. I got the impression that GTP might be involved in the transfer of amino acid residues from RNA to the microsomes. Whether this is in some way connected with the proposed formation of phosphorylated RNA I don't know.

EBEL (Straßburg): Wir haben versucht die Experimente von BRESSLER in unserem Laboratorium zu reproduzieren. Das will heißen, die Reaktion von ATP auf Pankreasribonucleinsäure in Gegenwart von Myokinase. Bis jetzt ist uns das nicht gelungen. Andererseits waren auch gewisse Arbeiten von LUNSERSKI da, der publiziert hat, daß man aus der Hefe und aus Aspergillus niger eine Ribonucleinsäure gewinnen kann, die auch phosphoryliert ist. Wir versuchten auch diese Experimente zu reproduzieren. Wir haben Ribonucleinsäure aus Hefe isoliert, die mit Polyphosphaten angereichert war. Tatsächlich isoliert man unter diesen Verhältnissen aus der Hefe eine Ribonucleinsäure, die eine große Menge von Extraphosphor hat, gleichgültig, ob man jetzt die Hefe mit der Dodecylsulfatmethode extrahiert oder mit Phenol. In beiden Fällen hat man eine Ribonucleinsäure, die einen starken Prozentsatz von Extraphosphor hat und dieser Extraphosphor ist ein Polyphosphat. Aber wenn man dann untersucht, ob dieses Polyphosphat an die Hefe kovalent gebunden ist, kann man das nicht feststellen. Wir haben eine Methode ausgearbeitet, die uns erlaubt, mit Sicherheit anorganisches Polyphosphat und Ribonucleinsäure zu trennen. Anhand dieser Präparate haben wir beweisen können, daß die zwei Bestandteile nicht kovalent gebunden werden. Es kann sein, daß Ribonucleinsäure und Polyphosphat eine große Affinität zueinander haben, aber es liegt keine kovalente Bindung vor. Wenn man z. B. den Magnesiumgehalt in einer phosphorreichen Ribonucleinsäure mit dem Magnesiumgehalt von einer normalen Ribocucleinsäure vergleicht, findet man, daß die polyphosphathaltige Ribonucleinsäure einen starken Magnesiumgehalt hat und es könnte sein, daß die Magnesiumionen eine Brücke zwischen den zwei Ketten Ribonucleinsäure und Polyphosphat bilden. Sie haben gesagt, daß Frau GRÜNBERG-MANAGO auch solch ein Experiment gemacht hatte. Sie hat tatsächlich versucht, nach den Methoden von BRESSLER Ribonucleinsäure mit ATP enzymatisch zu phosphorylieren und es ist ihr nicht gelungen. Aber etwas ist trotzdem bemerkenswert. Wenn sie mit dem Ochoaenzym ein Polyribonucleotid enzymatisch zu synthetisieren versucht — mit einem Enzym aus Hefe — findet sie immer ein wenig Extraphosphor zuviel in ihrem Präparat. Aber sie weiß noch nicht. was das bedeutet.

LOHMANN (Berlin): Ich kann dazu sagen, daß in meinem Laboratorium und dem von BELUDJASKI seit einigen Jahren die Unterhaltung darüber geht, ob die Polyphosphate in der Hefe und in anderen Mikroorganismen an Ribonucleinsäure gebunden sind. Von BELUDJASKI war das in ganz entschiedener Weise vertreten worden. Er ist aber jetzt schon sehr zweifelnd geworden. Er hat sich unserer Anschauung angeschlossen.